CP600 压水堆核电厂大修运行管理

主　编　杨兰和

副主编　戚屯锋

中国原子能出版传媒有限公司

图书在版编目(CIP)数据

CP600压水堆核电厂大修运行管理 / 杨兰和主编．—北京：中国原子能出版传媒有限公司，2011.2
ISBN 978-7-5022-4901-4

Ⅰ.①C… Ⅱ.①杨… Ⅲ.①压水型堆—核电厂—技术培训—教材 Ⅳ.①TM623.91

中国版本图书馆CIP数据核字(2011)第020280号

内容简介

本教材共分为11章，以CP600压水堆核电厂为例，全面、系统地讲述了核电厂运行管理主要工作及其工作内容。其中主要包括大修期间工作组织过程、管理措施、大修规程要点、大修主隔离、定期试验管理、安全壳机械贯穿件密封性试验、临时特殊设备与临时控制变更的管理、设备再鉴定、十年大修项目、安全管理、三废管理导则等。

本教材的特点是既有核电厂大修运行管理的基础知识，又有CP600压水堆核电厂的实际运行实践经验。因此本教材既可作为对那些刚刚步入核电建设大门的新员工的培训教材，也可作为核电行业从事核电厂运行管理工作人员提高理论水平的岗位培训教材和参考资料。

CP600压水堆核电厂大修运行管理

出版发行 中国原子能出版传媒有限公司(北京市海淀区阜成路43号 100048)
责任编辑 刘 岩
技术编辑 丁怀兰 王亚翠
责任印制 潘玉玲
印　　刷 保定市中画美凯印刷有限公司
经　　销 全国新华书店
开　　本 787mm×1092mm 1/16
印　　张 16 **字　数** 399千字
版　　次 2011年5月第1版 2011年5月第1次印刷
书　　号 ISBN 978-7-5022-4901-4 **定　价** **78.00元**

网址:http://www.aep.com.cn **E-mail:atomep123@126.com**
发行电话:010-68452845

中国核工业集团公司
核电培训教材编审委员会

《CP600压水堆核电厂大修运行管理》
编　辑　部

主　　编　杨兰和

副 主 编　戚屯锋

校　　审　尚宪和　叶丹萌　毛树忠

编　　写　尚宪和　段启迪　薛长江　樊丰顺　黄　鹄
肖　军　陈忠武　朱元武　毛树忠　刘正春
张红耀　王云飞　李永科　姚　瑜　赵中胜
马国权　陈华喜　王汉林　樊鹏飞　李必成
钟小华　娄泰山

编　　辑　毛树忠　黄洁琳　廖兰蜀　王祥玉

统　　审　王惠良　饶兴华

总　序

核工业作为国家高科技战略性产业，是国家安全的重要基石、重要的清洁能源供应，以及综合国力和大国地位的重要标志。

1978年以来，我国核工业第二次创业。中国核工业集团公司走出了一条以我为主发展民族核电的成功道路。在长期的核电设计、建造、运行和管理过程中，积累了丰富的实践和理论经验，在与国际同行合作过程中，实现了技术和管理与国际先进水平相接轨，取得了骄人的业绩。

中国核工业集团公司在三十多年的核电建设中，经历了起步、小批量建设、快速发展三个阶段。我国先后建成了秦山、大亚湾、田湾三大核电基地，实现了我国大陆核电“零”的突破、国产化的重大跨越、核电管理与国际接轨，走出了一条以我为主，发展民族核电的成功之路。在最近几年中，发展尤为迅猛。截至2008年底，核电运行机组11台，装机容量907.82万千瓦，全部稳定运行，态势良好。

进入新世纪，党中央、国务院和中央军委对核工业发展高度重视、极为关怀，对核工业做出了新的战略决策。胡锦涛总书记指出：“无论从促进经济社会发展看，还是从保障国家安全看，我们都必须切实把我国核事业发展好”。发展核电是优化能源结构、保障能源安全、满足经济社会发展需求的重要途径。2007年10月，国务院正式颁布了《核电中长期发展规划(2005—2020年)》。核电进入了快速、规模化、跨越式发展的新阶段。

在中国核电大发展之际，中国核工业集团公司继续以“核安全是核工业的生命线”的核安全文化理念和“透明、坦诚和开放”的企业管理心态，以推动核电又好又快又安全发展为己任，为加速培养核电发展所需的各类人才，组织核电领域专家，全面系统地对核电设计、工程建造、电站调试、生产准备和生产运营等各阶段的知识进行了梳理，构造了有逻辑性、系统性的核电知识体系，形成了覆盖核电各阶段的核电工程培训系列教材。

这套教材作为培养核电人才的重要工具，是国内目前第一套专业化、体系化、公开出版的核电人才培养系列教材，有助于开展培训工作，提高培训质量、节约培训成本，夯实核电发展基础。它集中了全集团的优势，突出高起点、实用性强，是集团化、专业化运作的又一次实践，是中国核工业50余年知识管理的积淀，是中国核工业10万人多年总结和实践经验的结晶。

21世纪是“以人为本”的知识经济时代，拥有足够的优秀人才是企业持续发展的重要基础。中国核工业集团公司愿以这套教材为核电发展开路，为业界理论探讨、实践交流提供参考。

我们要继续以科学发展观为指导，认真贯彻落实党中央、国务院的指示精神，积极推进核电产业发展。特别是要把总结核电建设经验作为一项长期的工作来抓，不断更新和完善人才教育培训体系。

核电培训系列教材可广泛用于核电厂人员培训，也可用于核电管理者的学习工具书，对于有针对性地解决核电厂生产实践和管理问题具有重要的参考价值。

中国核工业集团公司总经理 孙勤

2009年9月9日

前　言

核电机组大修的主要目的是进行换料和设备维护，这些活动需要通过运行操作提供工作条件，检修活动完成后，则通过运行定期试验来验证系统和设备的可用性。在整个大修过程中，运行操作非常多，涉及面也非常广泛，也最容易出现核安全问题。换料大修是核电厂生产活动的重要组成部分。核电厂的大修不同于常规电厂的大修，压水堆核电机组必须定期地更换部分燃料组件以便维持后续的发电运行，它必须在技术规范的限制内有计划地停运系统设备。核电机组从功率运行状态后撤到换料停堆状态，卸料然后装料，再重新启动恢复到功率运行状态所需的时间较长，在此期间机组的大多数系统和设备相继停运，为设备维护和检修创造了有利的条件，特别是那些在正常运行期间为了保证机组核安全要求而不能进行的预防性检查和纠正性维修工作，可以安排在这一时间内。将维修、试验、检查项目穿插在机组的不同状态窗口下进行，这是一个极其复杂的动态变化过程。违反技术规范和出现人员伤亡、设备损坏的风险大大增加。因此这是运行事件高发阶段。根据经验，核电厂的重要事件一般在大小修期间发生。在核电厂大修过程中，运行管理人员的重要职责就是准确把握、控制机组的状态变化，科学合理地安排各项工作的时间窗口，在换料大修纷繁复杂的工作状态下确保核安全三大功能得到满足。同时，运行工作在大修进程控制上起着极其重要的作用。对于一座核电厂来说，核电机组能否长期安全稳定地运行，在很大程度上取决于作为核电厂换料大修的质量。核电厂的一切工作都是围绕确保反应堆等系统设备的安全和稳定运行开展的。因此，换料大修维修和运行管理在核电厂是一项十分重要和关键的工作，它直接关系到电厂的安全性与经济性，是核电厂在满足核电机组安全稳定运行基础上，提高电厂经济性的最主要的途径和手段。

为了更好地指导压水堆核电厂开展大修运行管理工作，本教材以CP600压水堆核电厂为例，围绕压水堆核电厂大修的总体运行管理原则，对大修规程的执行要点、对典型大修运行活动的管理关键点和风险点进行了系统认真地分析、总结和归纳，从而可以有力地确保大修核安全、工业安全、辐射安全，进而保证了人身、设备安全和工作进度。

该教材编写人员主要有尚宪和、张红耀、毛树忠、陈华喜、赵中胜、黄鹄、李永科、樊鹏飞、朱元武、李必成、刘正春等，校审人员主要有尚宪和、叶丹萌、毛树忠等，并得到了核电秦山联营有限公司培训教育委员会和外部统审专家的指导，在此表示感谢！

本教材可供压水堆核电厂大修运行管理工作参考，也可供运行人员学习和培训使用。

该教材是专业工作实践的总结，旨在向同行及后来者交流或介绍相关基本知识及经验教训。由于编者水平有限，难免存在不足与错误，望批评指正，欢迎探讨并共同提高。

编　者

2010年10月

目　　录

第一章　换料大修概述

第二章　大修运行管理

第三章 D规程要点简述

第四章 大修主隔离

第五章 大修定期试验管理

第六章 安全壳机械贯穿件密封性试验

第七章 大修期间的 TSD 与 TCA 管理

第八章 大修期间的设备再鉴定

第九章 十年大修的主要项目

第十章 大修安全管理

第十一章 大修期间“三废”管理导则

第一章　换料大修概述

大修是核电站生产运行活动的重要环节，大修的质量和进度直接关系到机组全年的运行行为和电厂业绩。大修又是生产运行活动中的一个特殊阶段，期间系统状态变化很大，各专业工种往复交叉，接口繁多，是核电站运行事件的高发期。鉴于此，运行人员必须熟悉大修的基本流程和运作方式，熟悉大修中的运行活动及其风险点。

1.1　换料大修的目的与特点

1.1.1　换料大修的目的

机组换料大修的主要目的是：

(1) 更换处于燃耗末期的燃料组件

换料大修的首要目的是更换反应堆内装载的燃料组件，以保证机组在下一循环能够具备连续发电的能力。在燃料循环末期需停堆换料，有计划地更换反应堆 121 根燃料组件中部分组件（一般每年更换燃料组件 40 根左右），其余的燃料组件与新补充铀-235 浓度为 3.25％的新燃料组件按照下一燃料循环装载图重新布置，装回堆芯。

(2) 执行必要的检查试验与维护保养工作

在大修期间应利用停堆换料的机会对核岛、常规岛和 BOP 部分压力容器和设备根据核安全法规和在役检查大纲的要求实施在役检查；根据设备的十年预防性维修大纲和定期试验监督大纲进行预防性维修和定期试验，以确保机组和设备维持原设计功能和良好的安全水平。

(3) 对等机组状态的缺陷进行处理

在换料大修期间，可以对在正常功率运行中无法处理的设备缺陷进行纠正性维修，以确保机组设备维持良好的运行状态，满足机组长期安全、稳定运行的要求；同时根据内、外部的经验反馈，利用大修的机会对系统设备按照已经批准的方案进行变更改造，进一步改善系统设备的性能，提高机组安全运行水平。

1.1.2　换料大修的特点

机组换料大修具有以下特点：

(1) 时间紧、任务重、接口杂、计划性强

每次大修需要完成的大修工作达 5 000 项以上，年度大修的工期为 30 天左右，如此大量的工作需要在短短 1 个月左右的时间内完成，大修期间的工作任务是非常紧张和繁重的。

换料大修工作范围几乎覆盖了电厂的所有部门，不仅包括电厂的员工，还包括大量的承包商及制造厂家人员，涉及的专业包括运行、机械维修、电气维修、仪表控制、在役检查、性能试验、物理试验、化学监督、辐射防护、工业安全、核安全、备品备件、服务支持、合同预算等，各专业工种之间作业往复交叉、接口众多。

由于换料大修工作的复杂性，在满足安全、质量、进度和成本的各种要求下完成各项大修工作，需要建立一套强有力的、高效的大修计划管理体系，通过严密的大修计划来合理调配各种资源，有序地组织各项大修工作顺利开展。

(2) 核安全控制要求高

“核电无小事”。由于核燃料具有放射性，而且大修期间机组状态的频繁转换使安全相关系统的状态设置和相关操作变得异常复杂；另外，尽管反应堆已经停下来，但由于包容放射性产物的系统、设备被打开，换料大修期间人体和环境污染的风险将大大增加；核安全相关设备、系统的检修也增加了安全功能的失效概率。因此核安全不仅是贯穿核电厂换料大修全过程的头等大事，而且由于大修期间的特殊性而应得到足够的重视。电厂参与大修活动的各个单位必须对核安全相关活动实行严格的监控，确保核安全相关法规和运行技术规范的各项要求得到严格遵守，确保机组、系统和设备的安全状态，确保反应性控制、堆芯或燃料冷却、燃料余热排出三大安全功能运行正常。

1.2 标准换料大修类型介绍

1.2.1 标准化大修类型

如表1-2-1所示，根据检修项目的不同，将换料大修分为十年大修(Ten-year Refueling Outage，简称TRO)、年度大修(Yearly Refueling Outage，简称YRO)和短大修(Short Refueling Outage，简称SRO)三种标准类型。其中年度大修是机组最常见的大修方式，除首次和每十年循环周期执行十年大修外，基本上每年的大修类型都属于年度大修。尽管短大修工期最少，考虑到短大修风险及目前由于设备缺陷、运行经验等一些必要的条件限制，在机组运行初期基本不考虑短大修类型。

表1-2-1 标准化换料大修类型说明

大修类型	主要工作项目	关键路径
十年大修(TRO) 计划工期65天 目标工期60天	换料	机组停运
	低低水位工作	反应堆开大盖
	压力容器在役检查	卸料
	安全壳密封性试验	低低水位工作
	一回路水压试验	一回路水压试验
	高/低压缸全面检查	反应堆压力容器在役检查
	蒸汽发生器U形管涡流检查	安全壳密封试验
	发电机抽转子	装料
	重大技术改造项目	反应堆关大盖
	重大设备解体检修	机组再启动
年度大修(YRO) 计划工期35天 目标工期30天	换料	机组停运
	低低水位工作	反应堆开大盖
	一个低压缸全面检查	卸料
	非大型改造项目	低低水位工作
	蒸汽发生器U形管涡流检查	装料
	年度检修项目	反应堆关大盖
		机组再启动

续表

大修类型	主要工作项目	关　键　路　径
短大修(SRO) 计划工期 30 天 目标工期 25 天	换料	机组停运
	RRA－LOI 水位检修工作	反应堆开大盖
	蒸汽发生器 U 形管涡流检查	卸料
	小型改造项目	低低水位(或 RRA－LOI 水位)工作
	装料后 RRA－LOI 水位 SG 拆堵板	装料
	一般检修项目	反应堆关大盖
		RRA－LOI 水位拆蒸汽发生器堵板
		机组再启动

1.2.2　大修主关键路径

在换料大修的整个过程中，对不同的阶段、按一回路的状态设置了相应的里程碑。一方面是加强对大修的控制，考核大修的近期目标；另一方面也是便于为历次大修工期的比较建立一个标准。一般在 M310 型机组的大修过程控制中可设置 21 个里程碑点(说明见附录)。

在图 1-2-1、图 1-2-2 以及图 1-2-3 中分别列出了 M310 机组三种标准换料大修的主关键路径。

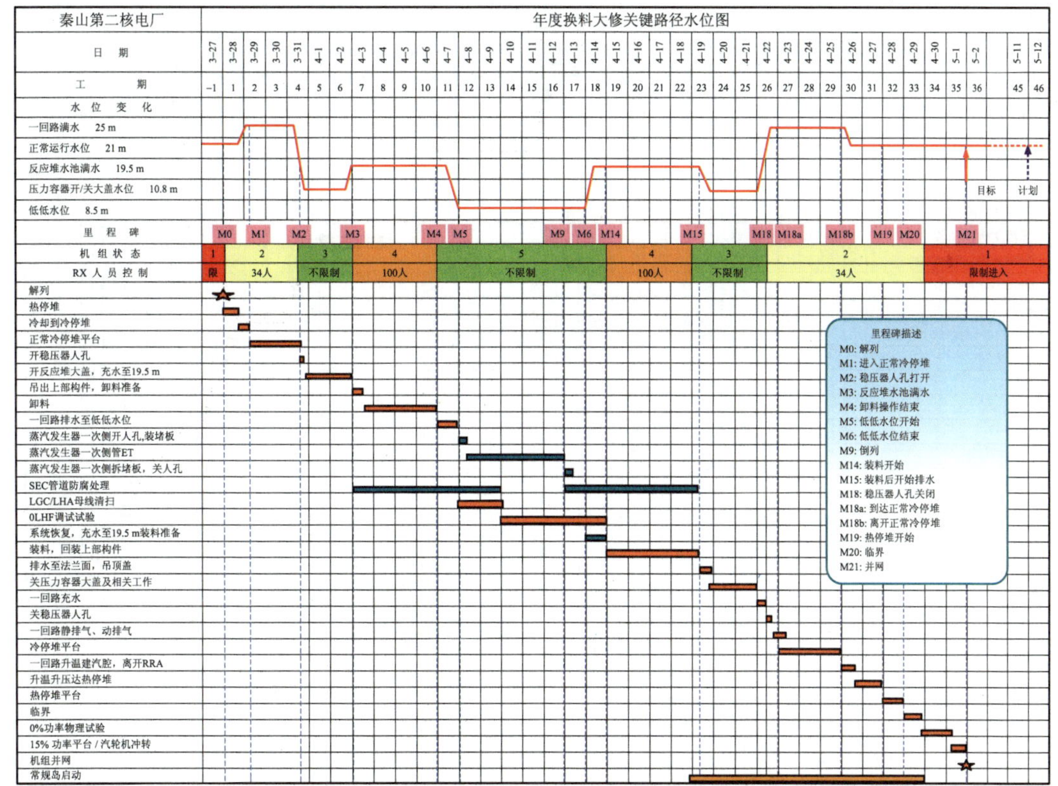

图 1-2-1　年度大修主关键路径水位图

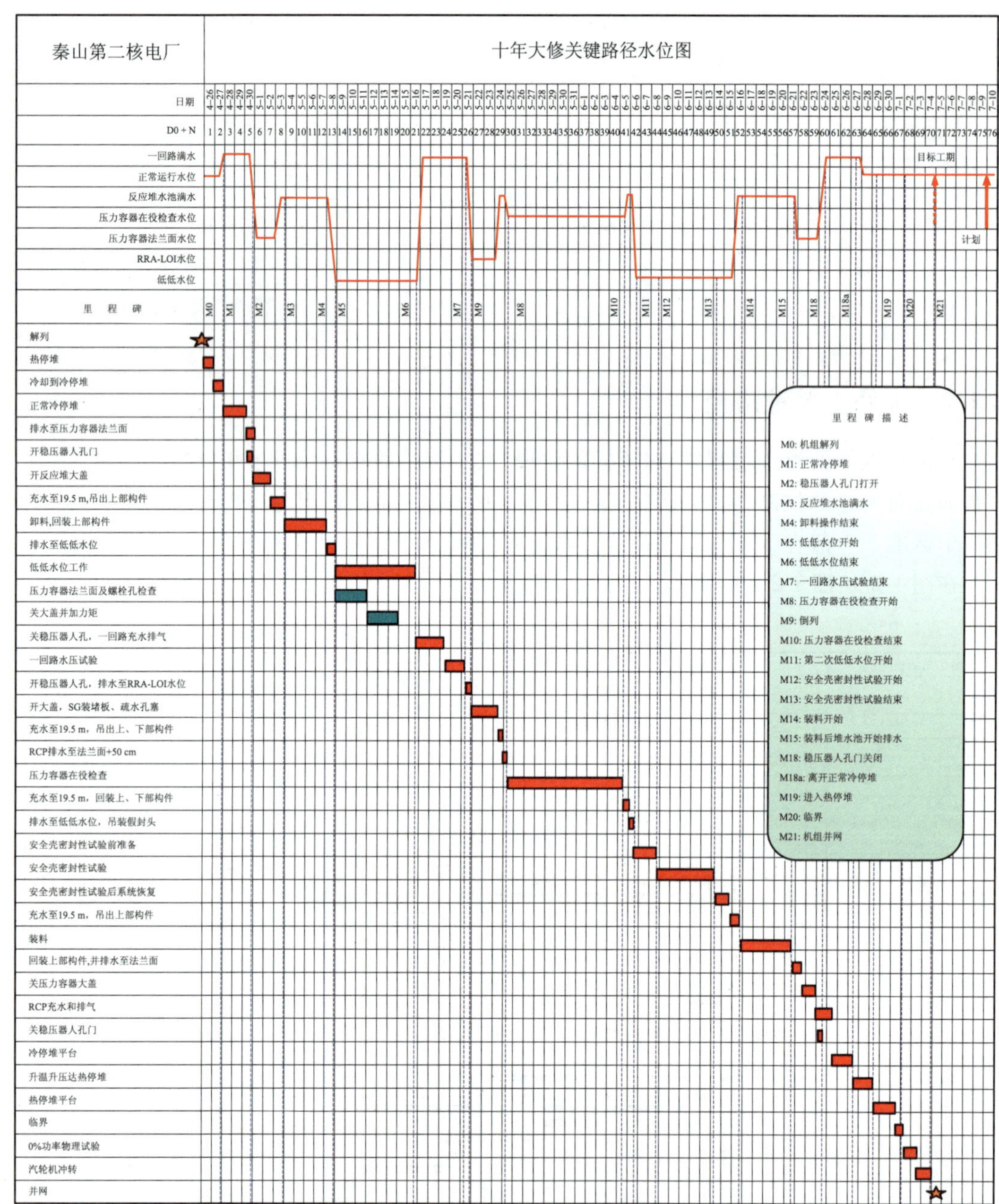

图 1-2-2 十年大修主关键路径水位图

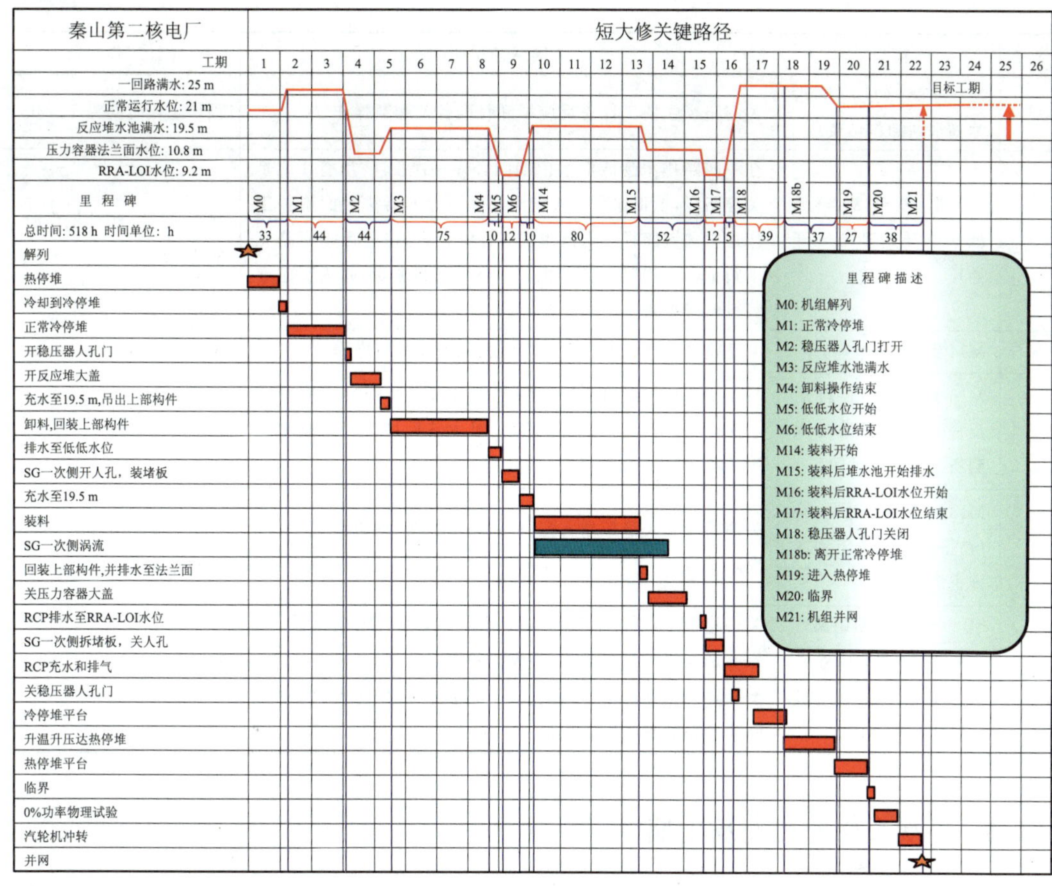

图 1-2-3 短大修主关键路径水位图

根据系统设计要求和运行经验的积累,关键路径上各个窗口的工作内容与工作时间经过几次大修后可以基本固定,表 1-2-2 是一个简单的介绍。

表 1-2-2 换料大修关键路径说明

序号	窗口	关键路径说明	预计工作时间
1	M0 到 M1(机组与电网解列到正常冷停堆)	关键路径主要是运行停堆操作和定期试验,在热停堆期间关键路径是机械的热态检查、VVP 安全阀压力整定及仪表的热态测量和交叉比较。运行操作是投运 RRA 及灭汽腔	预计工作时间为 35 h 左右
2	M1 到 M2(正常冷停堆到维修冷停堆)	关键路径的主要工作为一回路氧化及降温降压,低压贯穿件和高压贯穿件试验,一回路可视水位计在线检查以及开启稳压器人孔	预计工作时间为 50 h 左右
3	M2 到 M3(稳压器人孔门开启到反应堆水池满水)	M2 到 M3 期间关键路径的主要工作是一回路排水到反应堆压力容器法兰面,打开反应堆大盖并吊运到大盖储存室,反应堆水池充水到 19.5 m	预计工作时间为 60 h 左右

续表

序号	窗口	关键路径说明	预计工作时间
4	M3 到 M4(反应堆水池满水到卸料结束)	关键路径主要工作是反应堆卸料准备及卸料操作	预计工作时间为 100 h
5	M5 到 M6 到 M14(低低水位开始到装料开始)	在一回路排水到低低水位期间,SG 一次侧 U 形管 ET 是关键路径,低低水位相关的阀门及压力容器法兰面维护工作是次关键路径。低低水位工作结束后,在进行一回路充水到 19.5 m 期间进行 RCV、RIS 泵的再鉴定,并为反应堆装料做好准备	M5 到 M14 预计工作时间为 160 h
6	M14 到 M15(装料)	关键路径工作主要是反应堆装料准备及装料操作	预计工作时间为 110 h
7	M15 到 M18(装料后反应堆水池开始排水到稳压器人孔关闭)	M15 到 M18 期间的关键路径主要工作是反应堆一回路排水到压力容器法兰面,关闭反应堆大盖后将一回路充水到稳压器+2 m,并最终关闭稳压器人孔	预计工作时间为在 60 h 左右
8	M18 到 M18a 到 M18b(稳压器人孔关闭到离开正常冷停堆)	关键路径是关稳压器人孔,一回路的静态、动态排气工作,冷态试验	M18 到 M18b 预计工作时间为 70 h
9	M18b 到 M20(机组离开正常冷停堆后到临界)	关键路径是进行一回路升温升压,7 MPa 时定期试验,热停堆期间汽动泵再鉴定、落棒试验等	M18b 到 M20 预计工作时间为 75 h
10	M20 到 M21(反应堆临界到机组并网)	关键路径是零功率物理试验和 VVP、GSS 的暖管,以及并网前的定期试验和升功率	预计工作时间为 65 h

1.2.3 历次大修的类型及工期

在电站运行初期的几次大修过程中,由于设备运行的不稳定性,常规岛与核岛的工作安排很难严格按照标准大修的模式进行。在表 1-2-3 中列出了某电厂前六次大修的基本类型。

表 1-2-3 某电厂前六次大修的基本类型

序号	大修名称	类型		工期
1	101 大修	NI	年度大修(电网需求、首次大修准备难度)	2003 年 4 月 4 日 4 时解列,6 月 4 日 23 时并网,历时 61.7 d
		CI	十年长大修(汽轮机/发电机轴系调整)	
2	102 大修	NI	十年长大修(规范要求)	2004 年 3 月 1 日 4 时解列,4 月 30 日 22 时并网,历时 60.8 d
		CI	介于长大修与年度大修间(HP 开缸、发电机抽转子)	
3	103 大修	NI	年度大修	2005 年 3 月 28 日 3 时解列,4 月 29 日 14 时并网,历时 32.4 d
		CI	年度大修	
4	104 大修	NI	年度大修(SEC-B 管道改造)	2006 年 3 月 11 日 3 时解列,4 月 12 日 22 时并网,历时 32.8 d
		CI	年度大修	
5	201 大修	NI	十年长大修	2005 年 5 月 17 日 3 时解列,7 月 11 日 20 时并网,历时 55.7 d
		CI	十年长大修	
6	202 大修	NI	年度大修	2006 年 5 月 12 日 2 时解列,6 月 20 日 4 时并网,历时 39.1 d
		CI	介于长大修与年度大修间(开三个低压缸)	

1.3　换料大修期间的工作组织过程

如前所述，换料大修具有时间紧、任务重、接口杂、计划性强的特点，在此期间单纯依据功率运行期间的工作组织过程已经无法达到安全高效完成各项工作的目的。因此，本着“重安全，保质量，有计划，强管理”的指导方针，大修工作将围绕着大修指挥部展开。

1.3.1　大修组织机构

典型的大修组织管理采用项目管理为主，行政管理为辅，项目管理与行政管理相结合的管理模式，其基本框架如下（图 1-3-1 以某电厂为例）：

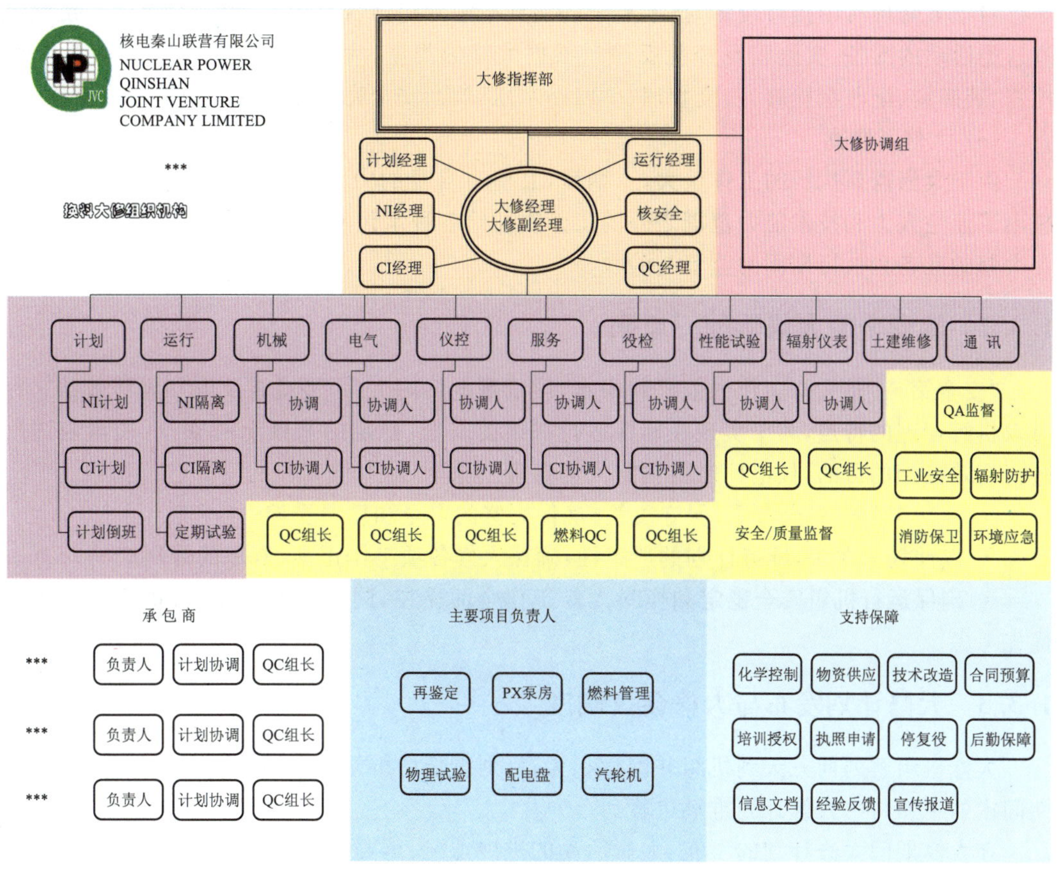

图 1-3-1　大修组织机构

（1）大修指挥部

大修指挥部是大修领导核心，负责整个大修活动的组织协调、计划安排和进度控制，以及大修重大问题的决策。大修指挥部由大修总指挥、大修副指挥、大修顾问、大修协调组、大修经理、计划经理、运行经理、常规岛经理、核岛经理、核安全经理、QC 经理组成。

（2）大修执行层

大修执行层是由计划组、运行组、机械队、电气队、仪控队、服务队、性能试验科、在役检查科、土建维修、辐射仪表科、通讯队等组成，在大修指挥部的统一协调指挥下，按照大修计划的要求完成本专业的各项大修工作。

(3) 大修监督层

大修监督层是由质量保证、工业安全、辐射防护、质量控制、消防保卫等部分组成，在大修准备和大修执行期间对大修各项活动进行独立监督和审查。

(4) 大修支持层

大修支持层是由物资供应、化学控制、物理试验、技术改造、培训授权、停复役申请、合同预算、信息文档、后勤保障、经验反馈等部分组成，负责大修前、大修期间以及大修后全过程的支持保障工作。

(5) 大修项目组

对于大修项目中接口较多、技术复杂的活动指定专门项目负责人，由项目负责人组织协调这类活动的准备、实施以及经验反馈。根据大修的类型，大修中将设置再鉴定、PX泵房检修、装卸料、配电盘检修、三废管理、一回路水压试验、安全壳整体密封性试验等专项组。

(6) 大修承包商

由于大修需要执行的工作量大，工期紧，靠业主自身的力量无法独立完成，因此需要将超出了业主人力和技术能力范围之外的工作委托给各种承包商，由承包商负责执行，业主负责大修的准备和执行期间的监督与验收。

1.3.2 偏安全的大修管理三原则

“安全第一”是大修工作的前提和根本，质量是电厂的生命，进度涉及电厂经济效益。针对双机组管理的特点，为了实现在确保运行机组的安全、稳定的基础上对安全、质量与进度进行有效控制的目的，核电厂需要制定大修管理三原则，对大修工作的安排进行指导。

- 一切工作偏安全考虑，保守决策：确保大修的安全和质量受控；
- 以计划为龙头，维持计划的严肃性：确保大修各项工作正常、有序的开展；
- 确保运行机组安全稳定和换料大修工作全面受控，同等条件下，运行机组相关工作优先考虑。

1.3.3 大修计划发布与大修会议制度

大修机组解列前三天到机组并网后三天，计划责任由维修计划转移到大修计划，在大修期间内的工作将由大修计划推动进行。

在大修期间大修计划的发布、大修活动的进展情况、重要检修信息的反馈以及重大缺陷的处理决策等活动通过一系列的会议来实现(见表1-3-1)。通过各种信息的反馈，大修计划人员对计划进行及时的调整，并通过相关会议以及公司主页进行发布。具体的流程如下：

(1) 每天计划会后，计划工程师根据实际情况对大修总体计划进行调整，每天晚上21:00前正式生效(包括：主线/NI检修/CI检修)；

(2) 根据大修工作进展的需要，状态转换较频繁的阶段，安排计划人员夜间值班，并对大修主线计划进行调整，早会前调整完毕并发布；

(3) 大修协调会后，根据大修工作的需要，计划工程师对大修主线计划进行调整，并在下午13:00前调整完毕并发布。

表 1-3-1　大修期间会议制度

名称	时间	主持人	参　加　人	会　议　议　程
早会	8:30	大修经理	大修指挥代表、大修经理、计划经理、值长、运行经理、运工、安工、机械/电气/仪控/服务/役检/性能/土建/辐射仪表/化学/物资等大修协调人及承包商代表	1. 值长通报机组状态和工作票准备情况； 2. 计划经理进行工作安排； 3. 安工从核安全角度提出注意事项； 4. 其他单位提出问题(如果有)； 5. 大修经理及大修指挥总结
大修协调会	9:30	大修经理	大修指挥/大修顾问、各相关处室负责人、大修经理、计划经理、质保/保卫等部门代表、机械/电气/仪控/服务/役检/性能等专业负责人/主要承包商代表	1. 计划经理报告过去 24 小时的进展、问题及教训；解释计划的更新，强调关键路径、次关键路径与接口问题；确立目标、优先项目和预见情况； 2. 各单位提出需要协调的问题； 3. 大修指挥部进行问题的协调
CI 协调会	15:00	CI 经理	CI 计划工程师、CI 隔离经理、机械/电气/仪控/服务/役检/性能等专业 CI 协调人/承包商负责人	1. 计划工程师进行计划安排； 2. 各单位协调人提出需要协调的问题； 3. CI 经理进行工作的总体安排与协调
大修计划会	15:00	计划经理	大修经理、运行经理、NI 隔离经理、核安全经理、NI 经理、QC 经理、机械/电气/仪控/服务/性能/役检/化学/辐射防护/辐射仪表/土建等专业大修协调人、NI 计划工程师、主要承包商代表	1. 计划工程师报告工作窗口和未来三天的工作计划； 2. 各协调人报告每项工作的具体进展； 3. 工作与再鉴定的计划和协调； 4. 各单位提交新的工作申请； 5. 审查批准工作许可票； 6. 协调解决交叉作业中的具体细节问题； 7. 分析并生效未来三天工作计划
QC 协调会	单周五 14:00	QC 经理	各 QC 专业组正副组长	1. 跟踪、检查大修 QC 工作的进展； 2. 根据出现的问题，分析原因，提出解决办法； 3. 不断总结 QC 管理经验和提高 QC 管理水平

1.3.4　换料大修期间的工作组织过程

大修项目按工作准备情况分为“计划内”和“计划外”项目。“计划内工作”是指在大修准备期间确定的项目，工作包已准备完成。“计划外工作”是指在大修执行期间临时增加的项目，工作包需执行部门准备。

“计划内工作”由专业协调人将 CMS 工单提交到“待计划开工状态”，大修计划工程师根据《大修计划》批准《许可申请》，由 CMS 导入 CBA。大修隔离经理在 CBA 中批准许可申请，制定出合适的边界，运行值负责隔离实施。

“计划外工作”由申请部门提出工作申请，大修计划工程师分发到执行部门，工作包准备完成后，大修计划工程师列入计划，批准《许可申请》，由 CMS 导入 CBA。大修计划工程师、大修隔离经理在 CBA 中逐级批准许可申请(见图 1-3-2)。

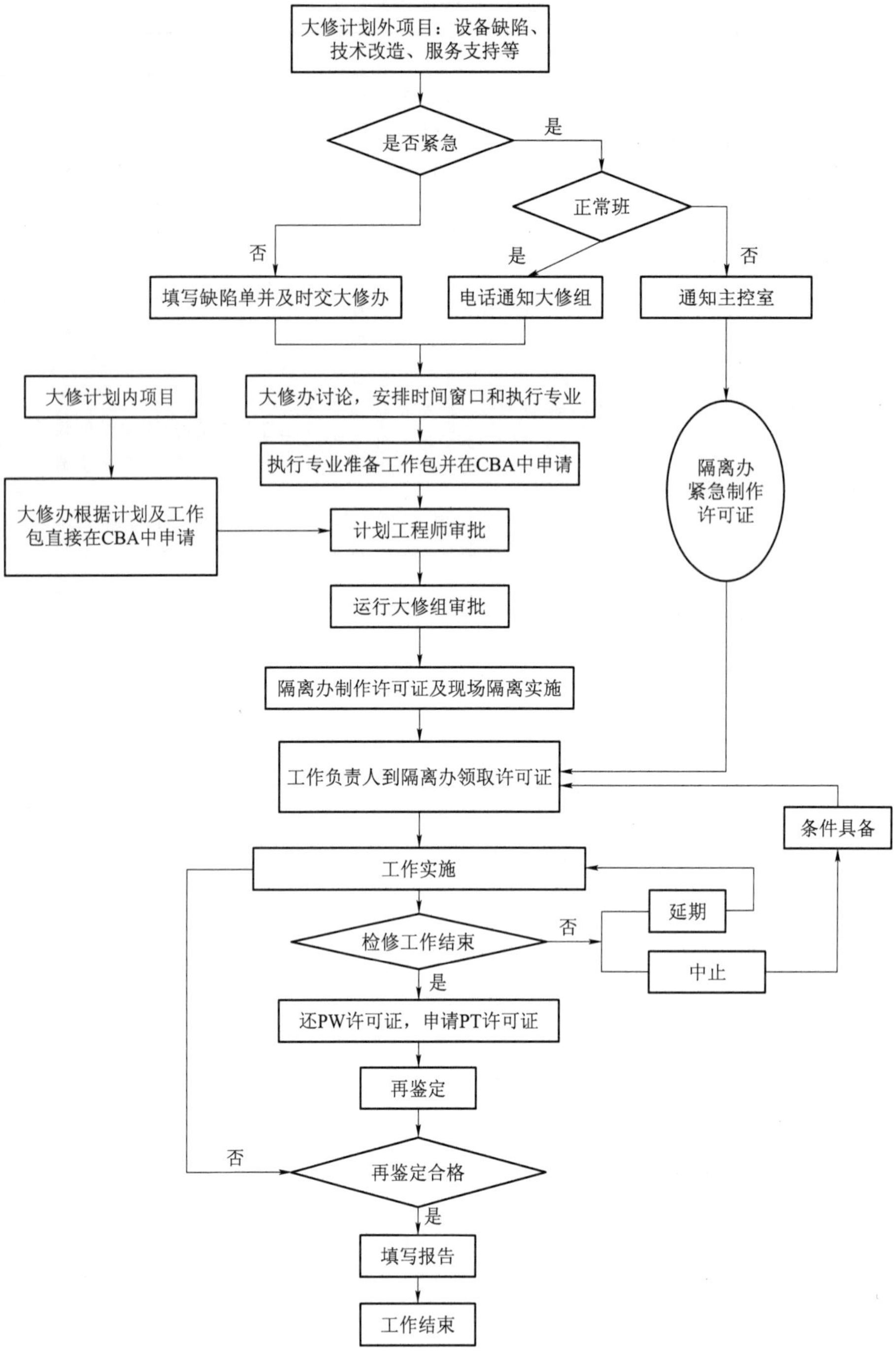

大修计划外项目：设备缺陷、技术改造、服务支持等

是否紧急

是

正常班

否

是

否

填写缺陷单并及时交大修办

电话通知大修组

通知主控室

大修计划内项目

大修办讨论，安排时间窗口和执行专业

执行专业准备工作包并在CBA中申请

大修办根据计划及工作包直接在CBA中申请

计划工程师审批

隔离办紧急制作许可证

运行大修组审批

隔离办制作许可证及现场隔离实施

工作负责人到隔离办领取许可证

条件具备

工作实施

延期

否

检修工作结束

中止

是

还PW许可证，申请PT许可证

再鉴定

否

再鉴定合格

是

填写报告

工作结束

图 1-3-2　大修计划外项目的处理流程

大修期间采取“集中取票”的方式领取《工作许可证》。主控隔离经理按照已批准授权的取票负责人名单，根据部门或专业发放许可证。原则上许可证由“取票负责人”统一领取，需要隔离经理交待注意事项的工作，由“取票负责人”通知工作负责人本人到隔离办领取。

与正常运行期间不同，大修时工作票的延期由大修计划人员批准。

大修工作组织过程中关于运行隔离操作的注意事项将在第二章中进行介绍，在此不做冗述。

1.4　运行人员在换料大修中的作用

运行部门是大修中工作最繁忙、责任最重大的部门之一。是大修任务的执行单位和核安全掌控单位，直接担负的大修任务包括：机组停运；系统的隔离；机组状态的转换；维修、改造等活动后的功能再鉴定；设备、系统和机组的启动等到工作。运行部门还是其他部门大修工作的风险控制者和条件提供者，主要体现在隔离文件的实施和工作票的签发过程中。最后，运行部门还担负大修的在线协调角色，大修计划中运行与其他部门有接口关系的关键路径的进展、工作负责人需要临时进行的配合工作等，通常需要由运行大修组和当班值长进行直接控制和协调。

考虑到其在所扮演角色中的重要性，大修过程中的运行管理与运作方式应当得到我们足够的重视。为了保证运行工作的顺利开展，一系列的组织管理手段与技术措施将应用于换料大修过程。

复习思考题

1. 简答机组换料大修的主要目的。
2. 标准换料大修类型有哪几种？
3. 换料大修的关键路径有哪些？
4. 偏安全的大修管理三原则是什么？
5. 大修项目按工作准备情况分为哪两类？
6. 运行人员在换料大修中承担什么任务？

第二章　大修运行管理

在机组换料大修期间，为确保各项工作能够在保证安全和质量的前提下顺利进行，又能保证另一台机组的安全稳定运行，必须明确运行大修工作所需遵循的基本原则、管理要求和工作方法，并由此确定一系列的组织、管理和技术保证措施。

2.1　运行大修组

运行大修组是运行部门顺利完成大修工作的组织保证。通过介入大修计划编制，大修运行文件准备、工作许可证管理、编制大修期间的运行三天滚动计划、运行对外协调以及对大修异常问题的及时跟踪处理等手段，运行大修组可以合理控制机组状态及检修窗口，从而实现对大修活动的有效控制。

2.1.1　运行大修组组织机构

在大修开始前 3 个月，组建运行大修组织机构。大修机组解列前三天到机组并网后三天，机组状态由运行大修组控制。如图 2-1-1 所示，运行大修组通常由运行经理、大修运工、大修隔离经理(通常是 2 名)、再鉴定经理、现场主管与现场操作小分队等人员组成。各岗位人员的资质要求见表 2-1-1。

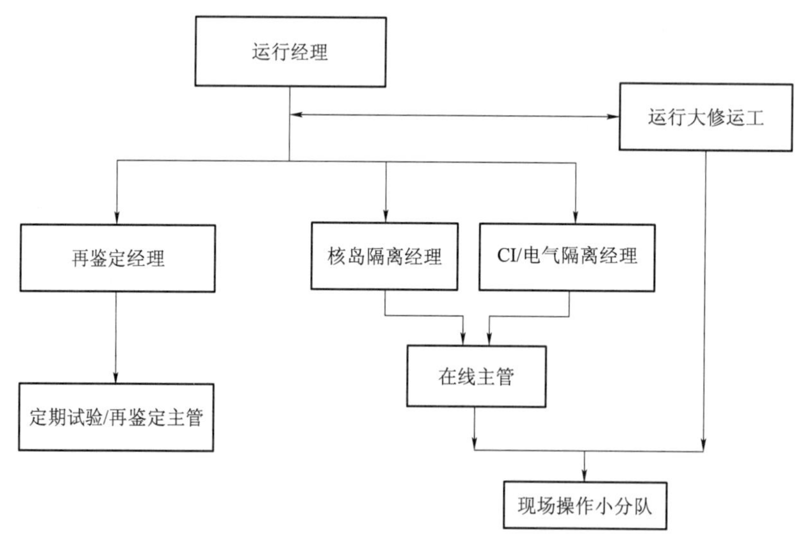

图 2-1-1　运行大修组的组织机构

表 2-1-1　运行大修组人员资质要求

人员	运行经理	大修运工	大修隔离经理	再鉴定经理	现场主管	小分队人员
资质	值长	机组运工	隔离经理/SRO	SRO	RO	FRO

为确保大修工作不因人员的临时变故而受影响，在职责明确的基础上大修组各岗位之间必须具备相互重叠、相互替代、相互支持功能，以提高整体运作效率和工作质量。大修组各岗位之间的替代关系如下：

☑ 运行经理 ⟷ 大修运工

☑ 核岛隔离经理 ⟷ 常规岛隔离经理

☑ 再鉴定经理 ⟷ 定期试验操纵员/再鉴定主管

2.1.2　运行大修组岗位职责

(1) 运行经理

运行经理全面负责大修机组运行活动的准备、控制、遗留项处理以及经验总结和反馈，并且全面负责运行大修组内部管理和对外协调。

(2) 大修运工

大修运工负责在大修前安排预大修项目的执行，在大修过程中协助运行大修组推动运行计划的实施，对运行值的重大操作与高风险专项操作进行全过程跟踪协调。

(3) 核岛隔离经理

核岛隔离经理在大修前负责审查维修工作包和核岛主隔离，在CBA(计算机辅助隔离系统)中建立标准PI。大修开始后参加每日计划会和工作票审批会，讨论核岛检修计划并全面负责大修核岛隔离工作(包括贯穿件试验)。

(4) 常规岛隔离经理

常规岛隔离经理全面负责大修常规岛和电气隔离工作。在大修前负责审查维修工作包、电气盘停复役文件和常规岛主隔离，在CBA中建立标准PI(预置指令)。大修开始后参加常规岛计划会和工作票审批会，讨论常规岛检修计划并全面负责大修常规岛隔离工作和电气盘的停复役操作。负责协助运工对常规岛重大专项活动与高风险专项操作(机组解列、主变/开关站的停复役、机组冲转并网等)进行全过程协调跟踪。

(5) 再鉴定经理

再鉴定经理在大修前负责组建大修再鉴定组织机构，确定再鉴定设备清单，审查再鉴定程序和设备的验收标准。在大修过程中全面负责大修机组设备再鉴定活动的组织与实施，协调现场主管进行部分系统的在线。

(6) 现场主管(定期试验/再鉴定主管和在线)

接受再鉴定经理的直接领导，全面负责大修前文件包准备以及部分高风险操作的熟悉工作，在机组大修期间带领现场小分队完成相对独立的隔离或在线操作，包括现场实施和遗留项清理。

(7) 当班值长

在遵守技术规范、定期试验监督大纲以及运行程序要求的前提下，根据运行计划和大修运工指令，全面推动、控制和管理当班大修活动。

2.1.3　大修期间的接口关系

大修中运行大修组是一个承上启下的单位，合理的消化大修计划，并推动运行值工作的顺利开展，大修期间运行大修组与其他单位的关系如图2-1-2所示。

(1) 运行大修组的核心协调地位

正如对运行大修组成员的职责介绍所述，运行大修组在大修前对运行文件的正确性、大修工作实施窗口的正当性、每班工作量的合理性以及运行活动的正确性进行总体控制，因此是运行大修活动的指挥中枢。在这中间，运行经理与运工在互补关系下各有侧重点，一个对内，负责协调运行操作的正确开展，一个对外，负责消化大修计划，将之转换为运行计划，从而可以有效地推进运行工作的安全进行，实现安全控制与进度控制的双重进展。

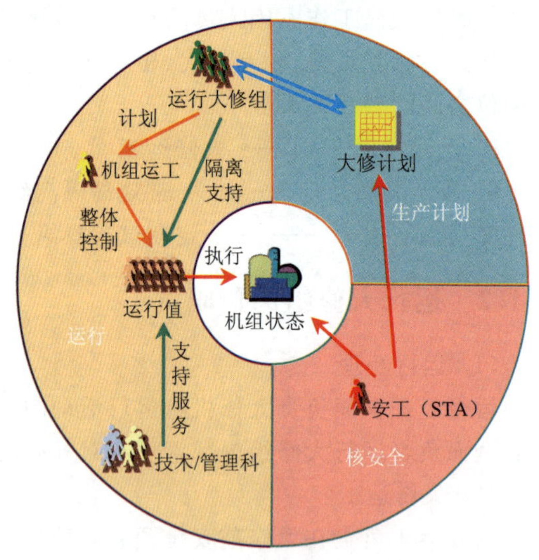

图 2-1-2 大修期间机组控制接口关系

(2) 与大修计划的接口

以计划为龙头是大修的基本管理原则之一，运行大修组的主要任务就是将大修主线计划与检修计划进行分解，并将运行相关部分进行落实。分解与落实过程中的基本分工是：大修运行经理负责参与大修主线计划以及主隔离实施窗口的讨论定稿，并将之分解为运行计划，并且根据大修早会、计划会等反馈内容来修正运行操作的方向与进度。核岛隔离经理负责参与主线计划、核岛检修计划、贯穿件试验窗口的讨论，并根据出票计划批票和制定隔离边界。常规岛隔离经理负责参加常规岛协调会，参与常规岛检修计划的讨论，并根据出票计划批票和制定隔离边界，此外常规岛隔离经理还与主线计划工程师接口，负责电气检修活动的出票。再鉴定经理负责与常规岛和核岛计划经理接口，在再鉴定设备的检修活动实施后根据清票情况调整再鉴定计划，实施再鉴定活动。

关于运行大修组与大修计划的接口关系见图 2-1-3。

(3) 与安全监督管理部门的接口

在大修期间核安全工程师将通过审查大修主线计划及三天滚动计划等方式介入到机组的动态与静态控制中去，并且安工将对 QSR 定期试验的执行情况、QSR 设备功能再鉴定情况、特许申请执行情况以及行政隔离的现场实施情况进行监督，并对运行活动提出核安全方面的要求或改进意见。在装料前和临界前两个节点，核安全处将组织召开 PNSC 会议，落实机组关键状态转换的放行条件。运行大修组负责根据上述的要求或建议安排修正计划。

大修期间与其他安全监督管理部门的接口与日常基本一致，主要体现在工作票的收发过程中动火证、PX 票等内容的管理上，在此不进行赘述。

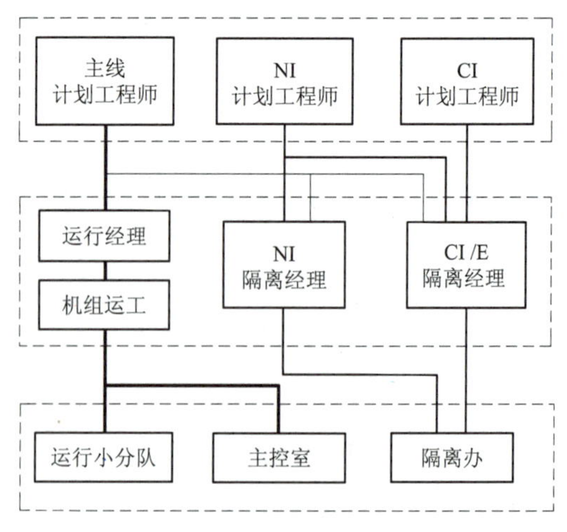

图 2-1-3 运行大修组与大修计划接口关系

(4) 与正常运行机组的接口

大修期间,为了防止检修工作对正常运行机组产生不利影响,或妨碍大修机组的运行工作开展,要求运行大修组与正常运行机组的运工有一个明确的分工:运行大修组负责大修机组的缺陷跟踪和工作票管理;涉及影响正常运行机组系统状态的工作,由运行大修组与正常运行机组运工协调后执行。具体来讲ZA(氢气站)、ZB(氮气站)、ZC(压空站)、VA(锅炉房)、YA(除盐水厂房)、HX(制氯站)、DF(5号柴油机房)等厂房内的系统与设备划归正常机组管辖;TEP、TER、SEL、TEG、TEU、RPE、DVN、ASG等系统的公用部分归大修机组管辖,由运行大修组负责运行方式的调整,但是不在大修期间安排预防性检修工作。GEV,LGR,GEW等系统将在大修期间安排检修工作,但是在检修外的时间里应当安排巡检工作。

(5) 系统专工的技术支持

大修期间三废、通风、常规岛的油系统、500/220 kV相关系统等可能要面临系统的检修、启停等操作;氢气、CO_2等气体以及各种工器具可能需要及时配备。这些内容依靠运行值的力量可能无法顺利实现操作目的,因此在大修期间的后备支持能力显得尤为重要。目前运行技术科的系统工程师承担了一部分系统的技术支持工作,大修管理科承担了物资支持工作。

2.2 大修期间运行活动的技术基础

在大修过程中,无论是核岛还是常规岛的系统与设备均需经历一个停运→维修、检查、试验→再鉴定、恢复运行的过程,期间同一系统的维修和运行活动交错,不同系统之间的维修和运行活动存在复杂的逻辑关系。如果在烦琐而紧张的大修工作中违反了这种逻辑关系将可能导致运行事件的发生。目前对于这种逻辑关系的控制手段一般有以下四个方面:大修总体控制规程(D规程)、以主隔离为中心的模块化控制、CBA的设备冲突管理和运行大修组人员的大修管理经验,其中D规程和主隔离主要面向大的宏观的逻辑控制,CBA功能和运行管理经验则侧重于具体的检修活动。

2.2.1 大修总体控制规程

由于核岛设备和系统的停运必须严格遵从技术规范条款的限制,为了表述清楚它们之间内在的联系、顺序和限制并使大修过程趋于规范,需要一套完整的大修总体控制规程(D规程)。它将核岛停运和启动过程中数量繁多、关系复杂的重要运行维修活动围绕技术规范紧密地串成了一条主线,并且与大修前制定的主隔离执行逻辑图相结合,可以保证核岛的大修活动在安全可控的情况下最优化地向前推进。同时D规程也提供了一个经验反馈和积累的平台,对大修运行活动的持续改进起到了重要的作用。

在编写D规程过程中,针对常规岛缺乏统一的控制和引导程序这一缺陷,运行大修组需要仔细研究常规岛相关的规程与操作票、电力工业部的行业标准和相关的维修程序,深入理解维修和运行活动的内在联系和接口,进而编写常规岛大修过程总体控制引导规程,即“D21A -大修期间常规岛的停运”和“D30A -大修结束后常规岛的启动”。其中D21A规程描述从常规岛大修准备开始经过机组降负荷解列、VVP主蒸汽隔离阀关闭、发电机气体置换、水系统排空，油系统停运直到二回路全部停运结束时的全部运行操作内容；D30A规程则从SRI系统启动开始，描述循环水系统启动，水回路启动以及水质处理、发电机改到冷备用状态直到常规岛具备暖管升温条件结束之间的所有运行活动细节。这两本规程可以保证各项运行活动按计划有序地进行，能够保证大修期间常规岛运行活动的质量和安全。

大修总体控制规程共包括18本规程。在每次大修前由负责大修活动的运行经理根据本次大修的特点进行修正。这些规程的清单见表2-2-1。

表2-2-1　D规程清单

序号	规程代码	规　程　名　称	主　要　内　容
1	D21	换料大修准备→过渡到热停堆状态→除气→硼化	详细描述从大修前两个星期的准备至反应堆冷却剂已除气的热停堆状态所要进行的所有操作内容
2	D21A	大修期间常规岛的停运	详细给出从大修前两个星期的准备至常规岛整体停运、主隔离实施完毕过程中的所有操作内容
3	D22	回路从热停堆冷却到170 ℃	描述从热停堆状态到RRA连接的单相中间停堆状态，一回路氧化之前的具体操作
4	D23	一回路从170 ℃冷却至冷停堆状态及氧化	描述了从170 ℃冷却到冷停堆状态及在80 ℃进行氧化时的操作细则
5	D24	反应堆冷却剂系统卸压	描述了反应堆冷却剂系统从2.5 MPa降压至0.12 MPa过程所需进行的操作
6	D25	回路排水至RRA最低运行水位及一回路吹扫	描述机组计划停堆，堆芯卸料之前为部分排空反应堆冷却剂所需要进行的操作
7	D26	卸料前准备→卸料→排水至低低水位	详细说明了卸料前和卸料期间，以及反应堆冷却剂系统排水至低低水位中的全部活动
8	D27A	安全壳打压试验	描述了安全壳打压试验过程中运行部门进行的系统设置、隔离以及状态恢复的操作
9	D27B	反应堆压力容器检查	描述在反应堆压力容器用MIS机进行在役检查前后及其间所应执行的运行操作
10	D27C	一回路水压试验	本规程用于描述从一回路充水至法兰面、扣大盖、进行规定的一回路20.7 MPa(绝对压力)水压试验、卸压后排水到压力容器法兰面期间所需的操作
11	D28	装料前准备→装料→排水至法兰接合面	详细说明了装料前准备→装料→反应堆水池排水及反应堆压力容器扣盖前的准备等操作内容
12	D29	反应堆大盖安装及反应堆冷却剂系统充水	描述了从反应堆大盖安装至正常冷停堆工况的过程中包括一回路充水排气、安注与安喷系统的综合试验等所需要执行的操作
13	D30	反应堆冷却剂系统加热至80 ℃	详细说明了过渡到中间停堆状态的系统准备以及开始升温到化学平台过程中的全部活动
14	D30A	大修结束后常规岛的启动	详细给出了大修后期常规岛分步启动以及主隔离分步解除直至主蒸汽暖管前的所有操作内容

续表

序号	规程代码	规 程 名 称	主 要 内 容
15	D31	化学平台及升温升压至 177 ℃	详细说明了从正常冷停堆过渡至具备 RRA 退出条件之前的全部活动,包括化学平台、在稳压器中建立汽腔以及升温到 177 ℃等操作内容
16	D32	RRA 隔离及加热至热停堆状态	详细描述了 RRA 系统隔离、反应堆冷却剂系统升温升压过渡到热停堆状态以及在热停堆下为临界而进行的准备等全部运行活动
17	D33	临界和热备用	详细描述了在技术处物理组的指导下进行临界操作,并且为配合零功率物理试验所进行的所有操作。此外对常规岛的启动情况进行检查,并最终在物理试验结束后实现主蒸汽的暖管
18	D34	提升反应堆功率至 100%FP	详细说明了在换料大修结束后,反应堆离开热备用状态、汽轮发电机组冲转并网以及升功率到 100%FP 等操作细则

关于 D 规程的详细描述见第三章。

2.2.2 大修主隔离

大修主隔离的管理规定见 2.3.2 节,主隔离的设置见第四章。

2.3 大修期间的管理措施

换料大修是一项复杂的系统工程,必须通过严密的管理手段来保证各项活动的正常开展。在运行处,为了确保机组换料大修工作能够在保证安全和质量的前提下按进度顺利进行,通过管理程序明确了处内各相关部门在大修期间所需遵循的基本原则、管理要求和运作方法。在这本程序中,规定了运行大修组组织机构及职责,并对大修期间的运行计划、人力资源、隔离、主控室、在线、接口、异常事件的防止等方面提出了明确的要求。下面是以某电厂相应程序为例针对其中的要点和一些注意事项的简单介绍。

2.3.1 运行计划管理

大修期间运行经理根据“主线三天滚动计划”和 D 规程的要求,在主控电子日志中录入“运行计划”和“计划试验项目”,然后由大修机组运工审核后生效。图 2-3-1 给出了大修期间运行计划的运作方式。

所有运行定期试验按照运行三天滚动计划执行(对于 D 规程中涉及的按照 D 规程要求的状态执行)。在大修期间对于周期为 1C 以下的定期试验,由技术科根据试验周期安排,运行经理审查后最终排入运行计划中交运工批准。

运行经理在制订大修运行计划过程中应当考虑以下几个方面:

☑ 正确性:在安排运行计划过程中必须充分考虑各项工作的执行次序,例如进行泵的启动试验必须保证电源完好,阀门动作必须考虑上下游的系统状态满足要求等。

☑ 全面性:核对是否有大修计划无法覆盖的运行操作,不能漏项或错过实施窗口。目前

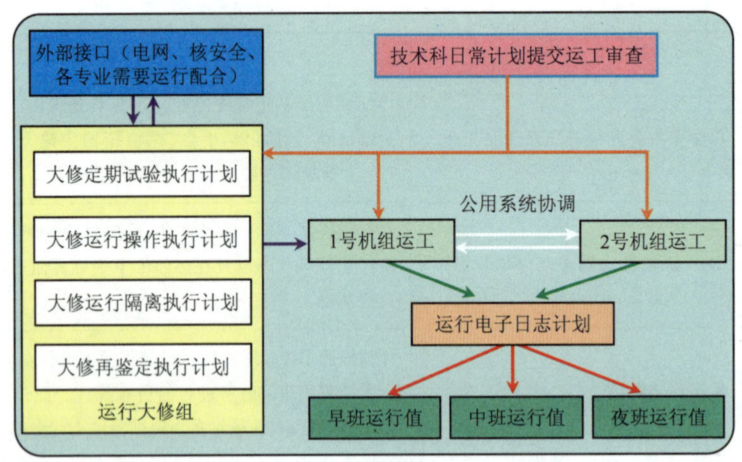

图 2-3-1 大修期间运行计划的运作方式

运行定期试验基本没有纳入大修计划中，而1C以上的定期试验又有窗口要求，因此应注意。

☑ 合理性：在编制运行三天滚动计划时必须尽量合理分配工作量，保证各班和运行值工作量的均衡，因此运行经理必须清楚大修的整体进展情况，在不影响主线进度与安全的前提下个别工作可以适当地提前或滞后。

☑ 前瞻性：在编制运行计划过程中应当对持续时间长的连续操作进行前提条件分析，并尽量防止隐性条件阻碍主线工作的进展，例如在升温升压过程前必须考虑TEP的接收容量和处理能力，在低低水位前要考虑TEU系统的接受能力等。

2.3.2 大修隔离管理

大修期间的隔离与正常运行期间有所不同，是一种以主隔离为主体，大修隔离经理全面负责制定边界的管理方式。在这种方式下，大修隔离经理对隔离边界的正确性、隔离实施时机的正确性负责，实施值对隔离实施的正确性负责。

2.3.2.1 大修与日常期间工作票管理的不同点

在大修期间工作票的管理与日常期间有以下不同：

- 隔离经理按"集中取票规定"发放工作票，如果隔离经理认为有必要与工作负责人进行协调沟通时，应要求工作负责人亲自到隔离办取票。
- 大修PI票黄票按系统存放于隔离办。
- 夜班隔离经理须给出未按计划要求出票的清单和原因，由早班值长在早会上说明。
- 工作票延期由计划工程师签字批准即可(运行大修组人员不签字)。

2.3.2.2 大修主隔离管理流程

大修期间主隔离的管理流程见图2-3-2。大修主隔离在准备、实施、修改边界以及解除过程中尤其要注意以下事项：

- 隔离经理在CBA中通过紧急隔离方式申请，根据运行3天计划、D规程、大修计划确认状态点到达后，由大修隔离经理或当班隔离经理实施CBA中相应的大修主隔离，并在隔离办主隔离顺序逻辑图上记录。

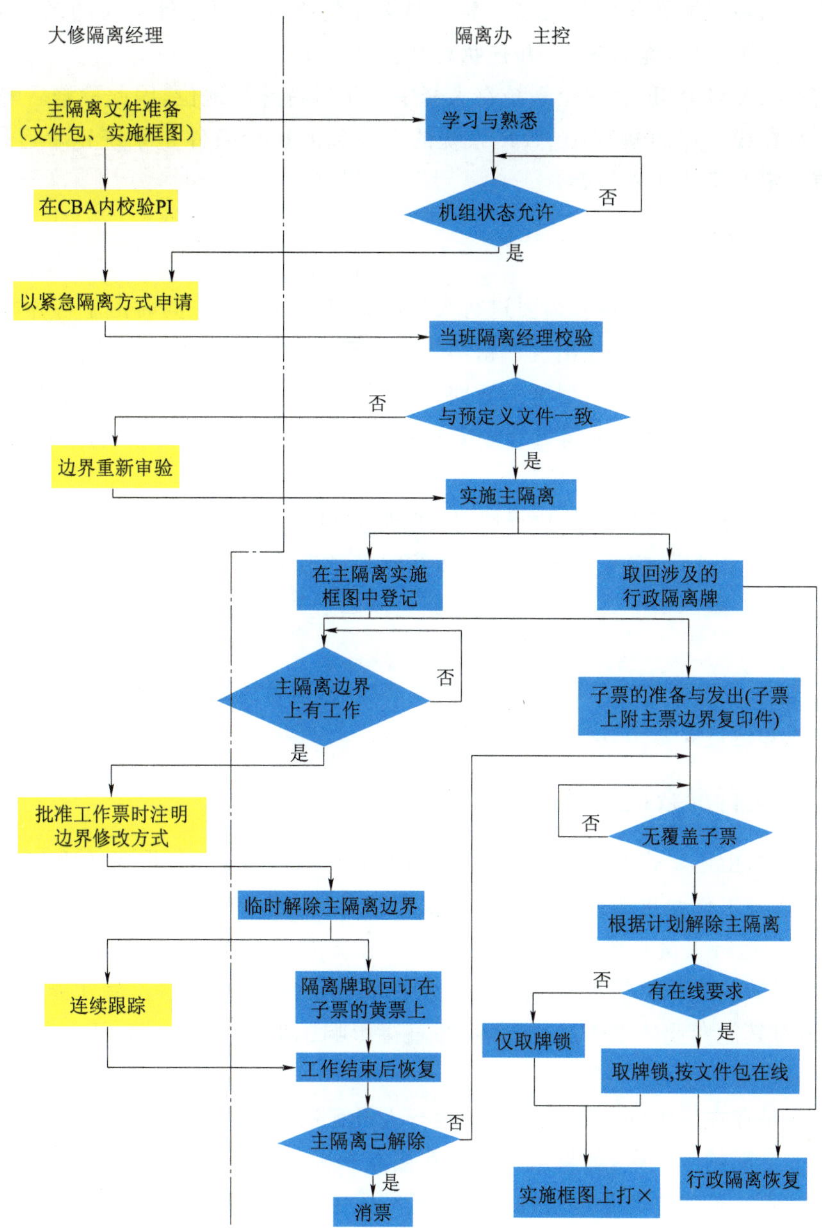

图 2-3-2　大修期间的主隔离实施流程

• 大修主隔离的任何修改都必须得到运行大修组的认可。对已实施的主隔离边界的任何改变，都必须经运行大修组一/二回路隔离负责人授权后才能进行。有些工作需临时解除主隔离的，大修隔离经理在子票上写明，当班隔离经理审核后遵照执行，并在做票时输入“解除时将取回牌锁的×××设备恢复隔离”的提示信息。临时解除的“禁止操作”牌取回订在工作许可证（子票）的黄票上，解除隔离时挂回。主隔离边界修改信息必须在隔离日志以及值长日志的“连续跟踪问题”中记录。大修组相应隔离经理负责跟踪。

• 主隔离的解除按大修计划进行，解除时，仅摘牌取锁，不用在线（特别要求的除外）。

主隔离解除后的在线根据计划按大修组准备的文件包执行。但是针对泵的动力电源，解除隔离时应保持开关拉出，地刀拉开，并挂状态牌。

• 由于 REA 与 PTR 这两个系统在大修中处于较特殊的地位，因此检修后解除隔离时需当班值进行在线。在 D 规程中 PTR 系统的文件包的执行条件是系统正常运行，因此执行文件包前一定要确认初始状态。

2.3.3 在线管理

大修时，尤其是大修中后期，需要进行大量的系统在线工作。同时由于各种检修工作交叉其中，在线过程中不可避免地出现遗留项。因此系统在线的适时性与完整性、遗留项清理的及时性，是大修在线工作的主要努力方向。为了达到这三个目的，以下要求需要遵守：

• 在线工作由操纵员根据运行计划安排执行，并跟踪执行情况，执行后的在线文件包应注明遗留项，各项签字、日期齐全。

• 大修组每天检查文件包的执行情况，清理遗留项。

• 系统完整在线后，应特别关注系统在线状态的改变。如有新的检修项目，系统隔离后主控应连续跟踪隔离情况，工作负责人还票后隔离经理应确认所涉及的系统设备恢复正常运行状态。

• 系统进水后发生跑水问题时，如系统频繁补水，地坑大量连续来水等，操纵员应立即着手检漏并通知运行大修组，必要时要停止进水。

2.3.4 需要运行配合的工作

在大修期间，由于工作票的准备不足，CBA 内由于设备代码、工作票性质存在冲突等原因，会造成一部分工作票出票困难。因此在权衡进度与安全的基础上，需要将一部分工作票旁路 CBA，采用运行人员直接配合的方式进行。比如在柴油机检修后期，机械人员要求进行盘车，按照目前的工作组织过程规定必须将所有相关子票收回中止后才能发出新的 PR 票，显然这将对其他专业的工作造成影响，并直接影响工期。如果旁路 CBA 后改为运行人员配合的方式将快捷得多。

这种旁路是存在风险的。风险之一是运行人员无法在短时间内完整了解工作现场的进展情况。比如上面的例子中，如果运行人员直接盘车则可能会对在柴油机本体上工作的检修人员造成伤害。风险之二是配合性工作对运行人力和精力的大量占用，造成主控人员无法有效地全盘掌控系统状态。为了减少配合性操作给运行人员和操作本身所带来的附加风险，在大修期间采用了“流体传输单”和“需运行人员配合工作”两种形式的配合单，运行人员必须了解这两种配合单的使用规定。

2.3.4.1 流体传输单

大修期间非运行部门要进行流体传输或用水工作，必须事先到运行大修组填报“流体传输申请单”，该申请单由运行经理或机组运工审批同意后，再由流体传输工作负责人将该申请单提交给当值值长审批，所有已执行流体传输申请单由主控人员负责存放在主控的“已执行流体传输申请单”文件夹中。相对而言，流体传输单仅考虑对提供流体系统的运行影响，现场使用过程中的安全由工作负责人承担，界限明确，风险较小。

2.3.4.2　需运行人员配合工作单

针对大修期间存在其他处室人员需运行人员配合工作的实际情况，为确保安全，提高工作效率，在大修期间设置了“需运行人员配合工作单”，在使用过程中应当遵守以下规定：

- 需运行人员配合工作申请单由工作负责人填写，并到运行大修组办理审批手续。指定了总负责人的工作，必须由总负责人亲自到运行大修组办理审批手续。大修组审核同意后再经值长批准实施。
- 总负责人完成相关工作后，到主控终结此配合申请单，由主控负责安排运行人员确认设备已恢复到工作前状态，并将原隔离边界恢复后，工作负责人或总负责人和运行人员共同在原件的“状态恢复”栏签字，此单方算最终终结。

由于配合工作风险较大，要求运行人员特别注意以下两点：

- 此类配合工作风险较大，尽量控制不必要的配合工作。
- 大修运行隔离经理批准的工作票，其工作内容如是隔离边界的设备，且已注明在其他主隔离的覆盖下，不属于此类配合工作内容，按2.3.2.2节的要求执行。

2.4　提升大修期间运行业绩的途径

大修工作良好业绩的取得，运行部门在其中发挥了非常重要的作用。如何更安全、更快、更经济地完成大修工作，追求更好业绩，是运行大修管理工作的主要目标。

2.4.1　建立完备的大修文件体系

工欲善其事，必先利其器。一整套完备合理的大修运行文件是运行部门顺利开展大修操作、完成大修任务的必要条件。以某电厂为例，目前运行处已经建立了以D规程和主隔离文件为主体的大修文件体系，部分事故预想工作已经开始。这还远远不够，长远来讲，大修运行文件应当包括指导性文件、管理文件、具体执行文件和事故预想文件四类，在执行文件中应当逐渐实现模块化、标准化和无死角的目的。

要达到文件体系完备的目的，从管理上来讲，应进行远期的规划，确定要达到的目标以及围绕这个目标的框架结构。从实施部门来讲，要建立经验反馈意识，文件使用人要不断地反馈文件中的错误和不合理的地方，文件编写人不仅要及时修改文件，而且要熟悉大修过程，善于总结，使大修文件管理有一定的前瞻性。讲到这里有一个小例子，D28文件中进行RPE系统在线时，个别阀门在文件包以及CBA中的位置标示错误，现场人员在第一次大修时努力完成操作后没有反馈，结果后续大修仍然要继续摸索，不仅费力，而且增加了个人剂量。如果在大修文件中少一些这样的缺陷，如果阀门位置的描述更加清楚一些，那么毋庸置疑，将会有力推动大修运行活动的安全进展。

以D规程为主的现有大修文件无法完全覆盖所有大修运行活动，这就给大修控制与实施带来了一定的复杂性。解决这一不足的一个方法是实现大修文件的标准化与模块化，以达到简化运行大修管理人员的信息处理过程，减少运行计划出错概率和合理分配运行值工作量的目的。标准化与模块化的重点在于运行工作的汇总、其内在逻辑关系的发掘和系统接口的完善三个方面。当前，对于较为复杂的具有一定逻辑关系的一些操作，压力容器开大盖，低低水位结束后的系统在线等都已经有了逻辑框图，但这还远远不够，比如在某电厂

202 大修中进行 PT RIS 01 时，由于 APG 未在线而导致蒸汽发生器二次侧跑水的事件，就是忽略了前提条件的一个典型事例。因此，持续对每一项运行工作的前提条件和执行过程中的风险进行分析，是减少出险概率的一个手段。而且在逻辑关系确定的情况下，还能够针对可以并行的操作进行每班工作量的平衡和工作进度的合理优化。

2.4.2 合理的人力资源管理体系

由于日常运行期间机组处于稳定运行状态，运行人员对低状态下的安全要求、设备的现场布置(尤其是反应堆厂房内)和启停要点逐渐生疏。但是大修一旦开始后，运行人员马上会面临着工作量大和交叉进行、接口复杂的压力，这必然会影响对机组安全和进度的把握能力。因此大修期间运行部门的控制难点在于机组安全把握、大工作量的突击完成、高难度专项操作缺乏经验等三个方面。当前解决这一问题的有效方式是通过运行支持人员对运行值的人力支持和技术支持来实现的(见图 2-1-2 与图 2-1-3)。

大修机组每值应保证有一名协调操纵员和两名主控室操纵员。协调操纵员负责主控室的工作质量和信息管理，即负责总体协调和跟踪计划的执行，负责与大修组及其他专业的信息沟通，负责协调另两位操纵员的工作。这样可以一方面确保其他两位操纵员把全部精力用于具体的工作上，也可以保证值长从繁冗的工作中抽出身来，关注与安全相关的关键点和操作内容。

运行大修组负责进行工作量的平衡与分工，将一些性质单一、边界清楚的工作划由小分队执行，而对机组状态直接相关的操作及一些配合性操作则安排运行值执行，这种形式可提高人力资源利用度。实践证明，减少部门间的接口可以提高效率，降低出错概率，因此运行小分队的工作应集中在主隔离的实施、系统的完整在线及主体设备的再鉴定上，也就是说一些可以实现“交钥匙”的系统。此外要实现检修工作量的合理控制，例如大修开始 3 天以内，基本上是机组的停运过程，随后核岛的操作与检修工作量将急剧增加，因此为错开这一工作高峰，应尽量将常规岛的票在 3 天以内出到 80%以上，这样在后续的操作中才会显得从容不迫。

对运行值的技术支持应体现在不常见操作及高风险操作上，如不常见的、操作复杂的试验由专人负责，常规岛发电机改检修、GHE 系统的启停操作由专工进行配合与监护等。通过这种支持，对提高安全水平、保证进度及运行人员培训都有良好的效果。

2.4.3 有力的运行调度指挥体系

在大修期间与运行接口的不仅有运行管理部门和工作负责人，还有大修计划部门、安全监督部门等，即使在运行内部，也有处领导、具有不同职责的大修组成员等人员。各单位的配合性要求无所不有，信息收集渠道也多种多样，监控中稍有不慎就有违规操作甚至其他后果的风险，因此必须明确大修期间的职能分工和调度指挥体系，避免多头指挥现象出现。

职责分明是降低安全隐患的良好措施，在运行大修管理环节中，运行大修组是大修机组各项活动的中枢，运行值基本上只接受来自运行大修组的指令，而信息来源与发布则限于运行大修组与大修计划部门。处长及协调部门的一些要求，应尽量通过运行大修组下达，这样可以实现一种链状管理方式，在辅之以各种横向的技术或人力支持后无论是效率还是工作能力都将得到提升。

2.4.4　加强工作的计划性与合理性

工作的计划性与合理性是减少风险的一个有效措施。工作的计划性有两重含义，一是大修组在分解大修计划过程中不能有遗漏，尽量减少临时性指令与跨班操作安排，二是对于运行值来讲，在接班后应尽快对任务进行分解，对操作人力、实施顺序与时间进行分配，保证本班主要工作有条不紊地执行。

工作的合理性也有两重含义：一是运行大修组在安排工作时要进行量的平均，尽量站在当班值角度上考虑工作的实际进展，尽量减少跨班作业。二是对运行值来讲，在接到工作任务后应对哪些操作可并行作业，哪些操作有逻辑顺序，前提条件是什么等进行分析，合理安排操作时机与操作人力，并且在人力上不要用满，防止突发性事件或配合性操作无法及时进行；在时序上，尽量提早进行，防止操作中有遗留项。

2.4.5　积极的参与态度

"态度决定一切"已经是许多部门的一个共识，核电站的运行操作也不例外，在大修期间一个具有良好责任心、积极介入、高效运行的运行团队是开展好所有运行活动的前提。在大修期间运行人员应注意以下几个方面：

• 执行计划的严肃性。运行计划的制订是几经平衡的结果，具有较强的可操作性，如果在执行运行计划中拖拖拉拉、挑挑拣拣甚至推推挡挡、敷衍了事，自然要加重计划人员以及后续值的工作压力。因此必须强调运行计划执行的严肃性，要求运行值在执行计划时首先要统揽，有问题及时反馈，在无运工批准的情况下，禁止无故跳项或无故不执行计划，并且运行指标考核体系中要考虑一定的考核手段。

• 信息反馈的有效性。运行值信息反馈集中在以下三个方面：一是文件的正确性，即操作前审查文件，操作中核实文件，发现任何的实质性问题时，应及时与大修组相关人员联系，严禁当班值自行改变程序，在执行完操作后反馈文件中的不合适项目。二是记录的完整性，即要在电子日志和相关文件中及时记录相应的操作起止时间、异常点、关键点、遗留项等，从而可以保证相关人员可以通过网络手段及时获得正确信息。三是大修组、大修计划和主控的联系要紧密，防止由于联系不畅导致关键路径延误或项目遗漏。

• 事件或异常响应的及时性。进行事故预想以及在异常或事件的发生初期进行适当干预是降低事故后果的一个有效手段。因此运行人员在大修中要对大修文件进行熟悉，了解相关的事故规程，审查已有的事故预想文件。在执行操作前养成进行关键点分析和事故预想的习惯，当有运行事件发生后，停止操作并及时响应，依靠自身和后续支持力量把事件后果降到最低。

2.4.6　介入大修质量控制

大修期间对设备检修质量的把握不是运行人员能够实现的，但检修质量却与运行人员息息相关——良好的设备质量是保证机组连续稳定安全发电的基础。因此，运行人员应主动介入到检修质量核查工作中去，为下一循环运行打下良好基础。具体来讲有以下三个方面的工作要做：再鉴定小组对再鉴定项目的验收，大修前与大修中主要缺陷的处理跟踪（见图 2-4-1）。

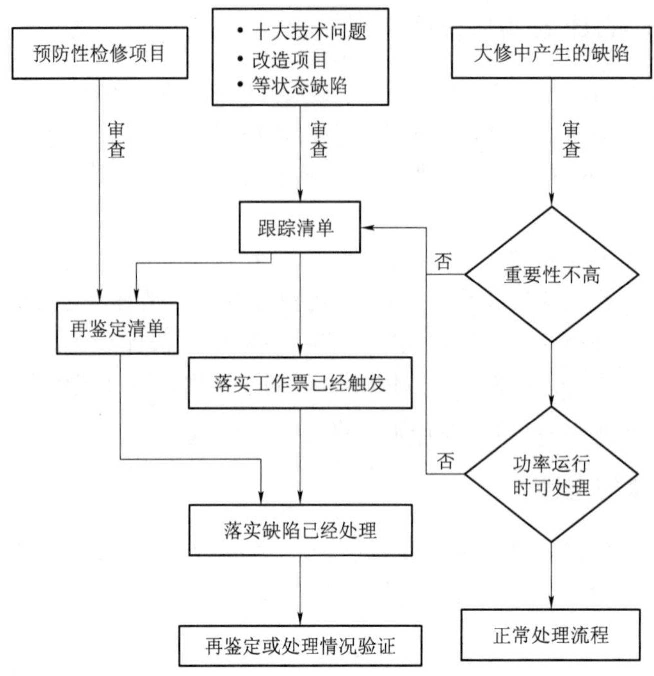

图 2-4-1 大修期间运行对重大缺陷的跟踪流程

由于运行人员的专业特殊，我们可以方便地实现对设备功能的检验，但对设备品质的研究却存在明显不足。因此，运行部门一方面要在设备质量验证工作中充分发挥工作负责人、各专业配合人员及 QC 人员的专业技能，同时也要在日常加深对设备的认知程度，能熟练使用各种辅助工器具，把质量检验能力握在手中，为以后运行赢得主动。

复习思考题

1. 简述运行大修组织机构的组成以及相关人员的资质要求。

2. 运行大修组内部如何分工?

3. 大修组各岗位间的替代关系如何?

4. 大修期间大修机组与正常运行机组如何分工协调?

5. 大修期间系统运行与维修活动存在复杂的逻辑关系，从哪几方面控制来避免运行事件的发生?

6. 大修期间与日常工作票管理的不同点有哪些?

7. 大修期间由于出票困难而采取运行人员配合的方式工作，这种旁路方式有哪些风险并如何防止?

8. 简述提高大修业绩的途径有哪些。

第三章　D规程要点简述

大修是复杂的动态过程，机组状态变化多，现场情况复杂，操作量大，需要有充分的准备。D规程是大修期间的总体操作规程。规程数量多，接口复杂，执行区间长。因此如果不能完整地掌握D规程执行要领，把握其中的关键点和操作技巧，将无法有效保证大修活动的有效性与完整性。

3.1　D规程要点与经验反馈

为使操纵员迅速掌握D规程的要点，并能吸取以前大修的运行经验，避免人为的重发错误，运行大修组结合前几次大修的实践经验和在大修中出现的重大事件，编制了D规程执行要点，用以说明在工作之前必须关注的重要控制点，容易出错的操作项目，各个阶段的关键点及操作经验及技巧。并希望操纵员能从中吸取教训以避免重复事件的发生。D规程的操作要点如表3-1-1所示（常规岛执行要点见3.2节）。

表3-1-1　D规程执行要点

D21规程	
目的：该规程描述从大修前两个星期至一回路冷却剂除气的热停堆状态过程中的所有操作。	
操　作　要　点	经验反馈/说明
D21－1　大修前两周	
— RCV混床效率测量	某电厂103大修前测量备用除盐床效率时，未完全按照FRCV006规程执行，导致一回路被硼化
— 投运两个RCV下泄孔板，提高净化效率	防止投入孔板时RCV 201 VP开启
— 确认TEG至少有三个衰变罐是空的	2004年2月25日早班，某电厂9TEG006BA内气体未经取样排放；2003年12月30日发现TEG多个阀门限位器滑杆因操作时过度用力而断裂
— 将乏燃料水池和装罐池利用PTR001BA补水充满（防止PTR001BA满溢）	某电厂在2003年4月11日（101大修）对装罐井充水结束后，在乏池水位高报警的情况下向乏池充水，导致水经气闸门溢流入传输池并导致工艺疏水坑溢流
— 对PTR001BA进行48 h的过滤	需NNSA特许
D21－2　大修前一周	
— 在需要对稳压器进行吹扫以降低一回路放射性时，要求化学将PZR蒸汽侧连接到相邻机组的TEP头箱	如果无须吹扫则不用执行
— 9LGIA/B切至另一机组供电	某电厂在2004年11月24日9LGIB改检修过程中发生带电合地刀事件

续表

D21规程	
目的：该规程描述从大修前两个星期至一回路冷却剂除气的热停堆状态过程中的所有操作。	
操　作　要　点	经验反馈/说明
D21-3　大修前三天	
— 一回路废液在线至另一机组 TEP 头箱	注意满足技术规范表16.4-3中TEP系统的要求
— 对 TEP 头箱和除气器进行氮气吹扫	必须采取间歇式吹扫，并及时关闭 TEP247VY，避免产生大量废气排往 TEG。为防止 TEG001BA 超压，在吹扫时应关注 TEG001BA 压力，若来气量超过压缩机处理能力，关小 TEP443/444VY 某电厂2004年12月25日小修中因吹扫量过大，导致4个多TEG贮罐被充满
— 对 RCV002BA 用氮气覆盖	
— 为降低稳压器内 H_2 含量，如果一回路 H_2 浓度低于 20 cm^3/kg(STP)，要暂停吹扫，等 H_2 浓度恢复到 25 cm^3/kg(STP)后再继续	某电厂101大修时因 REN111VP 减压性能差无法吹扫 PZR 汽相；102大修时更换了该阀，但减压效果仍不非常理想。目前已经进行了改造，但仍然要防止吹扫过程中下游软管爆裂
— 对 RCP002BA 和稳压器环管氮吹扫，同时吹扫 RPE001BA	
— SVA 切至另一机组 STR 供汽	
D21-4　停堆前 36 h	
— 每班对 RCV002BA 氮吹扫两次。并要求化学跟踪含 H_2 量	每次吹扫前后均应再生氢表，某电厂102大修中因氢表再生不及时，吹扫多次但读取的 H_2 浓度变化不大
D21-5　停堆前 24 h	
— 继续吹扫 RCV002BA，争取在停堆前 12 h 将 H_2 浓度降至 15 cm^3/kg(STP)	吹扫后及时记录 H_2 浓度
D21-6　停堆前 12 h	
— 继续吹扫 RCV002BA	
— REA 硼补给方式在线至 REA004BA(防止正常冷停堆下硼酸容量不足)	某电厂2004年12月1日2号机小修过程中 REA 192/154/155VB 未关严导致 2REA004BA 被稀释
D21-7　停堆前 2 h	
— 一回路废液重新在线至本机组 TEP 头箱，实施 H_2/O_2 隔离的第一部分	TEP 01/08BA 之间隔离，RCV002BA 氢气供应阀门关闭上锁
D21-8　停堆前 1 h	
— 一回路 H_2 浓度降至 5 cm^3/kg(STP)	
D21-9　向热停堆过渡	
— 在降功率至 20%P_n 时，将 GCT 转至 P 模式，要注意切换时应平稳	在降功率至热停堆过程中要避免 VVP 安全阀动作
— 在 15%P_n 附近，注意 ARE 大小流量的切换，并将控制棒转手动控制	降功率过程中应避免在 APA 泵及 ARE 调节回路上进行试验或工作，必要时将泵转速手动控制 101大修时，进行 APA 零流量试验导致蒸汽发生器水位异常波动

续表

D21 规程	
目的：该规程描述从大修前两个星期至一回路冷却剂除气的热停堆状态过程中的所有操作。	
操　作　要　点	经验反馈/说明
D21－10　热停堆下的操作	注意为 ASG001BA 补水
— S、B 棒提升到 225 步（其他棒插入）	
— 硼化至正常冷停堆所需硼浓度	硼浓度到达后可以降温进行 VVP 安全阀校验
— 启动一回路除锂	改进氧化运行效果
— REA 硼补给方式切至 REA003BA	
— 利用 TEP 除气器为一回路除气（除气期间在对容控箱吹扫时，应缓慢进行（微开 RCV288VY），防止除气器跳闸）	2004 年 4 月，某电厂 2 号机商运前小修过程中启动除气器时因 TEP008BA 内清水进入一回路，导致一回路被稀释
— 确认一回路各容器吹扫合格	
— 解除 TSD005EBA，安装 EBA001ZV	

D22 规程	
目的：该规程描述从热停堆冷却到 RCP 温度为 170 ℃过程中的操作。	
操　作　要　点	经验反馈/说明
D22－1　热停堆下的准备性操作	
— 执行 PTRRA002 的热停堆部分	目的：探查缺陷获取检修依据
— 提升 C 棒至堆顶	
— 以最大流量硼化 34 m^3，并提升 PZR 水位到 0 m 左右	防止降温过程中无法补偿一回路水的收缩
D22－2　RCP 降温、降压至 RRA 投入	注意温度变化速率限制：RCP－28 ℃/h，PZR－56 ℃/h
— 在 $p<13.8$ MPa(P11)时，闭锁稳压器压力低引发的安注信号	降压过程中注意调整 TEP 除气流量
— 在 $T<284$ ℃(P12)时，闭锁 P12 安注信号 — $p>7$ MPa 时，执行 PT RIS 007（逆止阀开启试验）	降温速率太快导致 PZR 水位无法稳定时，可以将 RCV046VP 手动控制
— $p=7$ MPa 时： • 手动关闭 RIS 001/002 VP，并执行 PT RIS 004 的第一部分（RCP 321/322 VP 密封性试验） • 执行 RCP 120/220 VP，RCP 122/222 VP 密封性试验（PTRIS063/064）	目的：探查缺陷获取检修依据 在进行 PTXRIS004 期间，一回路应继续降温（一回路压力为 7 MPa 情况下，可降温至 190 ℃），在 102 大修期间，在试验期间停止降温，导致大修关键路径延误
— $p=4$ MPa 时，实施 B 类行政隔离（拉出 RIS 01/02 VP 供电开关） — $p=190$ ℃时，关闭 LLS 002 VV	
D22－3　RRA 系统投运	RRA 投运后要严密监视各参数，并加强巡视

续表

D22 规程	
目的：该规程描述从热停堆冷却到 RCP 温度为 170 ℃过程中的操作。	
操 作 要 点	经验反馈/说明
— p=2.8 MPa 解除 H 类与 L 类行政隔离（取牌锁），执行 PT RCP 006（RRA 入口隔离阀压力联锁试验）	
— 当 T_{avg}=177 ℃时，RRI 两列投运；RRA 系统投入	RRA 投入时应只开启一个入口阀，防止系统升温过快，升温结束开启两个入口阀 在 RRA 投入后应关闭 GCT－a 阀，102 大修期间因规程中未说明，RRA 投入后 GCT－a 阀仍开启达 10 h 以上，造成 SG 供水浪费
— RRA 与 RCP 连接后，核对 EBA 投入条件已满足后执行 PTEBA001，试验合格后投入 EBA	某电厂 101 大修期间曾发生 EBA 投入后安全壳负压无法建立事件 DVN 系统风阀无法操作时考虑风机全停
D22－4 稳压器灭汽腔	
— 停运 TEP 除气器，然后将 RIS 浓硼箱水注入一回路	某电厂 102 大修期间 RIS 004 BA 内水注入一回路时，因除气器保持投入，导致容控箱液位失控上升 注入时，要防止上充管线压力低而引起下泄隔离
— 实施 C 类行政隔离（防止意外安注）	某电厂曾经发生 C 类行政隔离未实施便开始淹没汽腔事件
— 稳压器淹没汽腔	某电厂 101/102 大修期间均未在淹没汽腔过程中调整一回路硼浓度，造成废水量增多
— 停止稳压器至汽相的吹扫	
D22－5 容器吹扫	
— 要求下列容器 H_2 浓度＜2%：RCP 002 BA、PZR 环管、RPE 001 BA、RCP 002 BA、TEP 001 BA、TEP 001 DZ	注意现场检查 TEG 头箱及各贮罐的压力变化 吹扫时，要避免连续吹扫，防止产生过多废气
— 电子日志转入大修模式	

D23 规程	
目的：该规程描述一回路从 170 ℃到正常冷停堆的冷却和氧化。	
操 作 要 点	经验反馈/说明
D23－1 降温前的准备	
— 检查 H_2 含量、^{133}Xe、^{131}I 含量的标准已达到	
— 闭锁 RPR 系统专设输出信号（注意恢复 P11 信号）	某电厂 101 大修期间专设停运后，P11 信号无法发出，PZR 安全阀的隔离阀因无允许开启信号自动关闭
D23－2 一回路降温	
— 以 28 ℃/h 速率降温	降温过程中保持对容控箱的吹扫

续表

D23 规程	
目的：该规程描述一回路从 170 ℃到正常冷停堆的冷却和氧化。	
操 作 要 点	经验反馈/说明
— 在 120 ℃时： • 降低下泄流量到 6 m^3/h，然后对容控箱进行最后的氮吹扫，至 H_2浓度小于 2% • 硼表在线至 RRA 系统 • 解除 ADO B06，实施 H_2/O_2分离第二步，将含氢废气排放由 TEG 切至 DVW	现场检查硼表流量，保证硼表可用性
— 在 100 ℃时： • RCV 002 BA 切至空气覆盖（TSD 001 RCV） • GCT－A 开 10%防出现真空 • 停止一回路除锂	解除贯穿件隔离后的在线，必须严格按规程执行
— 在 90 ℃时： • 实施 G 类行政隔离，防止误喷淋 • 双氧水充入 REA 006 BA	
— 在 80 ℃时： • 双氧水注入 RCP • 开始 RCV 002 BA 吹扫 • RX 厂房氮气供应改为供空气（TSD 001 RAZ） • 必要时进行 RX 内容器吹扫并排空卸压箱	某电厂曾经出现加双氧水时间过长，超过 20 分钟，影响了氧化效果 RCV 002 BA 吹扫时，注意 KRT 017 MA 的测量结果上升
— 在 60 ℃时： • 执行中压安注箱逆止阀密封性试验（PT RIS 004 第一部分） • 进行低压安注管线贯穿件试验 • REA 在线至 PTR 001 BA	获取 RIS 004/005 VP 是否应维修的依据 在 25 bar（1 bar＝10^5 Pa）下进行 RIS 贯穿件试验时，必须严格遵守 2/3 补水手段，防止出现违反技术规范的事件 在 102 大修中，低压安注贯穿件试验结束后解除主隔离约耗时 1 个班，延误了关键路径 某电厂 2004 年 11 月 25 日小修期间在线错误
— 一回路温度低于 30 ℃或可能达到的最低时	
• 放化标准满足后停运第一台主泵，并维持 RCV 003 PO 运行中 • 在 PZR 温度低于 48 ℃时停运第二台主泵	
— 高压安注贯穿件试验： • HHSI A 列贯穿件试验（EPP 263/266 TW） • HHSI B 列贯穿件试验（EPP 261/262 TW）（需 NNSA 特许） • 安注至冷段及压力容器逆止阀密封性试验（PTX RIS 060）	HHSI 贯穿件试验前必须保证 RCV 003 PO 可用，才能保证 2/3 补水管线可用性。在 102 大修中因计划调整，正常冷停堆下先检修 RCV 003 PO，结果试验期间需要恢复 003PO 的运行状态而导致关键路径延误

续表

D23 规程	
目的：该规程描述一回路从170 ℃到正常冷停堆的冷却和氧化。	
操 作 要 点	经验反馈/说明
D23-3 其他操作	
— RAM停运： • 实施D类行政隔离 • 停运RAM及RGL • 闭锁RPR自动停堆输出信号 • 停运RRM系统 • 执行ADT RCP 01	在执行TCA RPR 02前，必须保证TCA RPN 01已实施，否则RPN源量程将不可用
— 执行ADO B04	ADO B04实施后相应TEP除气器将不可用
— RPR系统全停	
— 一台SG排水	某电厂曾发生蒸汽发生器排水时，未实施TCA ARE 02造成ASG泵启动。此外也曾发生排水时将全部蒸汽发生器排空事件，严重违反技术规范

D24 规程	
目的：该规程描述换料检修时，一回路从25 bar减至3 bar过程中所需进行的操作。	
操 作 要 点	经验反馈/说明
D24-1 调节RCV 013 VP使一回路降压	
— 在0.7 MPa： • 隔离主泵1号轴封泄漏管线 • 开启RRA 113 VP，关闭RRA 112 VP	操作顺序要注意，防止一回路超压
— 在0.35 MPa时： • 切换硼表到REN 511 VP下游 • 停止RCV 002 BA吹扫，调节供气压力为0.3 MPa	硼表切换后确认有流量
— 在0.2 MPa时： • 停运上充泵 • 调整主泵轴封注水流量至250 L/h(由RCV 002 BA保证)	
D24-2 一回路净化	
— 打开RCV-RRA连接阀，使净化流量为最大	调整至TEP头箱流量与轴封注入流量一致
D24-3 其他操作	可在降压前开始
— 中压罐卸压(1 bar/min速率) — 实施主泵JPI防喷淋运行隔离(1ADO B07) — 隔离主泵热屏冷却水	完全卸压需要在就地核对，卸压后水位显示将上升。 防止执行TCA过程中导致误喷

续表

D25 规程	
目的:该规程描述从一回路满水[压力 1.2 bar(a)]排水到一回路水位为 10.80 m 过程。	
操　作　要　点	经验反馈/说明
D25-1　一回路排水前的准备 — 确认主泵轴封水由 RCV 002 BA 提供,硼表连接在 RRA 上 — 核对 RCP 与 RRA 温度测量回路的可用性	RIC 温度测量通道在电缆桥架提升前即不可用,2/3 温度测量手段变为 2/2
— 执行一回路主隔离第二步 ADT RCP 02	
— 解除保护排气总管 ID 的运行隔离 ADO B15,并执行工艺总管与排水总管分离的运行隔离 ADO B14	将 RPE 排气总管的水排到 RPE002BA
— 执行 PT9DHP001	
D25-2　排水到稳压器+2 m	
— 向稳压器顶部供 SAR 空气,以便 RCP 排水	根据某电厂经验,一旦 PZR 接通 SAR,则水位可能在无意中下降,应注意 RCV 030 VP 等阀的状态,避免不受控排水
— 允许 RX 内 JPI 系统充水,SAT 系统充压	
— 8 m 气闸门的联锁解除	允许开启设备仓门
— 调整 RRA 泵流量到 600 m^3/h(双泵运行)或 530 m^3/h(单泵运行)	防止一台 RRA 泵失效后另外一台过流。水装量减少后应尽量维持双泵运行
— 通过 RCV 下泄排水至 TEP,直至在 RCP 012 MN 上读数为+2 m(此时可视水位计尚未投运)	排水结束恢复净化
— 投运可视水位计、对应于 RCP 012 MN 的+2 m,其读数为 22.1 m	这时 SAR 供气扩大到可视水位计,要实施运行隔离 ADO B05 第一步
— 确认一回路放射性满足要求后将稳压器和 RPE002BA 与大气连通,实施运行隔离 ADOB05 第二步	必须确认一回路和目视水位计均与大气连通,否则水位指示不准确
D25-3　开启 PZR 人孔	
— 发出开启稳压器人孔的许可证	
— 解除 F 类行政隔离,同时实施 E 类行政隔离,使 PTR 作为 RRA 备用	在进行传水操作时,允许临时解除 E 类行政隔离,但传水结束时,必须立即恢复并保持其正确状态
— 排空第 2 台蒸汽发生器	
D25-4　排水到压力容器法兰面水位	
— 排水至目视水位计上读数为 12.8 m,打开压力容器顶部排气阀,使压力容器也和大气连通	排水中现场必须严密监视就地水位计的变化情况
— PZR 安全阀的鹅颈管排水	
— 从 12.8 m 排水到 11.2 m,然后校验一次 RCP 081 MN 与 RCP 082 LN 的一致性,目的是在降水位至 10.83 m 之前,确保水位计准确	在 081MN 投运到开盖期间,应避免可能引起水位计扰动的操作

续表

D25 规程	
目的：该规程描述从一回路满水[压力 1.2 bar(a)]排水到一回路水位为 10.80 m 过程。	
操 作 要 点	经验反馈/说明
— 继续降水位到 10.80 m，在 10.83 m 时 RCP 465 AA 应消失。一回路应维持在 10.73 m 至 10.83 m 之间，RCP 465 AA 作为水位高的报警	开关 RCP215VP 对 RCP081MN 的指示有影响，因此水位控制在 10.73 m 左右。 蒸汽发生器内的水不断涌出会导致水位短时间内无法稳定
— 关闭轴封注入管线，以防止由于阀门内漏导致一回路水位不断上升，并可能在大盖螺栓松开后往外溢流	必须保证轴封注入管线的可用性
— 要求化学取样确认反应堆水池具备充水条件	

D26 规程	
目的：该规程详细说明卸料前和卸料期间，以及反应堆冷却剂系统排水至 LL 水位的全部操作活动。	
操 作 要 点	经验反馈/说明
D26－1 卸料前准备	在维修冷停堆及换料冷停堆下，必须保证气闸门的控制符合技术规范要求
— 初始状态：压力容器水位在 10.73～10.83 m，ADT RCP 01 主隔离已实施	在下列情况下必须保证轴封供水：充水期间，冷却剂水位超过主泵叶轮中心面；非充水期间，一回路压力＞1 bar
— 压力容器开盖准备：由 OPM 实施 TSD 001/002 RCP	
— 反应堆水池充水准备：实施 P 类行政隔离，实施 TSD 001/2 PTR，安装堆内构件与反应堆水池排水大小头法兰，解除 K 类行政隔离	TSD 001 PTR 实施后一定要确认 PTR 601/602 VB 关闭，某电厂在 102 大修期间反应堆水池充水后，由于 PTR 602 VB 未关闭导致跑水
— 实施 TCA KRT 02	防止压力容器顶盖提升时 EBA 风阀关闭
— 对 RPE 003 BA 的水进行回收：解除 ADO B13，实施 ADO B11	回收条件：化学取样合格；RPE 003/004 PO 可用
— PMC 换料小车试验：确认具备进行换料小车试验的条件，由 OPM 进行干式试验，完成后堆内构件池充水至 1 m，进行湿式试验	利用 PTR001PO 从 PTR001BA 传水，期间进行 PT PTR001
— 湿式试验结束后，将燃料传输池充水到 19.5 m	利用 PTR006PO 从装罐井进行充水
D26－2 反应堆压力容器开盖及水池充水	在充水过程中应密切巡察 RPN 井盖，PTR 601/602 VB，RIC 水位测量管贯穿件等处有无泄漏，关注 RPE 003 BA/011 PS 的来水量
— 部分解除 E 类行政隔离，进行充水前的在线，投主泵轴封 200 L/h	
— 充水同时吊起大盖，随水位升高到 13.5 m。在水位达 13.5 m 时，进行控制棒脱扣检查，完成后再充水到 19.5 m	某电厂 101 大修期间发生反应堆水池充水后经 RIC 贯穿件孔洞跑水事件 若安防要求对 U 形管段排水，在充水到 15 m 时进行

续表

D26 规程	
目的：该规程详细说明卸料前和卸料期间，以及反应堆冷却剂系统排水至 LL 水位的全部操作活动。	
操　作　要　点	经验反馈/说明
— 恢复 E 类行政隔离，取消 TCA KRT 02，解除 P 类行政隔离	
D26-3　水位在 19.5 m 操作	
— 确认乏池和反应堆水池水位差在 10 cm 以内后开启 PTR 728 VB	在操作 PTR 728 VB 时，必须缓慢开启阀门，以免水流过大损坏传输小车以及相关限位开关
— 解除 P 类行政隔离	
— 拉出 RIS/RCV 泵电源，防止误启动	
— 启动反应堆水池过滤系统	某电厂 101 大修期间由于反应堆水池、堆内构件池上滤网的盖板未拉开，导致 PTR 005 PO 无法启动
— 卸料准备：根据 PT9 DHP 003，检查有关安全设备的状态符合	
D26-4　卸料	准备熟悉 I PMC 003/002
— 严格执行 PT9 SHP 001，监视堆水池水位，事故下执行 I PMC	硼浓度的连续监测 某电厂 101 大修期间(2003 年 4 月 15 日)换料过程中发现 RCP 082 LN 读数为 21.5 m，经查为 082 LN 内有一段气泡所致
D26-5　卸料后的操作	
— 解除 TCA KRT 01，实施 TCA KRT 02	某电厂 204 大修，给 KRT 004 AR 再供电后解除 TCA KRT 01 时触发报警并导致 EBA“B”列及 CIA“B”列隔离
— 停运反应堆水池过滤系统	
— 要求维修拆去光枪及撇渣泵滤网并切断水下灯照明电源	
— 确认乏燃料水池与传输水池之间的闸板就位，密封圈充气，然后实施运行隔离 ADO B12	
— 反应堆水池闸板到位，检查相关设备符合排水要求(尤其要确认水下灯已经关闭，光枪移走)	根据堆内构件池是否需要同时排水的实际需要进行，如果堆内构件池需要同时排空或排一部分水，则排到要求水位后安装闸板
— 反应堆水池排水：水位从 19.5 m 排到 8.5 m	
• 第一步：用 RRA 一台泵排水到 12.00 m，排水结束，拉出 RRA 电源 • 第二步：用 PTR 02 PO 排水到 8.9 m • 第三步：用 PTR 005 PO 排空反应堆水池 • 第四步：用 U 形管段疏水阀通过 RPE 001/002 PO 排水到 8.5 m	某电厂 101 大修中，排水至 10.8 m 装上假大盖后，发现堆坑气闸门泄漏，气闸门泄漏在大亚湾核电站也已发生过多次 第三步可与第四步同时进行 排水结束时，由于 081MN 的布置原因，最终显示为 8.8 m
— 部分解除 E 类行政隔离，PTR 002 PO 作为 001 PO 的备用	某电厂 203 大修，卸料后在线 PTR 02 PO 作为 PTR 01 PO 备用过程中，因在线文件不完善，导致乏燃料池向主回路跑水

续表

D26 规程	
目的:该规程详细说明卸料前和卸料期间,以及反应堆冷却剂系统排水至 LL 水位的全部操作活动。	
操 作 要 点	经验反馈/说明
— 排水结束后实施 ADTRCP03,低低水位下的工作可以开始	某电厂 104 大修中 ADTRCP03 的建议指令不完整,导致 RIS 系统的水无法排空
— 排空 RRA 系统,然后实施 ADTRRA01[作为 ADTRCP03 的补充主隔离,用于 RRA 系统的净化(见 3.3.2 节的说明)]	某电厂 2006 年 5 月 23 日,因为未开启 RRA 泵的疏水阀 RRA602VP,在处理 RRA002PO 入口短管法兰硼结晶时拆开法兰后跑水约 1 m^3
— 扣上压力容器假大盖,配合安防进行反应堆水池的去污	
— 实施防止气闸门泄漏导致放射性水进入一回路管道的预防措施	某电厂 103 大修期间曾经发生堆内构件池内的水经过水闸门密封漏到反应堆水池事件
— 低低水位下工作较多,尤其要注意控制主隔离边界的临时解除所带来的风险	某电厂 101 大修时进行 RIS 145 VP 电动头试验,解除主隔离边界,导致 PTR 001 BA 跑水
— 系统倒列	2003 年 4 月 25 日,某电厂进行 6 kV 母线由辅变到厂变供电时,因切换时,9LGA 200 JA 未在工作位置,导致 LGA 母线失电

D28 规程	
目的:该规程描述了临装料前的准备,装料时的监视,装料后反应堆水池的排水操作。	
操 作 要 点	经验反馈/说明
D28-1 初始条件检查	
— 传输水池满水	
— 反应堆水池闸板已就位,橡胶密封充气至约 2 bar(g)	在堆水池、乏燃料水池边工作,应注意防止物品掉落水池中。严禁池边作业使用碘钨灯
— PTR 001 BA 的水足够对反应堆水池充水	
D28-2 充水前的系统在线	
在线时要特别注意 RRI 的状态,避免 1 号机、2 号机互相窜水,大亚湾核电站 104 大修发生 2 号机 RRI 向 1 号机窜水导致出现危急水位,1 PTR 乏燃料水池丧失冷却 6 分钟	在对各系统进行充水试验过程中,要特别留意 RPE011PS 及 RPE003BA 和 RPE002BA 水位,以免由于设备故障或在线错误引起跑水
— 进行 RX 内 SAR 系统的在线与保压试验	
— 要求隔离经理解除主隔离 ADT RRA 01,并进行 RRA 系统的在线	ADT RCP 03 解除前,禁止 RRA 系统进水,防止由于放射性水进入 RCP 系统后经过开口设备流出,造成大面积放射性沾污
— 确认 ADT RCV 05 解除,然后进行 RCV 下泄和净化管线的在线	2004 年 3 月 8 日,某电厂换料冷停堆下,因 RRA 504 VP 未关严导致跑水
— 检查 EAS 泵的在线,保证两台泵已经可用(至少要满足技术规范表 16.4-2 附注 1 的要求)	2003 年 5 月 4 日,某电厂由于 EAS 118/202/120 VB 未关,且 EAS 002 LP 接管漏水,导致 PTR 001 BA 跑水

续表

D28 规程	
目的：该规程描述了临装料前的准备，装料时的监视，装料后反应堆水池的排水操作。	
操 作 要 点	经验反馈/说明
— 进行 RCV 容控箱回路和 REA 系统的在线	2003 年 5 月 3 日，某电厂 RFA 003 PO 为容控箱补水时，发现 RIS 010 VB 未开启
— 进行 RCV 泵的在线，保证相应的上充泵可用，相应的消防试验完成	
— 要求隔离经理解除主隔离 ADT RCP 03，并进行 RX 内 RPE 系统的在线	
— RRA 系统以及 RCV 系统下泄、净化回路的充水排气，完成后保持 RRA 泵在运行状态，对 RRA 系统进行净化（PTR001BA 保证净正吸入压头）	某电厂 2003 年 5 月 5 日（101 大修），RRA 001RF 设冷水侧充水时，因交接班过程中无人盯守，导致跑水，在 RRA 002 RF 设冷水侧充水时又因无人盯守导致跑水 某电厂 2003 年 5 月 7 日，RRA 002 RF 设冷水充水时，因 RRA 610 VN 操作反向，导致 RPE 001 PS 满溢
— 对 RCV 上充回路进行在线和充水排气，对过剩下泄和轴封注入回路进行在线	某电厂 2004 年 3 月 18 日（101 大修），进行 RCV 076 VP 开关试验时，发现未送电；2004 年 5 月 13 日执行 PT RIS 011 时发现 RCV 048/050 VP 未送电 2004 年 3 月 20 日，RCV 412 VP 未关导致反应堆水池充水后跑水
— 检查 RIS 泵的在线，保证两台泵已经可用	至少要一台 RIS 泵可用（见技术规范表 16.4－2 附注 1 的要求）
— 确保可视水位计可用的运行隔离仍有效	
— 调节 RCV 002 BA 内空气压力至 3 bar(a)，保证主泵轴封注水量为 200 L/h	
— 完成 PT CSL 001	进行装料前传感器在线与准备
— 进行充水前 PTR 系统的在线	
D28－3 反应堆水池充水到 19.5 m	
— 对反应堆水池进行充水，期间临时解除 ADT RCP 02，进行安注执行机构逻辑/报警试验	某电厂 2004 年 3 月 6 日，反应堆水池充水期间发现由于 RCP 082 LN 内积气导致指示不准确
— 一回路水位大于 10.8 m 后，开启 RRA 与 RCP 系统隔离阀，净化一回路	
— 需要时进行 HHSI/LHSI 泵的全流量试验	维持 RRA 系统与 RCV 净化系统的运行
— 反应堆水池满水后进行 RRA 泵的运行参数校验	充水后期防止 PTR 泵跳闸，因此要调小充水流量
D28－4 装料前的准备	
— 充水完毕，为防止 RCV、RIS 泵误启动，拉开其断路器	
— 停止主泵轴封注水	
— 确认反应堆水池闸板已经移开，投运反应堆水池过滤装置	为了减小反应堆水池混浊对装料的影响，一定要保证 RCV 及 PTR 净化单元的可用性，并尽快投入 撇渣器投入时，应当尽量保证其淹没在水下，否则容易导致断流

续表

D28规程	
目的：该规程描述了临装料前的准备，装料时的监视，装料后反应堆水池的排水操作。	
操 作 要 点	经验反馈/说明
— 检查B/C/D/E/G类行政隔离状态	
— 进行RRA13/24/25VP失气后保持原位试验	周期为2C
— 进行RCV下泄管线剩余部分的充水排气	
— 进行REN系统与一回路相关部分的在线，然后将硼表连接到RRA上，报警定值为2 050 ppm(1 ppm=10^{-6})以上	2004年3月13日，某电厂在换料冷停堆下由于RRI 315 VN未关严导致设冷水跑水
— 要求安防处确认KRT 011/12/13/14/41 MA可用，TCA KRT 01已实施(防止实测值高时关闭ETY，RPE阀门)	
— 进行ETY，EVF，DVK，EPP，RPN，EBA，DTV的系统准备	
— 按维修要求解除ADO B12，打开PTR 728 VB，完成PT DHP 004，开始装料	某电厂101大修期间(2003年4月22日)，操作PTR 728 VB时，两个螺栓的垫片掉入传输池
D28-5　装料期间的操作	装料期间，严密监视反应堆水池水位，水位异常下降时执行IPMC 003
— 使用PT9 SHP 001监视装料情况	某电厂在101大修期间，曾发生RCP 082 LN由于内部积气导致读数上升的事件
— 进行RPE系统的完整在线	
— 进行RIS系统的完整在线	
— 进行RCP系统的在线	
— 进行REN系统的在线	
— 进行EAS003PO回路的完整在线	某电厂202大修中EAS001BA充碱后，2EAS156VR(疏碱阀，90°球阀)阀位挡杆弯曲，关闭过头而导致跑碱
D28-6　装料后排水前的准备	
— 取消KRT 009/017 MA上的跨接线(TCA KRT 01)，闭锁KRT 011/012 MA二级输出(TCA KRT 02)	
— 恢复ETY系统正常在线(解除ADO B10)	
— KX厂房内，传输水池与乏燃料水池之间的闸板就位	
— 实施ADO B12，确保PTR 728 VB关闭	
— 停运PTR撇渣回路，过滤回路	
— 实施P类行政隔离，防止RX内消防水引起误稀释	
— 执行PT DHP 006	

续表

D28 规程	
目的：该规程描述了临装料前的准备，装料时的监视，装料后反应堆水池的排水操作。	
操 作 要 点	经验反馈/说明
D28－7 反应堆水池排水	
— 调节主泵轴封注水流量至200 L/h	
— 确认反应堆水池水下照明电源断开	排水时，水位降低至照明灯以下后，如未断电，照明灯会烧毁。此事件在大亚湾核电站曾重复发生
— 利用RRA泵排水至13.5 m，进行控制棒挂钩	某电厂2003年5月19日，排水时因当班值认为RCP 081 MN指示错误，一回路排水至8.78 m
— 利用PTR 002 PO水位排水到12.5 m，推入RCV/RIS泵断路器	
— 利用PTR 005 PO将堆内构件池排水至最低水位	2003年5月3日，某电厂进行堆内构件池排水时，因PTR 220 VB被拆走造成跑水
— 通过RCV排水至10.75 m	
— 堆内构件池/反应堆水池的排空与去污，注意反应堆水池的排空与去污一定要采用PTR601/602VB进行，防止拆除大小头时造成沾污	某电厂204大修，装料结束利用PTR 05 PO排水完后，开启RPE管线重力疏水，由于从堆坑出来管线较粗，而后面RPE管线较细造成RPE管线内水倒流，由RCP 01 PO的527 VP流出造成大面积污染，且将JPI 07 BA灌满≥1 000 ppm的硼水，跑水约20 m^3(改进措施是尽量用05 PO多排水，RPE排时关小阀门)
— 实施K类行政隔离，解除ADO B11与ADO B12，进行燃料转运仓的排水与去污	利用PTR006PO进行传水

D29 规程	
目的：该规程描述了重新装料后，反应堆压力容器扣盖到机组到过正常冷停堆的操作。	
操 作 要 点	经验反馈/说明
D29－1 维修冷停堆下的安全功能检查 — PTR系统B列作为RRA系统的备用功能完整	
— 确认RPN系统源量程可用	
— 核对硼表功能正确	
— 确认安全壳的密封性满足技术规范要求	
— 确认ASG系统可用(ASG001BA内水质合格，水量满足要求，ASG电动泵再鉴定合格，汽动泵在线完成)	某电厂在104大修前的几次大修中由于ASG001BA内有氧气，导致ASG001BA水含氧量高，循环除氧的效果不理想，最终造成水和时间的浪费 2004年3月31日及4月2日，某电厂均发现经ASG 126 VZ向外大量漏 N_2 2003年4月22日，某电厂由于ASG系统UP掉电，导致电动泵的电气柜上有启动信号

续表

D29 规程	
目的：该规程描述了重新装料后，反应堆压力容器扣盖到机组到过正常冷停堆的操作。	
操 作 要 点	经验反馈/说明
— 确认行政隔离已经按照要求实施	B、C、D、E、G、P、K 类行政隔离
D29-2 充水准备工作	压力容器扣盖期间进行
— 压力容器大盖有关操作：由 OPM 执行	
— 由机械人员进行 RCP/RRA/RCV/SEBIM 安全阀的充水排气	
— 在扣盖过程中，必须保证至少一台蒸汽发生器可用	GCT-a 与 VVP 系统的在线完成
— 进行 RIS021BA 回路的在线与充水	充 2 100 ppm 的水，为 PTRIS001 做准备
— RCP002BA 的在线	
— 执行 PT RIS 030 及 PT EIE 011，为 PT RIS 001 及 PT EIE 01 进行准备	
— 一回路系统的在线(在此过程中，整个一回路系统基本上必须全部在线完毕)	在线必须严格执行双重检查，防止漏项或错误操作引起整个换料周期内不可用的事件
— 压力容器顶盖安装结束后进行排气管线在线	
— 解除 TCA KRT 02	
— 调整轴封注入水至 250 L/h	
— 完成 PT CSL 003，并开始执行 PT DHP 007	
— 启动 EBA 001 ZV，排空 RPE 002 BA	
D29-3 安注系统充水排气	
— 拉出上充泵电源，中止 ADT RCP 02，开始对到热段的安注管线进行充水	
— 安注试验管线充水排气	
— TCA RPR 01 中安注输出部分恢复，执行 PT RIS 001 并进行安注热段排气，结束后恢复 TCA RPR 01	试验前将 RCV 泵/RIS 泵电源拉出 某电厂 202 大修，进行试验期间由于 APG 未在线，导致蒸汽发生器经过 APG 疏水阀跑水
— 对到热段的安注管线进行排气	排气完毕为 RIS 021 BA 加硼，使之浓度达到 12 000～14 000 ppm
D29-4 利用上充管线充水到 PZR+2 m 水位	
— 利用上充泵为一回路充水	充水过程注意现场与主控水位计的一致性
— 当稳压器水位+1.5 m 时，将上充泵切至容控箱吸水	
— 当水位+2 m 时，通知维修人员关闭稳压器人孔门	关闭人孔过程中先关闭 RRA11VP 与 PTR022VP
— 临时解除 TCA RPR 01 中相关内容，执行 PT EIE 01	试验时一定要确认 EAS 泵电源拉出，G 类行政隔离仍实施

续表

D29 规程	
目的：该规程描述了重新装料后，反应堆压力容器扣盖到机组到过正常冷停堆的操作。	
操　作　要　点	经验反馈/说明
— 解除 E 类行政隔离，并实施 F 类行政隔离，将 PTR 002 PO 作为 001 PO 备用	某电厂 102 大修水压试验升压时，因文件缺陷，F 类行政隔离未实施，导致升压后 PTR 220 VB 开启跑水
— 解除 ADT RCP 02	
— 排两台主泵泵壳气体，完成相应检查	注意 P11 信号的恢复
— 中止 ADT RCP 02，安注管线冷段及试验管线充水排气	充水过程应监视 RPN 读数，防止不可控稀释出现
D29-5　充水到一回路满水 — 以 27 m^3/h 上充流量充水至稳压器＋3 m，然后稳定状态 — 隔离 RCP 可视水位计并将其排空	
— 实施 J 类行政隔离，拆除 PTR 601/602 VB	
— 排空 JPI 干管，完成 PT JPI 001	某电厂 101 大修时，因未实施 TSD 001 JPI，导致 JPI 环管至 028 VE 管段内残水喷至主泵电机上
— 继续充水量至＋3.5 m，进行 PZR 顶部排气 — 确认 RCP 017/018/019 VP 开启 — 开启 RIS 061/062/030/031 VP — 投入正常下泄管线	
D29-6　静态排气	主控和现场要充分准备，配合好行动迅速
— 进行排气过程中的疏水回收在线	若 RPE 003 BA 取样不合格或 ADO B08 未实施，则不用执行
— 对包括压力容器顶部，稳压器顶部、辅助喷淋管线、测温旁路管线进行排气	
— 恢复安全壳气闸门的联锁和行政隔离	
— 确认 ETY 已经恢复到正常运行方式	
D29-7　动态排气	充水排气共耗时 20 h 左右
— RCP 升压： • 5 bar，打开 RRA 安全阀隔离阀 • 7 bar，打开主泵轴封回水管线隔离阀，并开始对主泵壳排气	
升压到主泵运行条件，完成泵壳排气，然后调大上充至 16 m^3/h，升压至 2.7 MPa	目的是防止主泵启动后损坏轴封
— 对 RCP 001 PO 泵壳排气 15 min，点动 001 PO，然后对 RCP 002 PO 泵壳排气 15 min，点动 002 PO	主泵单电机启动时间约 19 s；泵的启动时间约 30 s
— 降压到 0.7 MPa，隔离轴封回流管线，并对 PZR 和压力容器顶部排气	某电厂 102 大修期间曾发生 RCP 640 VP 上软管脱落导致跑水及放射性沾污事件

续表

D29 规程	
目的：该规程描述了重新装料后，反应堆压力容器扣盖到机组到过正常冷停堆的操作。	
操　作　要　点	经验反馈/说明
— 降压至 0.3 MPa，对一回路排气	
— 重新升压到主泵运行条件，两台主泵联合排气约 30 s，并降压排气	重复这个过程，直到一回路含气量合格
D29 - 8　排气合格后	
— 保持压力在 2.5 MPa，上充调至 10 m^3/h 左右	
— 硼表回水在线至容控箱	
— 解除 TSD 001 RCP，停运 EBA 001 ZV 并拆除风机，在其入口安装盲板(TSD 005 EBA)	防止风机被水淹
— RPE 在线调整：排气总管与工艺疏水总管分离，RPE 001 BA 与 003 BA 分离	

D30 规程	
目的：该规程描述的是从正常冷停堆状态到化学处理台阶(80 ℃)的操作(最迟从现在开始执行 D30A 规程，进行二回路的启动)。	
操　作　要　点	经验反馈/说明
D30 - 1　正常冷停状态下的检查	一回路排气结束，压力 25 bar，该状态下每值需执行 PT9 SHP 005
— 至少一台蒸汽发生器可用	
— DEC 报警位置正确	
— RRA113VP 关闭，112VP 开启	
— 安注罐在线与充水充压	期间完成 PT RIS 017 与 PT RIS 018
— 启动 RRM 系统与 RAM	
— DEG 系统在线检查	
— 启动 EVC 系统	
D30 - 2　正常冷停堆下主泵全停期间的操作	
— 为过渡到单相中间停堆，开始执行 PT9 DHP 008	需要同步执行 PT DHP 012
— 执行密封性试验：PT RIS 060，PT RIS 061，PT RIS 062	某电厂曾经有过在 2.5 MPa 下个别阀门不合格的记录
— 进行中压安注箱的逆止阀密封性试验(PTRIS004)	某电厂曾经有过在 2.5 MPa 下个别阀门不合格的记录
— 进行 RRA 安全阀可操作和整定值检查试验	须 NNSA 特许
— 检查 EVR 系统的可用性	
— 在离开正常冷停堆之前，检查各探头在线正确(PT CSL 004)	
— 取消 TCA RPR 02(恢复自动停堆信号)	

续表

D30 规程	
目的：该规程描述的是从正常冷停堆状态到化学处理台阶(80 ℃)的操作(最迟从现在开始执行 D30A 规程，进行二回路的启动)。	
操 作 要 点	经验反馈/说明
D30－3 向中间停堆状态过渡的准备	
— RCP 002 BA/RPE 001 BA 及 RCV 02 BA 氮吹扫	首先要取消 TSD 001 RAZ 与 TSD 001 RCV
— RGL 棒提至 5 步	
— 启动 RCP 主泵	启动第一台主泵时，一回路温度必须低于 70 ℃。同时进行主泵的再鉴定
— 硼表在线为正常运行方式	
— REN 在线状态核查	如果有遗漏则可能造成功率运行期间无法取样
— 恢复稳压器电加热器的电源	
— 蒸汽发生器充水到正常水位范围	APG 在线与充水排气同步进行
— 核对安全壳内 SAR 系统耗气量，在 KIT 上跟踪反应堆厂房温度(EVC)变化情况	离开正常冷停堆前，解除“G”类行政隔离
— RIS 系统准备：RIS 021 BA 回路、中压安注罐可用	在执行循环和冲洗过程中对 RIS 021/022 PO 倒换必须注意进出口阀状态，避免泵烧坏，还应避免泵在 206/208 VP 关闭下运行时间过长
D30－4 一回路升温到 80 ℃	
— 保持一台 RRA 泵运行	注意调整 RRA 流量
— 确认两台主泵启动	
— 投入 PZR 电加热器	注意 PZR 与环路的升温速率与温差不超过限值
— 升温过程中进行安全壳内 RRI 系统在线检查	某电厂曾发生 RRI 314 VN 未在线，造成 RCP 002 BA 整个换料周期内失去冷却水
— 解除 G 类行政隔离	
— 进行 VVP002BA 的在线	
— 动态检查点 PTDHP008 与 012 合格，核安全委员会同意离开正常冷停堆	允许 PTDHP012 有不符合项，但是必须在临界前消除 DHP 的检查必须到位，严格执行，保证正确性。某电厂曾发生 JPI 二级消防水阀门及供气阀关闭，未在线造成整个运行周期失去主泵二级消防水

D31 规程	
目的：该规程描述的是从正常冷停堆状态到两相中间停堆状态(RRA 准备退出)的运行操作。	
操 作 要 点	经验反馈/说明
D31－1 升温至化学平台	
— 解除 H_2/O_2分离第 4 步，取消 TCA TEP 001，并对 TEP 001 BA 及 001 DZ 进行吹扫	防止在线顺序错误导致 N_2泄漏 注意 ADO B02 仍在实施中，不会产生废气，因此直接利用氮气吹扫而无须改变水位 吹扫结束将 TEP 头箱水位降低到最低值

续表

D31 规程	
目的：该规程描述的是从正常冷停堆状态到两相中间停堆状态(RRA 准备退出)的运行操作。	
操 作 要 点	经验反馈/说明
— S、B、C 棒提至 225 步	
— REA 006 BA 清洗	
D31－2 化学平台	
— 确认容控箱内氧含量合格，并提高容控箱水位到 1.5 m 左右(注意 ADO B02 仍在实施中，不会产生废气，因此直接利用氮气吹扫而无须改变水位)	某电厂 104 大修期间利用提高容控箱水位的方法进行 VCT 的吹扫，致使回路加药后氧含量上升，并最终进行了多次加药
— 95 ℃时，向一回路注入联氨	注入联氨前必须退出 RCV 除盐床 注意维持容控箱水位，尽量避免从 PTR001BA 补水
— 保持温度在 95 ℃左右 1 h，取样分析，若化学特性不合格，等待决定；若合格，继续加热，速率＜28 ℃/h	控制好平均温度，加 N_2H_4 前应及时通知化学做好充分准备
D31－3 升温至 177 ℃	控制升温速率≤28 ℃/h，限制在 PT 图范围内
— 关闭 RRA 系统出口阀和一列入口阀	操作过程中防止 RRA 温度瞬变，并保证 RRA 系统温度与一回路相当
— 105～120 ℃，进行蒸汽发生器的 N_2 隔离与排放	
— 确认 EVC 系统运行正常	
— 平均温度＞130 ℃，投运稳压器电加热器，关 RCP01/02VP，进行建立汽腔操作	汽腔建立的判据见 3.3 节
— 150 ℃以前，确认 RRM 投运	
— 一回路汽腔建立之后，解除 C 类行政隔离，对稳压器汽相取样	注意在汽腔建立之后，稳压器排水，将 RCV013VP 控制模式转 RCV 模式
D31－4 RRA 隔离前准备	
— 必须完成的试验：PT RIS 04，PT CSL 004，PT RCP 033	
— 进行 LNE 360 CR 供电检查	
— 停运 EBA，投运 DVN，利用 PT ETY 001 卸压	此时不占用安全壳排放指标
— 恢复安注/安喷的自动输出	必须同工作负责人一起做好风险分析
— 主控日志转为正常方式	
— 检查 PT DHP 09 并要求签字，准备执行 D32 程序	

D32 规程	
目的：该规程描述的是从两相中间停堆(RRA 运行)到热停堆的全部操作。	
操 作 要 点	经验反馈/说明
初始状态：RRA 准备退出，出口阀已关闭，用 GCT－a 控制 T_{avg}	

续表

<table>
<tr><td colspan="2">D32 规程</td></tr>
<tr><td colspan="2">目的：该规程描述的是从两相中间停堆(RRA 运行)到热停堆的全部操作。</td></tr>
<tr><th>操　作　要　点</th><th>经验反馈/说明</th></tr>
<tr><td>D32-1　RRA 退出运行</td><td></td></tr>
<tr><td>— 降低低压下泄流量，然后通过关小 RRA013VP 和开大 024/025VP 的方法进行 RRA 系统的降温，在温度下降 60 ℃后停泵，30 s 后启动另一台泵，降到 50 ℃，关 212/215 VP</td><td>在 RRA 退出前，应检查硼表接到主环路。
注意防止温度瞬态</td></tr>
<tr><td>— 停运 RRA 泵，并为 RRA 系统降压</td><td></td></tr>
<tr><td>— 进行 RCP 212/215 VP 及 RRA 001/021 VP 密封性检查(检查完毕保持 RCP 212/215 VP 关闭，RRA 001/021 VP 开启)</td><td></td></tr>
<tr><td>— 实施 H 类行政隔离，并进行 RRA 系统降温</td><td></td></tr>
<tr><td>D32-2　一回路升温升压</td><td></td></tr>
<tr><td>— 一回路温度 190 ℃，确认 LLS 在线正确</td><td rowspan="9">升温速率<28 ℃/h(升温过程中 GCT-a 阀全关，升温速率约 25 ℃/h)，升压速率<4 bar/min，控制在 PT 图内
升压过程应经常调整主泵轴封水流量维持≥1.8 m^3/h
核对下泄流量不超过 27 m^3/h
升温升压及热停堆下严密监视蒸汽发生器水位
升温过程中保证 TEP 头箱的水位，及时启动除气器进行处理，必要时利用旁路管线传水</td></tr>
<tr><td>— 5 MPa 时，执行 PT RCV 004(SEBIM 阀动作试验)</td></tr>
<tr><td>— 7 MPa 时稳定压力，执行 PT RIS 004 第二部分，试验满意后，解除 B 类行政隔离，打开 RIS 01/02 VP</td></tr>
<tr><td>— 执行 PTRRA002 中关于 RRA 014/015 VP 的密封性试验内容</td></tr>
<tr><td>— 一回路压力达 8.5 MPa 时，关一个下泄孔板</td></tr>
<tr><td>— 11 MPa 时，检查 RCP 压力指示的一致性</td></tr>
<tr><td>— 13.5 MPa 时，关 RCP 017/018/019 VP，以检查其能在 146 bar 时自动开启</td></tr>
<tr><td>— 14.3 MPa 时，P11 消除，核对各信号正确</td></tr>
<tr><td>— 14.5 MPa 时，将 RCP 016 TO 置自动</td></tr>
<tr><td>— 升温至 275 ℃，15.8 MPa，稳定状态，进行一回路泄漏率试验(PT RCP 02)</td><td>某电厂 102 大修在此过程中发生蒸汽发生器水位低停堆事件</td></tr>
<tr><td>— 进行 VVP 安全阀整定值校验</td><td>VVP 压力 6.8 MPa 左右</td></tr>
<tr><td>— VVP 安全阀定值校验结束后调整 GCT-a 定值至 74%</td><td></td></tr>
<tr><td>— T_{avg}≥284 ℃，检查 P12 信号消失，联锁正确</td><td></td></tr>
<tr><td>D32-3　维持热停堆及热停堆下的操作</td><td></td></tr>
<tr><td>— 检查 RCV 002 BA，TEP 头箱、稳压器环管、卸压箱 RPE001BA 等含氧合格</td><td></td></tr>
<tr><td>— 投运 TEG 含氢废气管线：解除 ADO B02/B01，实施 ADO B06</td><td></td></tr>
</table>

续表

D32 规程	
目的：该规程描述的是从两相中间停堆(RRA 运行)到热停堆的全部操作。	
操 作 要 点	经验反馈/说明
— RCV 002 BA H_2 覆盖并吹扫，使氢气浓度逐渐上升到 25 cm^3/kg	吹扫时严禁连续吹扫，并注意 TEG 罐压力变化，及时跟踪处理
— 投运 APG 系统	
— RRA 隔离＞24 h，关 RRA 01/02 VP，完全实施 H 类和 L 类行政隔离	
— 热停堆下的定期试验：PT ASG 005/006/007/019/029，PT LLS 003，PT KPR 001，PT CSL 005，PT DHP 010	
— 落棒试验并将棒置相应位置	试验结束前要检查下泄过滤器的堵塞情况，101 大修中曾经发生压差高报警

D33 规程	
目的：该规程描述机组大修经换料大修后反应堆首次临界直至热备用所进行的零功率物理试验，以及二回路整体启动。	
操 作 要 点	经验反馈/说明
D33-1 初始条件检查	临界期间可同步进行常规岛的启动(包括 D33 规程 D33-4 操作内容)
— PT9 DHP 010 完成并签字	ASG 001 BA 及时补水，避免水位降低
— RPN 定值按要求调整	物理人员负责
— 标准热停堆状态检查	
— 解除 D 类行政隔离，并将 REA 在线为正常方式	2004 年 11 月 25 日，某电厂小修期间因 REA 154/155 VB 未关闭导致硼酸箱被稀释
D33-2 第一次达临界	按照物理人员要求进行
— 手动提棒至 150 步	在低功率变化过程应减少可能引起扰动反应性操作，并严密监视反应堆功率及相应的 C 信号、P 信号产生情况，检验其准确性。 试验期间严禁暖管
— 稀释倒推至 0.03 时停止提棒临界	
— P6 出现时不闭锁源量程，达 3×10^4 c/s 或 10^{-11} A 时，停止中子注量率增加，应试验负责人要求闭锁源量程	
— 主要工作：OPT 检查源量程中间量程的重叠，寻找本底噪声和多普勒效应点，检查反应仪，调整 RPN 源量程定值	
D33-3 零功率物理试验	

续表

D33 规程	
目的：该规程描述机组大修经换料大修后反应堆首次临界直至热备用所进行的零功率物理试验，以及二回路整体启动。	
操　作　要　点	经验反馈/说明
— 共包括以下 7 个试验： • 测量所有棒全提出后的临界硼浓度 • 测量所有棒全提出后的等温温度系数 • 测量所有棒全提出后的堆芯功率分布 • 测量 D 棒的微分/积分价值 • 测量 C 棒的微分/积分价值 • 测量重叠棒组价值 • 测量功率棒在零功率标定位置时的临界硼度	应严格遵守规范，避免稀释临界
— 在零功率物理试验期间进行运行隔离检查	
D33－4　零功率试验后的恢复：	
— 零功率物理试验结束后，调整 RPN 定值	物理人员负责
— 必要时，复归 RGL 逻辑并重新临界	
D33－5　二回路启动	
— 二回路根据 D 30A 规程启动至 ADT VVP 00 及 ADT ARE 00 解除	
— 除氧器升温	保持除氧器完全隔离，ADG001PO 不要过流
— 提升核功率至 1.5%P_n 进行主蒸汽暖管 — 完成 PT VVP 04，并开启 MSIV（必要时重新执行 PTVVP003）	VVP 温度大于 100 ℃后进行疏水管的吹扫
— 将 AHP/GSS 系统的正常疏水与应急疏水定值互换 — ADG 加热汽源切至 VVP，排气切换到凝汽器 — 进行 APA 泵的暖泵操作	尽量利用 ATE 处理疏水中的杂质

D34 规程	
目的：该规程描述大修后，从热备用状态至满功率运行所需执行的操作，以及各功率平台要完成的各种试验。	
操　作　要　点	经验反馈/说明
D34－1　冲转前的准备	
— 调整 ATE 到全流量运行	
— 发出各专业机组启动前检查单	
— APA 系统启动：蒸汽发生器切至 ARE 供水	注意 APA 调节器放自动操作应非常小心，必须缓慢进行，并注意关注 DCS 中的内部量
— GCT－a 转 GCT－c	

续表

D34 规程	
目的：该规程描述大修后，从热备用状态至满功率运行所需执行的操作，以及各功率平台要完成的各种试验。	
操 作 要 点	经验反馈/说明
— 提升核功率至8%FP并执行以下操作 • CET 汽源切 VVP • APG 切到 002RF 运行，并保持最大流量 • ARE 供水调节投自动 • 执行发电机并网前操作票一 • 隔离发电机绝缘过热监测仪	注意如果 VVP 流量在低功率下不准确，ARE 不要投自动。 注意 APG 除盐床旁路运行
— 提升功率至12%～14%，闭锁相应 RPN 停堆信号	
D34－2　汽轮机冲转	
— 汽轮机冲转关键点检查完成	
— 汽轮机保护联锁试验	试验不合格，禁止继续冲转
— 汽轮机手动打闸试验	试验不合格，禁止继续冲转
— 冲转至600 r/min，进行听音检查	某电厂104大修期间由于 GFR 溢流阀定值降低造成 GFR 油温高
— 冲转至1 100 r/min，进行暖机，并进行 GFR 备用试验	
— 冲转至3 000 r/min	
— 进行 GGR 油泵备用逻辑试验	某电厂104大修中由于设备标牌错误，造成直流油泵备用试验不合格
— 进行汽轮机手动打闸试验	
— 检查主汽门严密性	检查惰转曲线，必要时进行
— 重新冲转至3 000 r/min	
— 进行超速跳闸装置注油试验	
— 进行 OPC 试验	
D34－3　发电机并网	
— 执行并网前操作票二	防止漏项
— 并网并升功率至10%P_n	
— 投入发电机氢气干燥器	
— 发电机超速保护试验	注意调整 GGR 油箱负压，防止轴瓦处甩油
— 重新并网	
D34－4　升功率至50%P_n	升功率过程中保证 ATE 最大净化流量运行 在整个升功率过程中，要注意 ΔI 的控制
— 在 ARE 小阀接近全开时开启 ARE 大阀(约23%功率)	应防止低负荷 ARE 大小流量调节阀切换期间，发生因 SG 水位波动引发跳堆事件

续表

D34 规程	
目的：该规程描述大修后，从热备用状态至满功率运行所需执行的操作，以及各功率平台要完成的各种试验。	
操 作 要 点	经验反馈/说明
— 至 150 MW 时，启动第二台 CEX 泵	
— 启动第二台主给水泵	某电厂 104 大修期间由于备用泵管线内的水质较差，泵启动后蒸汽发生器水质进入 4 区
— 至 230 MW 时，核对 GSS 正确投入	
D34－5　50％功率下的物理试验	
— 投入发电机绝缘过热监测仪	
— 恢复 AHP/GSS 疏水至正常方式	
— 投入 APG 的除盐床	
— 功率分布试验	
— 热平衡测量及反应堆流量计算	
— 调整 C2 和功率量程高通量保护定值	
D34－6　75％功率下的物理试验	
— 升功率至 75％P_n	
— 功率分布测量试验	
— 热平衡及反应堆流量计算	
— 功率系数测量	
— 堆核测仪表刻度系数互校	
D34－7　100％功率下的物理试验	
— 升功率至 100％P_n	
— 功率分布测量试验	
— 热平衡测量及反应堆冷却剂流量计算	
— 反应性系数测量试验	
— 堆芯稳定性能试验	
— STR 系统启动	

3.2　大修期间常规岛的停运与启动

结合常规岛相关的规程与操作票、电力工业部的行业标准和相关的维修程序，在明确维修和运行活动的内在联系和接口的基础上，编写了常规岛大修过程总体控制引导规程，即“D21A－大修期间常规岛的停运”和“D30A－大修结束后常规岛的启动”。

3.2.1　常规岛的停运

D21A 规程(大修期间常规岛的停运)主要描述了常规岛水、汽、油、主机等机械系统的停运过程，这些系统在 VVP 主蒸汽阀门关闭、蒸汽发生器二次侧给水转由 ASG 供水后，就较少涉及核安全的问题，可以不受制于核岛的大修进程而按常规岛系统本身的规律来安排其停运检修过程。在 D21A 规程中主要考虑的是系统之间停运的逻辑顺序、设备维修前检查试验要求(如发电机修前试验等)，同时考虑大修运行和维修活动负荷的合理分配，将常规岛的工作和核岛工作高峰错开，避免常规岛检修活动成为关键路径。D21A 规程的主要内容如下(见图 3-2-1)。

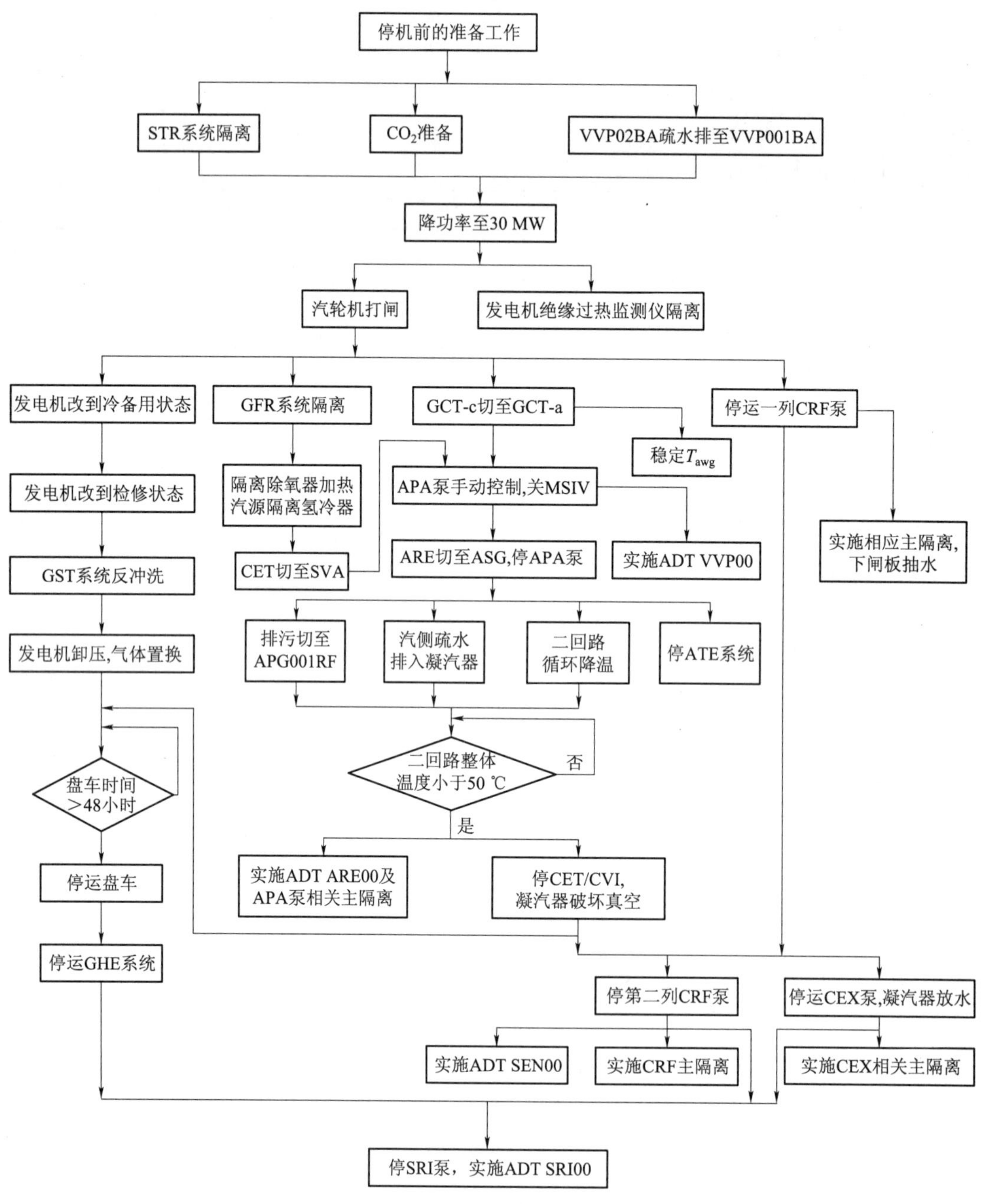

图 3-2-1 常规岛的整体停运

3.2.1.1 大修前的准备与发电机解列

大修前的准备工作按照其目的分为两大类，一类是保证大修开始后的物料充足，备用系统运行正常，如 CO_2 与 N_2 储量核查、电锅炉状态检查、临时排水泵准备等，另外一类是减少机组解列后的工作量，使不必要的操作错开运行操作高峰。如本机组 STR 系统停运与隔离，CRF 鼓网反冲洗水分离，VVP 002 BA 排水到地沟等。

大修期间机组降负荷与正常机组停运过程相仿。根据火电厂的典型运行规程，在大修前汽轮机发电机组降负荷速率应维持较低的水平，并且机组解列前应维持低功率运行一段时间，以降低高压缸金属温度，并最终减少盘车运行时间。但是由于核电机组运行参数低，上述限制可以不遵守，例如在 104 大修中机组以 5 MW/min 速率降负荷，到 30 MW 时高压缸金属温度已经降低到 150 ℃左右。

在机组解列后，应当立即执行以下操作：

(1) 检查汽轮机停运过程中各系统运作正常。尤其要注意防止汽轮机停转后盘车不能自动啮合事件，停机前需要召相关人员到场并准备好工具。此外盘车投运后，GHE 系统必须保持运行，以防损伤密封瓦。在 1 号机组商运前，曾出现 GHE 空侧油泵单独运行，导致密封油进入发电机事件，这也需要关注。

(2) 为防止汽轮发电机组误供入蒸汽，实施主隔离 ADT GFR 00。

(3) 关闭门杆漏汽阀(GPV 023/024 VL)，门杆漏汽阀是主汽门跳闸滑阀(GPV 013/014 VL)的下游手动隔离阀，主汽门跳闸滑阀用于释放主汽门关闭时作用在阀杆内端上的不平衡蒸汽力，使主汽阀在最小作用力下关闭。跳闸滑阀在汽轮机挂闸后自动关闭，跳闸后自动开启。由于其泄出的蒸汽流量大于 40 m^3/h，因此必须在汽轮机打闸后关闭其手动隔离阀。

(4) 关闭氢冷器冷却水隔离阀，防止发电机线棒表面结露。

(5) 隔离除氧器加热汽源，将 CET 汽源切换至 SVA，为关闭主蒸汽隔离阀作准备。

(6) 关闭主蒸汽隔离阀，然后将 SG 供水由 ARE 切到 ASG 系统。主蒸汽隔离阀的关闭利用其快关试验(PT VVP 003)来进行，在此之前，应将 GCT－c 切换到 GCT－a 运行并完成 PT GCT 001 规程。考虑到 VVP 004 MP 参与 APA 泵自动控制，在关闭 MSIV 之前应将运行 APA 泵切到手动控制，以免引起蒸汽发生器水位大幅波动。MSIV 关闭且 CET 汽源切换后可实施主隔离 ADT VVP 00。

(7) 将发电机改到冷备用状态，防止发电机出口断路器误合引起发电机误上电事故。

3.2.1.2 常规岛汽水回路的停运

正常运行期间，ARE 给水温度为 230.4 ℃，主蒸汽温度为 283.1 ℃，ADG 除氧器水温为 147 ℃。尽管在降负荷过程中高低加随着机组负荷的降低而不断降温，但在主机停运后主给水温度、除氧器温度仍旧保持在 110 ℃左右，高压缸金属温度在 150 ℃左右。如果靠自然降温冷却来达到检修条件，则存在降温不均匀和降温时间长的问题。为了避免出现这种情况，目前 D21A 规程中采用了两种方式来进行降温：一是在 VVP 主蒸汽隔离阀关闭后保留一台 CEX 泵运行，建立二回路水循环，进行循环降温，二是将高低加、VVP 以及 GSS 系统的疏水全部排放到凝汽器，减少降温的死区。

水回路的循环冷却通过 ADG 001 PO 来进行。在冷却过程中注意利用 ARE 101/102

VL调节高加冷却速率，以保证均匀散热，防止热冲击。如果高加冷却速率过快的话，由于高加人孔门和高加本体之间的冷却收缩不均匀，可能导致高加人孔门漏水。如果高加冷却速率过低，显然会影响大修的进度。根据厂家的要求，高加冷却速率应保持在56 ℃/h以下的一个合适值上，必要时不能超过110 ℃/h。104大修的运行经验表明依靠重力作为驱动头将无法得到满意的降温速率。因此为了保持较大的冷却速率，应当保持ADG 001 PO运行。当然如果在ADG 001 PO运行期间随着金属温度的下降不断提高冷却流量的话，应当防止ADG 001 PO过流运行。

机组解列后二回路的热负荷已经非常小，出于经济性考虑和尽快开工的目的，在机组停运后即停运一台CRF泵。从控制大修进度的角度来讲，由于CRF系统存在闸板隔离严密性不确定、鼓网矫正与防腐工作耗费时间长等特点而应得到足够的重视。CRF泵与鼓网停运后，为了防止泥沙淤积，应当考虑立即安装闸板并安排抽水。

在冷却过程中为了充分利用凝汽器的冷却效果，不破坏真空。根据凝汽器的结构，CEX小流量管线的回水管以及来自ARE 101/102 VL的回水管均安装在凝汽器底部，而容纳CRF冷却水的钛管则安装在热井的上方。如果真空被破坏，凝汽器压力即为大气压，凝汽器热井中的水由于无法接触到冷却水管而逐渐升温到100 ℃，而后蒸发的蒸汽受到冷却。这样不仅热井水维持在100 ℃左右，而且凝汽器的金属温度也将上升，完全达不到循环降温的目的，在调试期间曾经有过这样的事例。如果保持凝汽器真空在7.5 kPa情况下，水的饱和温度为43 ℃，热水回到冷凝器后闪蒸，通过钛管的冷却后凝结，则能保证热井内水温在43 ℃左右的水平上，充分利用了冷凝器的冷却效果。当然如果凝汽器的真空更好一些，热井内的水温还要低一些。不破坏凝汽器真空的另外一个优点是可以保证高低加、VVP系统和GSS系统的疏水尽量回流到凝汽器，最大限度地实现冷却目的。这里有两个问题值得注意：一是在将高低加、VVP系统和GSS系统的疏水排放到凝汽器时要防止操作到SEK的阀门而导致真空无法保持；二是为了增强冷却效果，需要打开GCT 125/127 VL以及CAR的旁路喷淋阀，将凝结水喷到冷却水管上进行冷却。

在循环冷却的同时，应当为下一步的水侧排放开始准备条件：安排拆除凝汽器的排水堵板（TSD 001 CEX）；为了减少水侧排放时的SEL废水量，确认SEK泵排水到ATE中和池。当二回路整体温度冷却到50 ℃以下时，循环冷却即可认为完成，凝汽器破坏真空并开始进行排水。注意由于冷却期间APA泵回路没有得到有效冷却，应当将除氧器的水尽量通过APA回路排放，以对APA系统进行降温。

排水开始后可以停运第2列CRF泵回路和SEN系统，并开始实施水回路的主隔离（见4.3节），至此常规岛水、汽回路以及循环水回路的维修工作就基本可以全面开工了。注意由于个别负荷仍然在运行状态，SEN停运后SRI系统依然保持运行，依靠管道的散热可以保证对运行负荷的短时冷却。

3.2.1.3 主机系统停运

汽轮发电机组的检修是每次大修工作的一个重点，它的各个维修工序与运行操作交错，控制最为困难。如果安排不当，轻则造成重复工作，延误工期，影响到大修按期完成，重则可能引发人因失误，给电站造成重大的经济损失。举例来讲，在调试期间1号机组小修过程中发生的发电机进油事件与密封瓦损坏事件，都与运行操作安排不当有着直接的关系，因此常规岛主机相关系统的停运必须规范化。

在前面讲过，发电机解列后随即转到冷备用状态，并实施主隔离 ADT GEX 00。在 ADT GEX 00 实施完成后将发电机转到检修状态，并实施 ADT GEX 01。注意在发电机转速大于 200 r/min 以上时，会有感应电压产生，因此挂接地线的操作必须在盘车投入后进行。

发电机定子冷却水的清洁度是非常重要的，虽然在 GST 系统中设置了过滤与除盐手段，但总不免在转角、弯脚、缩口等处积聚污物，随着运行时间的延长，就有可能发生流量减少或局部阻塞。因此为保持发电机安全运行，定子冷却水水路畅通，必须结合大修进行反洗。考虑到发电机卸压后定子冷却水可能进入发电机，反冲洗工作安排在停机后而不是启机前进行，并应当在停机后尽快开展。由于需要进行发电机修前试验，因此定子冷却水的反洗最好持续到这一试验开始为止，并在试验结束后排空 GST 系统，回路开始检修。根据以往经验，GST 系统至少应当反冲洗 12 h，而且在反冲洗期间要注意过滤器的压差，防止过滤器堵塞；在 GST 排空后离子交换柱保持在充水状态，防止其干结失效。

在停机后发电机的气体置换工作应当在汽轮机停运后随之开展。由于操作人员的关注以及 TSD001GRV 的实施接口等不确定因素，该工作大约持续 20～30 h。气体置换过程中有三个注意点：一是发电机卸压过程中要关注 GHE 的运行情况，防止发电机进油，二是要对发电机绝缘过热监测仪和氢气冷却器等死点进行吹扫，三是不论气体置换是否已经完成，只要盘车在运行状态，GHE 系统就要保持运行。

长期以来，大修期间停机后盘车的运行时间一直没有明确，主机说明书中要求在高压缸金属温度小于 150 ℃时就可以停运汽轮机盘车。为了使发电机转子得到充分均匀的冷却，防止转子冷却不均匀导致转子受损，以及轴承瓦块温度不会由于热传导而上升到不可接受的地步，火电企业的行业标准要求在机组大修期间停机后盘车应当保持连续运行 48 h，至少运行 24 h。由于火电机组运行参数高，上述要求是合理的，但在核电机组，这一限制并不合适。目前某核电厂的运行要求是盘车运行 12 h 并且高压缸的壁温小于 150 ℃时就可以停运汽轮机盘车，建议盘车运行时间为 24 h。盘车停运后我们就可以开始进行发电机及励磁回路的检修工作，并可以开展发电机断路器操作压空系统的检修工作，但不能在发电机断路器本体相关的设备上进行工作。

盘车停运后，包括 GGE、GHE 以及 SRI 系统均可以完全停运，至此，常规岛除主变、厂变以及发电机出口断路器本体以外的工作基本上可以全面开工了。

3.2.2 常规岛的启动

常规岛启动主要考虑的是系统启动的在线要求和逻辑顺序，同时对再鉴定要求条件和常规岛主要系统的逻辑试验进行了落实。从功能关系上，常规岛的启动可以分为冷却水回路启动、水回路的启动、汽回路的启动以及主机相关系统的启动四大部分（见图 3-2-2）。

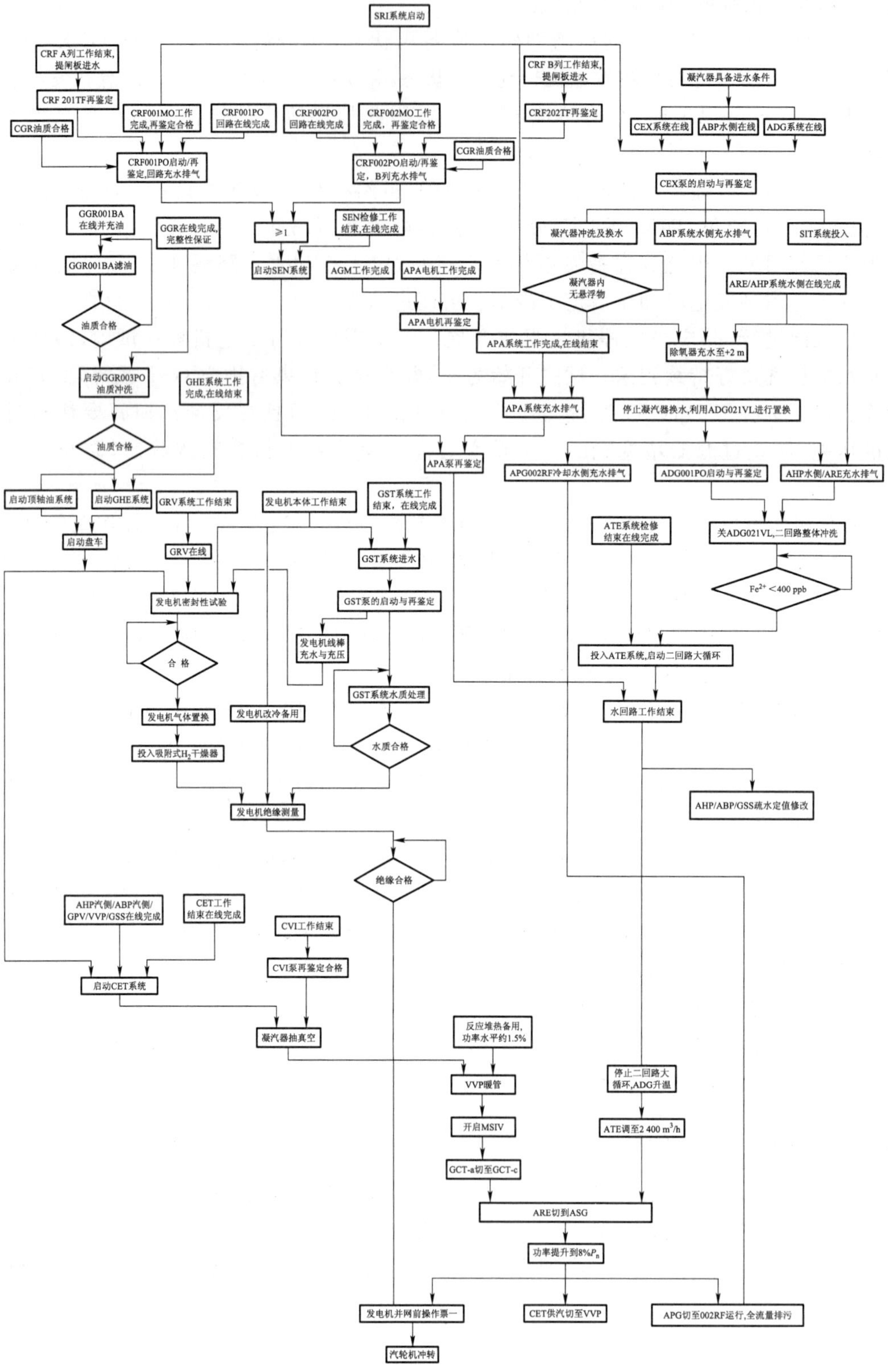

SRI系统启动

CRF A列工作结束,提闸板进水

CRF 201TF再鉴定

CGR油质合格

CRF001MO工作完成,再鉴定合格

CRF001PO回路在线完成

CRF002PO回路在线完成

CRF002MO工作完成,再鉴定合格

CRF B列工作结束,提闸板进水

CRF202TF再鉴定

凝汽器具备进水条件

CEX系统在线

ABP水侧在线

ADG系统在线

CRF001PO启动/再鉴定,回路充水排气

CRF002PO启动/再鉴定,B列充水排气

CGR油质合格

CEX泵的启动与再鉴定

GGR001BA在线并充油

GGR在线完成,完整性保证

≥1

SEN检修工作结束,在线完成

凝汽器冲洗及换水

ABP系统水侧充水排气

SIT系统投入

GGR001BA滤油

启动SEN系统

AGM工作完成

APA电机工作完成

凝汽器内无悬浮物

ARE/AHP系统水侧在线完成

油质合格

APA电机再鉴定

启动GGR003PO油质冲洗

GHE系统工作完成,在线结束

APA系统工作完成,在线结束

除氧器充水至+2 m

APA系统充水排气

停止凝汽器换水,利用ADG021VL进行置换

油质合格

APA泵再鉴定

APG002RF冷却水侧充水排气

ADG001PO启动与再鉴定

AHP水侧/ARE充水排气

启动顶轴油系统

启动GHE系统

GRV系统工作结束

发电机本体工作结束

GST系统工作结束,在线完成

ATE系统检修结束在线完成

关ADG021VL,二回路整体冲洗

启动盘车

GRV在线

GST系统进水

$Fe^{2+}<400$ ppb

发电机密封性试验

GST泵的启动与再鉴定

发电机线棒充水与充压

合 格

投入ATE系统,启动二回路大循环

GST系统水质处理

水回路工作结束

发电机气体置换

发电机改冷备用

水质合格

投入吸附式H_2干燥器

AHP/ABP/GSS疏水定值修改

发电机绝缘测量

绝缘合格

AHP汽侧/ABP汽侧/GPV/VVP/GSS在线完成

CET工作结束在线完成

CVI工作结束

CVI泵再鉴定合格

启动CET系统

凝汽器抽真空

反应堆热备用,功率水平约1.5%

VVP暖管

停止二回路大循环,ADG升温

开启MSIV

ATE调至2 400 m^3/h

GCT-a切至GCT-c

ARE切到ASG

功率提升到8%P_n

发电机并网前操作票一

CET供汽切至VVP

APG切至002RF运行,全流量排污

汽轮机冲转

图 3-2-2 常规岛系统的启动次序

3.2.2.1 冷却水回路的启动

冷却水回路的启动是常规岛整体启动的前提条件。SRI 系统的启动又是冷却水回路启动的基础。在 SRI 系统启动时，由于常规岛的检修活动还处在收尾阶段，因此 SRI 的在线需要一种特殊方式来进行：一是要检查处于检修状态的用户的隔离情况，二是要将完好的用户投入运行，以进行水质处理。根据完成 SRI 泵的功能再鉴定的流量要求，需要尽量投入所有的负荷，尤其是 GGR 的冷油器。完成了 SRI 泵的再鉴定后，由于没有冷源，为防止 SRI 水温的上升，在没有再鉴定要求时应当停运 SRI 泵，但应保持系统连续换水，防止水中的杂质对一些用户（如 CEX 泵的电机冷却水和 ADG 001 PO 的轴封冷却水等）造成影响。在励磁机冷却器没有完全就位时，启动 SRI 前应当在其 SRI 管道连接法兰上安装盲板，防止由于阀门关闭不严导致水喷入励磁机中。另外注意在所有用户投运以前，即使 SRI 系统的水质合格，也不用添加缓蚀剂，该工作在所有负荷投入、水质合格后进行。

CRF 系统的启动分为两个系列，三个环节：电机的再鉴定、暗渠进水与鼓网的再鉴定、油压蝶阀、二次滤网的运行检查和 CRF 泵的启动。在进行 CRF 电机的再鉴定前，必须确认电机与泵的联轴器脱开，CGR 油泵的电源拉出，油压蝶阀、SEN 进水阀以及 CVI 的抽气阀处于手动关闭位置，这样可以有效避免跑油和工业安全事件的发生。另外，进行 CRF 电机再鉴定时需要临时解除相关的主隔离，因此泵的开关推入期间现场必须保持有人。CRF 系统暗渠进水前必须进行防异物的专项检查，螺丝刀、铁丝等进入凝汽器的水室，将大大增加钛管泄漏的概率。

在一台 CRF 泵启动后可以启动 SEN 系统。由于 CRF 的进水压力低，SEN 系统的初始充水排气工作将比较缓慢，为加快排气速度，可以把凝汽器的循环水出水阀进行适当节流。为了防止在水回路进行冲洗过程中 SRI 温度持续上升并影响到设备的运行，SEN 系统应当在二回路连续净化前启动，最迟应当在 APA 泵再鉴定前完成。SEN 投入后应当尽快完成泵的备用逻辑试验（PT SEN 001/002）。

3.2.2.2 常规岛水回路的启动

常规岛水回路的启动包括在线、相关水泵的再鉴定以及二回路冲洗。系统在线时必须注意及时进行在线遗留项清理，防止由于遗留项清理不及时导致系统状态失控而导致跑水或其他运行事件。

大修后常规岛系统启动时，水回路的水质一直是一个影响常规岛启动时间的难题，惯用的冲洗方法是从凝结泵出口排水来进行水质置换，这种方法的缺陷在于冲洗水量耗费大，水质上升速度较慢。考虑到二回路各设备产生铁锈的量有区别，在 D30A 规程中设置了分段冲洗方案，具体过程基本上分为四个阶段（如图 3-2-2 所示）：第一阶段对凝汽器进行打循环并连续充排水，直至水中无悬浮物。然后向除氧器充水，并通过 ADG 032 VL 形成水的开式循环。在水中无悬浮物后再向除氧充水的目的是防止悬浮物堵塞除氧器喷头及 APA 系统充水时杂质进入轴封中。在 AHP/ARE 在线结束后即通过 ARE 疏排阀进行换水，形成二回路的整体冲洗。直至 Fe^{2+} 含量小于 400 ppb（$1\ ppb=10^{-9}$）后投入 ATE 并转为大循环状态。

在二回路冲洗过程中有以下几个注意点：

- 为防止由于水回路隔离阀泄漏造成跑水，在 ABP 及 ADG 在线完后才能开启 CEX

泵、AHP/APA在线完后除氧器才能进水。

• 为了保证冲洗效果，应当开启GCT 125/127 VL以及CAR的旁路喷淋阀，对凝汽器上部进行冲洗，同时可以实现水回路的连续降温。

• ADG 032 VL及ARE疏排管线较粗，在开阀时要缓慢进行，并充分考虑凝汽器的补水能力。

• ATE投入时只投入两列除盐床，其他除盐床作为机组启动后期精处理之用。由于凝汽器内安装了磁性过滤器，二回路的大循环应当在Na^{+}合格后开始，而不用考虑Fe^{2+}的含量。

APA泵的再鉴定最好在二回路水质合格后进行，这样可以防止在ARE向蒸汽发生器供水期间或功率运行时启动第2台APA泵造成蒸汽发生器水质骤降。如果APA泵再鉴定较早完成，应当考虑在大循环开始后分别短时启动3台APA泵进行循环。

除氧器的升温应当在凝汽器真空建立后进行，防止热水进入凝汽器造成温度上升，另外除氧器升温必须停止水回路的循环，并尽量在ARE准备向蒸汽发生器供水前5 h进行。在大循环开始后应当完成APG 002 RF冷却水侧的充水排气操作，这是在功率提升后增大APG排污流量的前提。

在机组启动前完成相关的定期试验，是验证大修结果、及时发现缺陷、消除机组隐患的一个重要手段。D30A要求常规岛的定期试验随着系统的启动与再鉴定结合在一起进行，比如在进行CEX泵的再鉴定期间，利用PT CEX 001规程来启动备用泵，可以检查CEX系统的备用逻辑与运行情况；进行APA泵油回路冲洗的过程中，完成AGM油泵的备用逻辑试验(PT AGM 001/002/003)。

3.2.2.3 汽回路的启动过程

汽回路的启动主要以在线为主。在完成了在线和盘车启动以后，可以开始进行抽真空操作。汽回路的在线包括GSS、VVP、GPV、AHP和ABP系统的汽侧、ADG系统以及CET和CVI系统的在线，在线应当完整，否则会导致凝汽器抽真空过程中存在漏点，甚至经过漏点吸入污水，影响二回路水质。

盘车投运后，开始进行CET风机的再鉴定和投运。为防止在启动CET风机时将异物吸进汽轮机轴系内，CET风机的再鉴定安排在轴封系统投运的同时进行。

为了及时发现缺陷，CVI泵的再鉴定应当提早通过关闭入口阀的方式来进行，而不是在凝汽器抽真空期间同时进行再鉴定工作。

由于某电厂从103大修开始发现凝汽器真空建立后有个别低压缸爆破膜破裂，因此在D30A规程中要求CET投运与凝汽器抽真空同步进行，防止轴封蒸汽进入凝汽器导致温度和压力升高。另外，在凝汽器建立真空期间应当将ADG 041/042 VL保持关闭，并加强现场巡视。正常情况下凝汽器建立真空大约耗时4 h。

汽回路的启动过程中有一点需要特殊说明，就是为了防止汽轮机挂闸后二回路的疏水进入除氧器并最后进入蒸汽发生器，导致蒸汽发生器水质下降，在冲转前将AHP与GSS系统正常疏水与应急疏水定值互换，使得二回路的疏水进入凝汽器，经过ATE的处理后才进入蒸汽发生器。

凝汽器真空建立后，允许进行VVP主蒸汽暖管和除氧器升温操作，至此常规岛大修后的启动基本完成，此后的机组并网/升功率过程也就可以按日常的程序和方法来进行控制。

3.2.2.4 主机相关系统的启动

主机本体相关系统的启动由油回路的冲洗与启动、发电机气密性试验和气体置换、定子冷却水系统启动等内容组成：

(1) GFR 油回路冲洗

GFR 油系统以及 GRE/GSE 阀门上的工作结束后，D30A 规程要求解除 ADT GFR 00 的主隔离并安排 GFR 系统在线。在线结束后向 GFR 001 BA 充油并对油质进行循环处理。油质化验合格后，即可进行 GFR 系统油冲洗及油泵再鉴定，在油冲洗前必须关闭油动机的进油阀，避免油冲洗时油中的杂质进入油动机活塞内。油冲洗结束后进行 GRE/GSE 的阀门特性试验，该试验必须在主蒸汽暖管前结束，并在试验结束后隔离 GFR 油泵，以防止汽轮机误进蒸汽的事件发生。但是在汽轮机冲转前必须保持 GFR 油温在 38～43 ℃，防止冲转过程中由于 EH 油黏度大而影响汽门的灵活动作。

在 EH 油箱充油过程中应完成油箱的液位报警试验(PT GFR 002)，在汽轮机冲转到 1 100 r/min后暖机过程中完成油泵的备用逻辑试验(PT GFR 001)。

(2) GGR 油回路冲洗

GGR 油回路的冲洗工作分为 3 个阶段，一是在 GGR 001 BA 相关工作结束后，由维修部门将之充油，充油过程中运行人员完成油箱油位开关动作试验。充油结束利用 GTH 系统和外置滤油机对 GGR 001 BA 进行油质的循环净化。在主油箱的油质合格后，启动 GGR 003 PO 冲洗 GGR 系统管路及各轴承。此工作进行前必须检查回路的完整性，以防止跑油。由于在此时发电机的密封性试验没有进行，励磁机没有完全就位，9 号和 10 号瓦以及翻过的瓦应当利用塑料布封闭，11 号瓦应当盖上轴承室上盖或将进油口加装临时堵头。润滑油系统冲洗到油质合格后，启动顶轴油回路进行冲洗，并可以向 GHE 系统充油。顶轴油系统冲洗期间应当完成各轴承处顶轴油压的检查，必要时进行调整。

在 GGR 系统进油和冲洗前，相关区域的消防系统在线与消防阀门站的动作试验应当完成。在油回路冲洗过程中，应当完成 GGR 004 PO 的备用逻辑试验(PT GGR 002)和主油箱排烟风机的备用逻辑试验(PT GGR 004)。

(3) GHE 油回路冲洗与启动

当 GHE 油回路上的工作结束后根据 D30A 规程的要求解除 ADT GHE 00，并进行 GHE 系统的在线。在 GHE 系统充油前完成相关区域的消防系统在线与消防阀门站的动作试验。

只有在 GGR 系统的油质合格后，才能对 GHE 系统进行充油，以防止异物进入密封瓦和汽轮机大轴之间造成密封瓦损坏。GHE 空侧的充油可以通过 GGR 010 PO 进行(GGR 003 PO 停运时)，或者通过 9、10 号轴承的回油靠重力来完成(GGR 003 PO 运行中)。充油过程中必须严密监视 GHE 002 BA 的油位，防止油进入发电机。充油结束后先后启动空侧交流油泵和氢侧交流油泵，开始进行回路冲洗。为防止发电机进油，两台泵的启动间隔不宜太长。GHE 系统油质合格后且在运行状态下才允许启动盘车，防止盘车运行时密封瓦损坏。

GHE 油回路冲洗过程中应当关注氢油压差和油泵出口压力的稳定性，并在冲洗期间完成直流密封油泵的备用逻辑试验。

在 GHE 系统冲洗以及发电机密封性试验结束前 9、10 号轴承小端盖没有封闭，因此禁止启动 GHE 系统的排烟风机，防止空气中的浮尘进入 GGR/GHE 系统的油中而降低油质。

(4) 发电机整体气密性试验

GGR、GHE 系统油冲洗结束后，开始回装轴承，但 9 号与 10 号轴承上半及小端盖暂不回装，目的是为了在发电机气密性试验时检查有无漏气。当以上各项工作完成后，允许启动盘车并开始进行发电机整体气密性试验。

发电机整体气密性试验进行时，首先向发电机内充入干净的压缩空气，压力低于额定氢压，在此压力下检查和消除可能的漏点，然后升压到额定压力，稳定后开始计时，持续进行 24 h(特殊情况下不少于 12 h)，并利用公式计算漏气量。在试验期间为了发现密封瓦的缺陷，盘车应一直保持运行。如果盘车没有运行。则至少在发电机机壳压力上升过程中，必须确保顶轴油泵运行，防止升压时大轴的轴窜引起干摩擦而损坏大轴。

考虑到气密性试验期间保持 GST 系统运行可能会由于 GST 水温的变化影响试验结果，因此 GST 系统在此期间保持停运。为了防止发电机升压后定子冷却水汇流管因外压过大损坏，在升压到 3 bar 后利用 GST 系统对线棒充入带压水，然后将之封闭隔离。此外发电机充卸压期间应当关注 GHE 002 BA 的油位，防止压力变动期间调节系统性能差而导致发电机进油。

气密试验结束后回装 9、10 号轴承上半及小端盖、励磁机隔音罩及内部消防探头。然后开始气体置换。与停运期间一样，气体置换期间必须全面而充分，防止有遗漏的死点(尤其是氢气干燥器)存在。发电机氢气置换完毕升压过程较为缓慢，应当关注 SHY 氢气贮存罐的压力变化情况。升压结束后应投入吸附式氢气干燥器，为发电机绝缘测量作准备。

(5) GST 系统启动与发电机绝缘测量

定子冷却水的启动分为水箱充水、水质处理和发电机定子修后试验 3 个阶段。在 GST 工作完成后(不包括发电机本体部分)，临时解除 ADT GST 00，然后进行 GST 系统的在线与充水。充水期间由于水质不合格，发电机保持隔离。充水结束后，进行 GST 泵的再鉴定，并开始 GST 系统水质净化。当净化结束后允许工作负责人进行发电机定子修后试验。而后保持发电机隔离，继续进行水质净化。

在充水期间完成 GST 001 BA 液位开关的动作试验(PT GST 002)，在水冲洗期间完成 GST 泵的逻辑联锁试验(PT GST 001)，以验证定子冷却水系统重要逻辑的正确性。

在发电机氢气置换完毕升压到 0.35 MPa 左右后，投入发电机冷却水。由于发电机线棒没有经过系统的冲洗，GST 水质将有一个下降过程，因此需要继续进行净化，并注意检查过滤器的堵塞情况和 GST 001 DN 的性能。在大修后期，发电机定子绕组的冷却水应当以反洗状态投入，并在并网前切回到正洗状态。必须注意在机组启动过程中禁止在发电机氢气未升压前向绕组充水充压。

在满足以下条件后，可以进行发电机的绝缘测量工作：

- 定子绕组通入电导率在 0.5～1.5 μs/cm 的内冷水(定子冷却水泵运行)。
- 仪控将发电机汽端出水汇流管的测温元件 1～84 对端子，及出线盒汇流管测温元件 85～90 对端子至 KIT 的插件(1KIT 868 BN～879 BN) 以及发电机测量端子至 DEH 的插件拔出。
- 主隔离 ADT GEX 01 解除，ADT GEX 00 仍在实施中。

3.3 其他大修重要活动

为方便对大修规程的理解，提高大修规程执行的适时性与准确性，预防误操作事件发生，在本节中将对一些大修重要活动进行介绍。

3.3.1 一回路水传输

3.3.1.1 水传输的基本原则

在以前的两次大修中，无论是水传输过程或核岛检修过程，均出现过多次“跑水”事件，造成人员、设备及厂房的放射性污染，为防止或减少此类事件的重复发生，要求：

• 大修活动必须提高计划性，避免重复工作，避免相关工作交叉进行；

• 运行规程、定期试验、在线文件及大修主隔离文件的准确性必须得以保证。对存在风险的文件必须有风险分析和相应的应急措施；

• 运行人员执行系统的充水、排气、疏排水操作时，必须严格遵守操作规程，并加强现场的监视；

• 进行水传输前，相关人员应对文件包进行审查，并对水传输方法过程中的监视参数、水位变化情况进行讨论，确定关键点；

• 运行值实施的隔离活动必须准确、完整。对于不能通过正常手段排空的工作点，必须向工作负责人详细解释，并由工作负责人提供排空方案；

• 根据以往的经验，现场人员因惧怕放射性等原因而在操作过程中跳项、漏项、不到位是造成跑水的最主要原因，因此应在大修中通过行政及监督措施杜绝这一问题。

3.3.1.2 一回路水装量(见图 3-3-1)

3.3.1.3 水传输关键点

在大修中一回路的水装量一般有 9～12 个变化状态，如图 3-3-2 所示。在每一个状态变化过程中可能会有一个或几个传水的过程，传水的途径与传水量也不相同，因此必须保证所有的水传输均按照 D 规程和相应文件包的要求进行，防止传水过程中出现核安全事件或跑水事件：

具体的几个传水过程如下：

(1) RCP 满水至法兰面(10.73～10.83 m)

目的：开稳压器人孔，松开压力容器顶盖螺栓

传输途径：RCP→RCV 下泄→TEP 前置箱

传输体积：58 m^3(稳压器 36 m^3＋蒸汽发生器 6 m^3＋压力容器顶盖 16 m^3)

测量：RCP 012 MN/081 MN/082 LN/083 SN

TEP 001 MN：水位变化约为 7.25 m

(2) 传输水池充水至 19.5 m

目的：PMC 试验，卸料准备

传输途径：装罐池→PTR 006 PO 泵→传输水池

传输体积：230 m^3

一回路水流量数据：

压力容器		主管段				稳压器	
内径	3.84 m	总容积	18.586 m^3	主泵泵体内容积	4.5×2 m^3	总容积	36 m^3
全容积	120 m^3	热管段容积	2.622×2 m^3	波动管容积	1 m^3	水位计以上部分体积	3.29 m^3
有效容积	98 m^3	过渡段容积	3.894×2 m^3			水位计范围内体积	28.79 m^3
上封头容积	15.68 m^3	冷管段容积	2.777×2 m^3			水位计以下部分体积	3.29 m^3

蒸汽发生器		2.7 MPa下RCP冷却剂装量		RRA系统装量为14.5 m^3
入口水室	4.437×2 m^3	60 ℃	219 t	热态零功率下RCP装量为165 m^3
传热管	22.24×2 m^3	80 ℃	216 t	
出口水室	4.431×2 m^3	100 ℃	213 t	冷却一回路中平面下水装量为96 m^3
总容积	31.111×2 m^3	120 ℃	210 t	

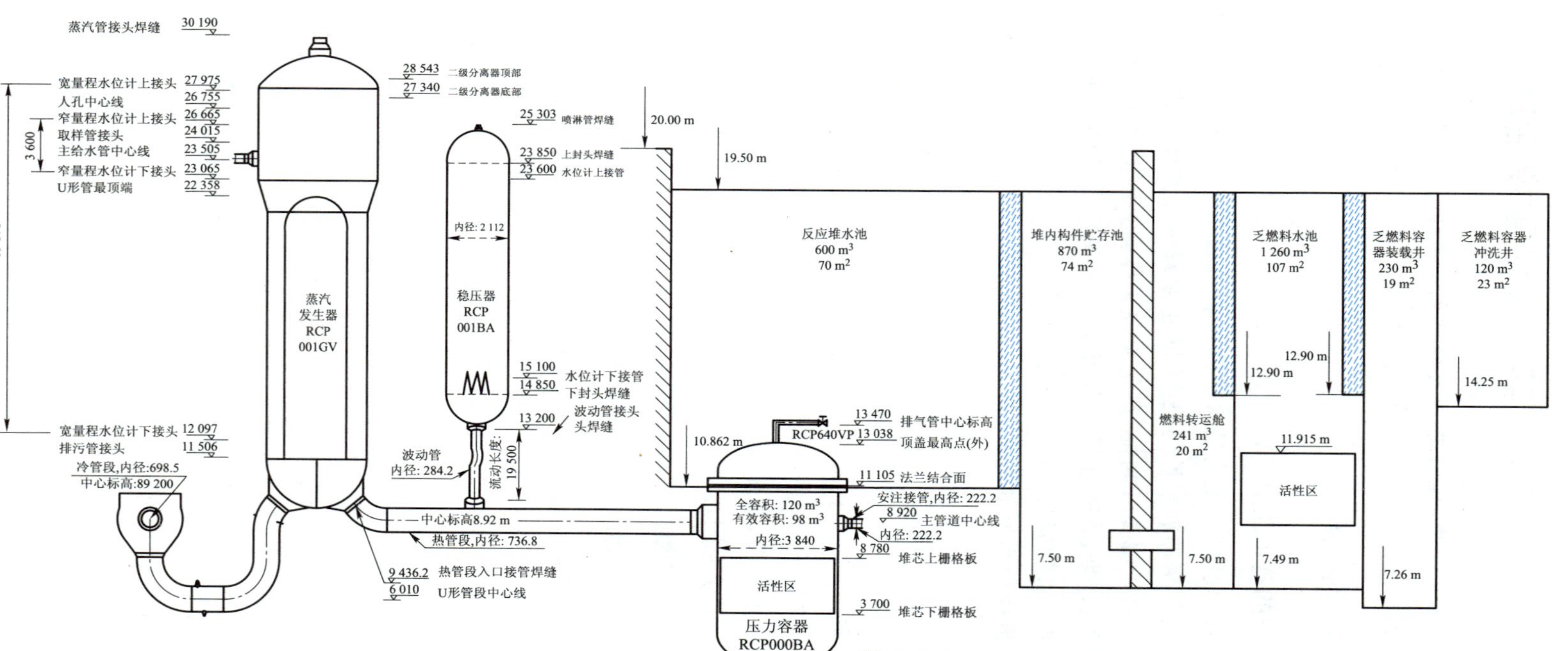

图 3-3-1 一回路水装量

注意：图中未作说明处单位为mm

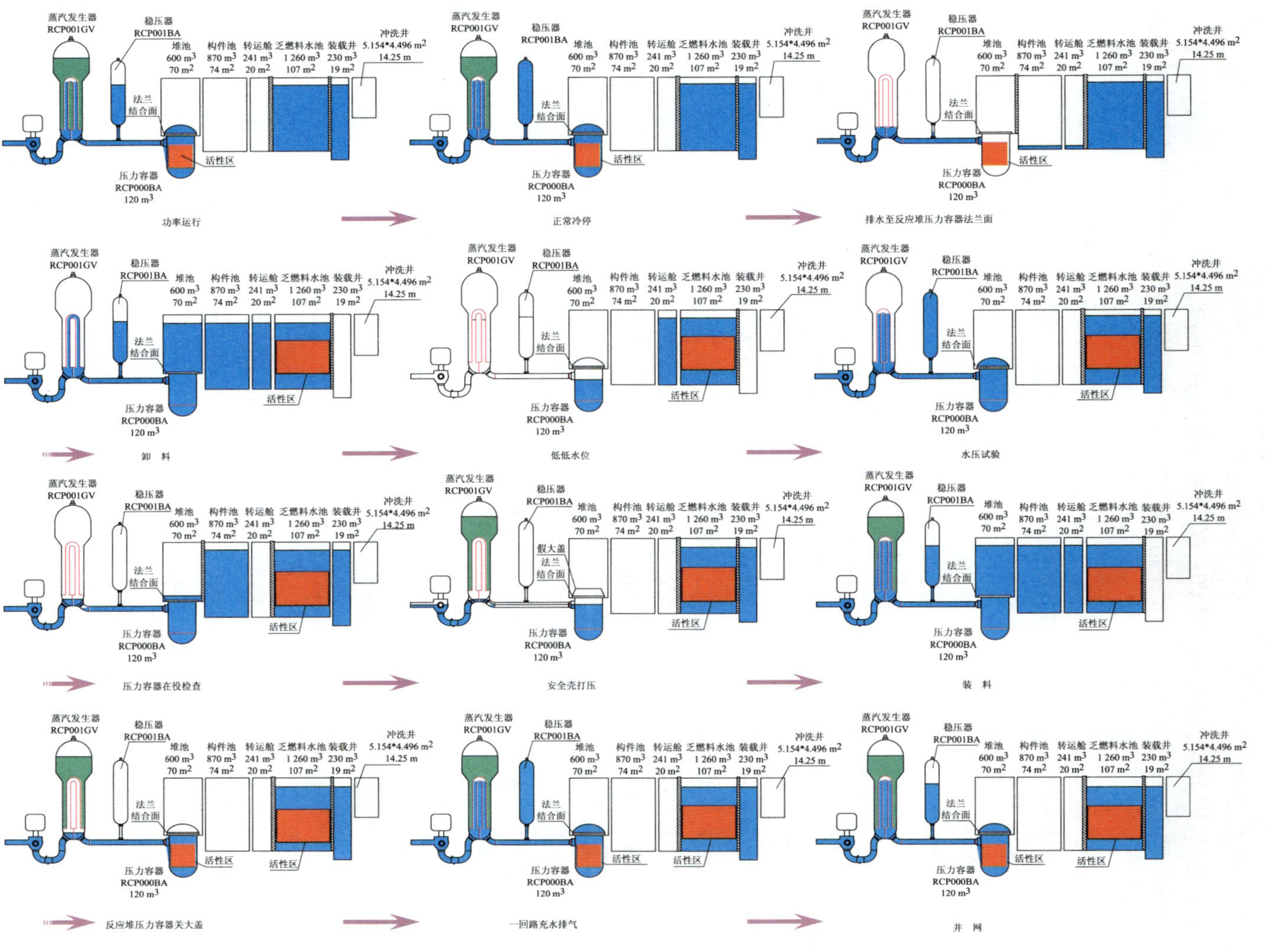

图 3-3-2 大修期间一回路水装量的变化过程

测量:装罐池水位下降至约 40 cm

(3) RCP 从 10.83 m 充水至 19.50 m(包括堆池和堆内构件池)

目的:开盖、卸料

传输途径:PTR 001 BA→PTR 002 PO→堆池及堆内构件水池

传输体积:1 495 m^3(堆池 600 m^3＋构件池 870 m^3＋稳压器 18 m^3＋蒸汽发生器 6 m^3＋波动管 1 m^3)

测量:RCP 082 LN/012 MN:堆池 19.5 m 水位对应于 RCP 012MN 为－0.6 m

PTR 018～021 MN:下降约 14 m

(4) 卸料后堆池及一回路排水至 LLL

目的:大修工作

传输途径:从 19.50 m→12 m:RCP→RRA 泵→PTR 001 BA(约 540 m^3)

从 12 m→8.90 m:RCP→PTR 002 PO→PTR 001 BA(约 160 m^3)

反应堆水池→ PTR005PO→ PTR 001 BA(约 17 m^3)

从 8.90 m→低低水位:RCP→RPE 001 PO→TEP 001 BA(约 13 m^3)

传输体积:约 730 m^3

(堆池 600 m^3＋压力容器 33 m^3＋稳压器 18 m^3＋蒸汽发生器 51 m^3＋RCP 管道 28 m^3)

测量:RCP 012 MN/081 MN/082 LN

PTR 018/019/020/021 MN:上升约 6.8 m

TEP 001 MN:上升约 1.6 m

(5) 堆池充水至 19.50 m

目的:装料

传输途径:PTR 001 BA→PTR 泵→RCP

传输体积:约 730 m^3(堆池 600 m^3＋压力容器 33 m^3＋稳压器 18 m^3＋蒸汽发生器 51 m^3＋RCP 管道 28 m^3)

测量:RCP 012 MN/082 LN

PTR 018～021 MN:下降约 6.7 m

(6) 堆池及堆内构件池排水至法兰面

目的:扣盖

传输途径:从 19.50 m→13.5 m:RCP→RRA 泵→PTR 001 BA(SG 与 PZR 将析出 40 m^3水)

从 13.5 m→12.5 m:RCP→PTR 002 PO→PTR 001 BA

反应堆水池排水:堆池与堆内构件池→ PTR 005 PO→PTR 001 BA

(压力容器水位将被排至 11.1 m);

堆内构件池→RPE 003 BA→RPE 001 BA→TEP 001 BA

压力容器排水至 10.80 m:压力容器→RCV 030 VP→TEP 001 BA

传输体积:1 536 m^3(堆池 600 m^3＋构件池 870 m^3＋稳压器 22 m^3＋蒸汽发生器 48 m^3)

测量:RCP 012 MN/081 MN/082 LN/083 SN

PTR 018～021 MN:上升约 14 m

TEP 001 MN 上升约 0.4 m

(7) 一回路充水至满水

目的:关稳压器人孔,充水排气

传输途径:从 10.73 m→11.20 m:PTR 001 BA 重力至 RCP

从 11.60 m→13.2 m:PTR 001 BA→RIS 泵→ RCP 热段

从 13.2 m→14.5 m:PTR 001 BA→重力至安注冷段

从 14.5 m→稳压器+3.5 m:PTR 001 BA→RCV 泵→RCP

传输体积:100 m^3(稳压器 36 m^3+ 蒸汽发生器 48 m^3+ 压力容器顶盖 16 m^3)

(不包括充水排气的体积)

测量:RCP 012 MN/081 MN/082 LN

PTR 018~021 MN

(8) 传输水池排水

传输途径:传输水池→PTR 006 PO 泵→装罐池

传输水池→重力→RPE 002 PS

传输体积:230 m^3

测量:装罐池至 19.5 m

3.3.2 氢氧四步分离

为了防止氢氧混合带来的爆炸风险,在大修期间根据一回路的状态,共设置了四步运行隔离,以便将氢氧源项分开。这四步隔离的主要内容与实施时机、解除时机如表 3-3-1 所示,其主要边界如图 3-3-3 所示。

表 3-3-1 氢氧四步分离

编号	目的	实施时机	解除时机
ADO B01	隔离 RCV 002 BA 的氢气供应并将 TEP 001 BA 和 TEP 008 BA 分离	一回路氢含量降到 5 cm^3/kg(STP)后,根据 D21 规程的要求实施此隔离	• 机组启动到热停堆 • 各有关回路氮吹扫合格 • H_2/O_2隔离其他部分已经解除 • 根据 D32 规程要求解除
ADO B02	将 1 RPE 与 2 RPE 含氢废气管线分离,并将大修机组 RPE 废气导向 DVW	• H_2/O_2隔离第一部分已实施 • 有关回路:RCP 002 BA、PZR 环管、RPE 001 BA、RCV 002 BA、TEP 001 BA 以及 TEP 001 DZ 氮吹扫已完成且氢含量已达到标准(≤2%) • 根据 D23 规程的要求进行隔离,并且必须在一回路开始注 H_2O_2 以前完成	• 机组启动到热停堆 • H_2/O_2隔离第三部分已解除 • RCP 002 BA、RCV 002 BA、RPE 001 BA、TEP 008 BA 和 TEP 002 DZ 氧含量已<4% • 根据 D32 规程解除此隔离,并同时实施运行隔离 ADO B06
ADO B03	隔离 1RX 厂房和 RCV002BA 的氮气供应	在 TSD001RCV 实施完毕,容控箱充入空气后根据 D23 规程的要求实施	在一回路处于冷停堆时在对中压安注罐充压以及对 RCP002BA、RPE001BA 和 RCV002BA 进行氮吹扫前,根据 D30 规程的要求解除
ADO B04	切断大修机组 TEP 的氮气供应并将其头箱的排气导向 DVN	两台主泵都停运后,根据 D23 规程的要求实施	当 RCP 到达化学平台前根据 D31 规程的要求解除此隔离以便对大修机组的 TEP 头箱与除气器进行氮吹扫

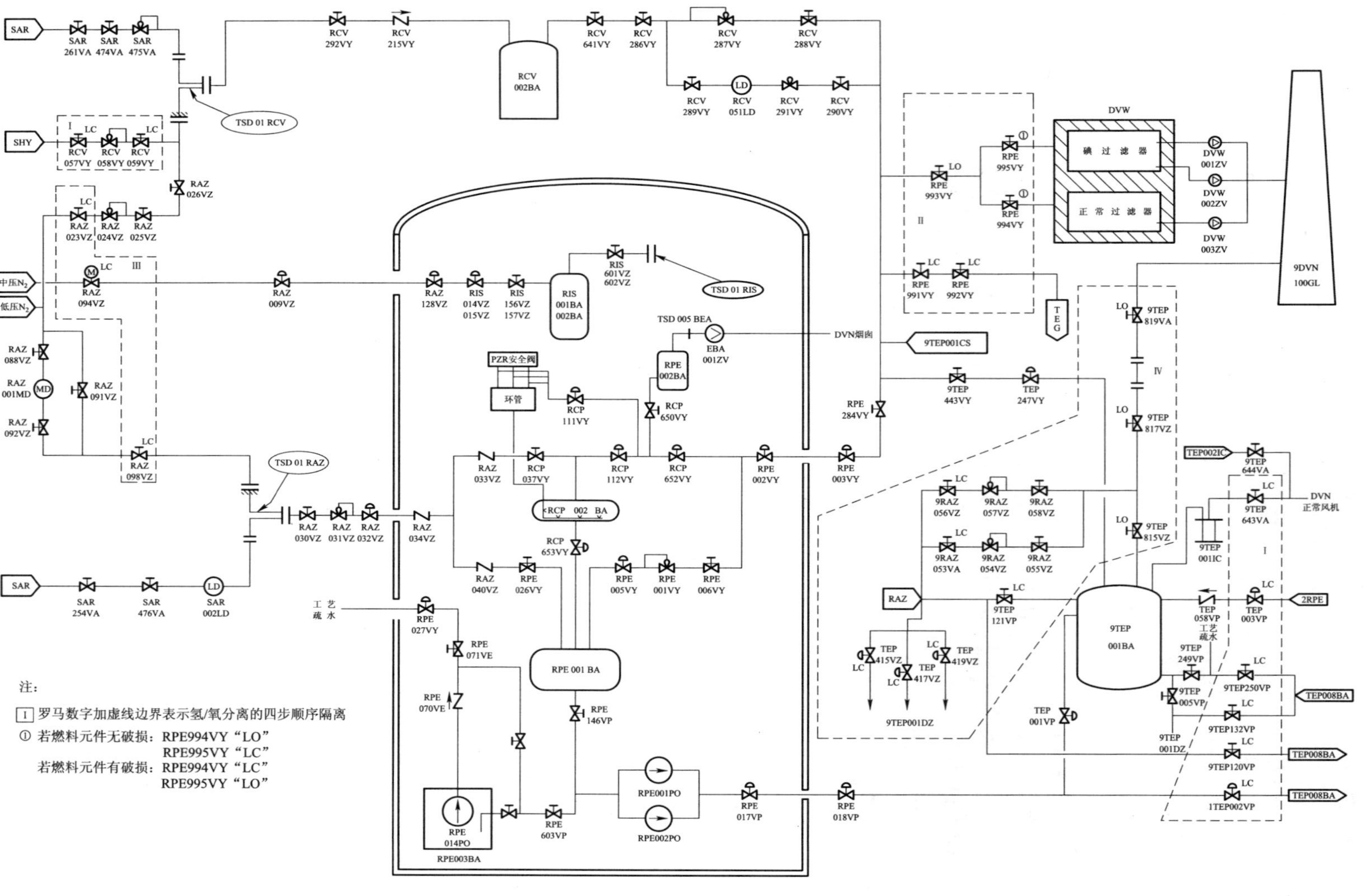

注：

I 罗马数字加虚线边界表示氢/氧分离的四步顺序隔离

① 若燃料元件无破损：RPE994VY “LO”
RPE995VY “LC”

若燃料元件有破损：RPE994VY “LC”
RPE995VY “LO”

图 3-3-3 氢氧四步分离边界示意图

氢氧分离过程中有以下几点需要注意：

• 在大修开始前需要进行稳压器汽相的吹扫，这种吹扫有两个目的，一是在燃料包壳破裂后，^{133}Xe 和^{131}I 超标的情况下，通过吹扫降低一回路的放射性水平，这一吹扫应当在大修前一周开始，并尽量连续进行，汽相吹扫的第二个目的是降低稳压器内的氢气含量，防止稳压器汽腔灭除后一回路氧含量回升到要求值以上，显然为了这个目的的吹扫必须在容控箱氮气覆盖后才能进行，否则不可能降低稳压器内的氢含量。

• 如果机组运行时燃料元件包壳无破损，则在实施 ADO B02 过程中将一回路废气排向 DVW 系统的“Y”管线，否则应当排向“X”管线。

• 在机组启动过程中，由于 ADO B02 在热停堆下才会解除，因此对于在启动过程中各容器的氮气吹扫不会产生含氢废气，为了减少吹扫产生的废水量，吹扫过程中不必提升各容器的水位，直接利用氮气吹扫即可，如果顾及到氮气消耗带来的经济损失，可利用憋压置换的方法进行吹扫。

3.3.3 一回路四步硼化

为了减少可复用放射性废水的产生量，根据机组的安全要求和状态变化，在停堆大修期间需要对一回路进行 4 次硼化操作，以使一回路的硼浓度达到大于 2 100 ppm 的水平：

• 第一次硼化操作在热停堆下进行，以使一回路硼浓度达到正常冷停堆要求值。

• 第二次硼化过程在降温期间进行，利用 7 000 ppm 的硼溶液补偿一回路的收缩。从热停堆降温到 170 ℃时一回路大约需要补水 34 m^3。由于有 TEP 头箱作为缓冲罐，因此在降温时即以硼化方式打入一回路，最终硼浓度约 1 900 ppm。值得注意的是在硼化与降温降压过程中必须调整除气流量和硼化流量，防止容控箱满溢。

• 第三次硼化在稳压器灭汽腔时进行，将 13 000 ppm 回路的浓硼酸打入一回路，操作完毕后一回路硼浓度将上升 200 ppm 左右，RIS 021 BA 回路硼浓度约 3 200 ppm。

• 第四次硼化操作，在灭汽腔后将一回路硼浓度调整到 2 100 ppm 以上。

寿期末一回路从功率运行状态硼化到 2 100 ppm 过程中总的硼化量约 55 m^3。而对于硼酸罐的装量技术规格书中只在热停堆以上和正常冷停堆以下的状态才有要求。为实现四次硼化后 REA 在线方式与硼化能力满足技术规范的要求，硼化过程中 REA 硼酸罐的在线过程按照下列次序进行：

• 在机组解列前 12 h 将在线硼酸罐切至 REA 004 BA，并保持 REA 003 BA 在满液位状态。

• 当机组稳定在热停堆后，即通过完成第一步硼化，硼化量约 17.5 m^3。硼化结束后 REA 罐切至 REA 003 BA，由 REA003BA 完成第二步硼化。

• 在机组状态达到正常冷停堆前再切回 004BA，并最终在线为 REA003PO 从 PTR001BA 吸水，REA004PO 从 REA004BA 吸硼的在线方式。

3.3.4 一回路净化

为了降低大修期间工作场所的剂量率水平，从停堆前开始执行一系列一回路净化措施是至关重要的。良好的净化效率，将有力地保证大修步骤的顺利进展。

3.3.4.1 停堆前的净化措施

在停堆前，需要进行以下净化操作：

• 停堆前两周，投运 RCV 第二个下泄孔板以提高净化效率，并验证 RCV 除盐床的效率。注意在验证除盐床效率过程中，如果在役除盐床效率满足要求，则不用进行备用除盐床的效率检查。在必须验证备用床的效率时，必须按照 FRCV006 规程的要求进行，防止其析硼造成一回路被硼化。

• 如果燃料棒发生破损时，则在停堆前三天开始利用 REN 取样管线连接稳压器汽侧与另一机组的 TEP 头箱，排出聚集在稳压器汽侧的放射性气体，从而降低在一回路水中放射性的含量。在吹扫过程中应当投入所有稳压器加热器以加大喷淋，提高除气效果。

• 停堆前三天，重新验证 RCV 除盐床的效率，并将 RCV 002 BA 氢气覆盖切换至氮气覆盖。

• 停堆前 36 h，开始对 RCV 002 BA 进行 N_2吹扫，去除其中的氢气和放射性气体。

3.3.4.2 停堆后的净化措施

• 保持稳压器汽侧扫气，以置换稳压器内的氢气，这一操作在稳压器灭汽腔前结束。

• 投运 TEP 除气器对主回路水进行除气，这一操作在稳压器灭汽腔前结束。

• 保持最大下泄流量直到氧化运行前：在一回路平均温度降低到 120 ℃，完成 RCV 002 BA 最后一次吹扫后，下泄流量降到 6 m^3/h 左右，以防止氢气在容控箱内的大量积聚。当一回路平均温度达到 80 ℃，双氧水注入一回路后，应当尽快将下泄流量调整到最大。在随后的机组状态变化过程中，应继续保持一回路水的最大流量净化。在 101 大修期间，双氧水注入主系统后，RCV 净化流量没有及时增至最大，仅维持在 6～8 m^3/h，从而使得一回路放射性的下降速率缓慢。而且在 RCP 卸压后，有段时间（4 月 7～8 日）一回路几乎没有净化流量，对降低放射性和集体剂量带来了不利影响。

• 对容控箱进行持续的在氮气吹扫，在一回路氧化前实施 TSD001RCV，对其进行空气覆盖。当 RCP 温度降到 80 ℃时加入双氧水后以最大流量对容控箱进行空气吹扫，以加速气态腐蚀和活化产物的释放，提高净化效率。

3.3.4.3 装料前的净化说明

在 202 大修之前两台机组共六次大修过程中，几乎每次都会发生低低水位结束，反应堆水池充水后由于水质浑浊而影响装料进度的事件。经过几次大修的摸索，基本上认为可能由于以下几个方面的原因导致这一问题：

• 氧化运行不充分，在低低水位后由于一回路相关系统的管件和设备表面与空气集中接触，造成腐蚀产物的大量产生。这可能是主要原因。

• 一回路相关系统存在流动死角，导致氧化运行期间有腐蚀产物积聚的现象，系统排空后氧化产物随之从死角释放出来。

• 由于低低水位期间的焊接与打磨作业，导致粉尘进入一回路。在充水前需要对反应堆水池进行去污，这个原因的可能性不大。

针对上述原因，目前采取了以下措施：

• 增加氧化运行的加药量，增加管道表面钝化层的厚度，以减少低低水位期间的氧化腐蚀产物的产生量。

• 在低低水位期间尽可能对 PTR001BA 进行循环净化。

• 改变低低水位期间的工作安排方式，增加 ADT RRA 01 作为 ADT RCP 03 的补充主隔离，在 ADT RRA 01 以及 ADT RCV 04 解除后就对 RRA、RCV 下泄回路在线。然后在 ADT RCP 03 解除时，开始对 RRA 及下泄管线进行充水排气，充水结束保持一台 RRA 泵运行，进行 RRA 系统的净化；在一回路水位大于 10.80 m 后开启 RRA 进出口阀，关闭 PTR 系统入口阀对整个一回路进行净化。

• 在充水结束后立即投入 PTR 系统的过滤回路（PTR 005 PO），在执行 PT RRA 03 后，保持两台 RRA 泵运行。

根据 104 大修的运行经验，上述改进收到了实效。

在 104 大修前的几次大修中，PTR004PO 和反应堆水池的撇渣器回路很难投入，即使虹吸能够建立，延续时间也不会很长。但是在换料冷停堆下，尤其是装料期间在反应堆水池水面上的悬浮物还是比较多的，因此必须要找出虹吸破坏的原因，保证撇渣回路按照要求运行。根据对系统的现场布置情况和运行情况的分析，从 104 大修开始撇渣回路投运过程改进如下：

• 改变撇渣器的悬浮高度。根据以往运行经验，撇渣器如果微微没入水面以下，在启动 PTR004PO 时由于软管的摆动和撇渣器吸水后倾斜等原因，会吸气进入管道中，造成虹吸无法建立。因此在安装撇渣器时要至少将其上端沿没入水面以下 5～10 cm。

• PTR004PO 的出口管线有一个倒 U 形管，这条管线无法利用 SED 水进行排气（见图 3-3-4），因此充水时首先要从 PTR005PO 处反向进行（PTR005PO 停运的情况下），然后利用 SED 水对 PTR004PO 上游管线进行充水排气操作。

• 在虹吸建立后，尽量保持 PTR004PO 在运行状态。

3.3.5 一回路氧化运行

在换料大修时，当一回路冷却剂温度小于 170 ℃后，由于氢气浓度下降和氧的逐渐进入，冷却剂由还原性环境向氧化性环境转变，在一回路金属表面将发生氧化现象，使主要集结在因科镍支架组件上的活化腐蚀产物溶入冷却剂中，这种活化腐蚀产物（尤其是^{58}Co）会使冷却剂的放射性水平处于较高的水平，从而大大增加了此时工作人员的接受剂量。

为了有效地减小停堆后腐蚀产物的释放，在停堆后引入了氧化运行工艺。也就是说在冷却剂降温过程中向一回路注入双氧水，使系统迅速达到氧化性运行环境，促使腐蚀产物提前集中释放，并且在一回路设备表面上形成新的钝化膜，以阻止腐蚀产物的进一步释放和溶解。在腐蚀性产物大量释放后，利用化学和容积控制系统的最大处理能力，快速去除腐蚀产物，使主系统的剂量尽早达到可接受的水平，这样可以大大减少换料大修期间现场工作人员的接受剂量。

3.3.5.1 氧化运行的准备

为了使氧化运行达到要求的效果，在氧化运行开始前应当完成以下准备性操作：

• 从热停堆开始对一回路开始除锂，从而在氧化运行开始前使一回路处于一个酸性的环境中：酸性条件下腐蚀产物更容易剥落，而且双氧水的氧化效果更强。

• 在稳压器灭汽腔以后，从 170 ℃平台到 80 ℃注入双氧水之间的时间间隔要尽量缩

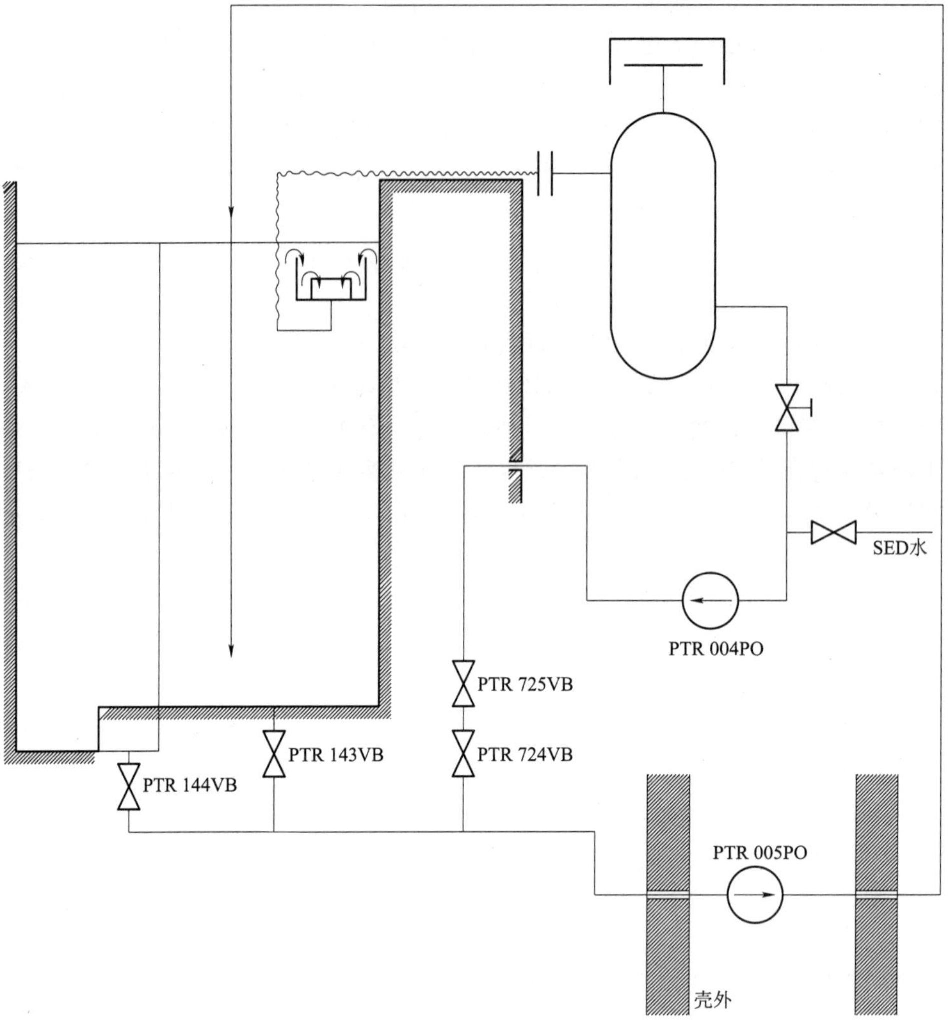

图 3-3-4 撇渣回路现场布置示意图

短，也就是说当放射化学和 H_2 指标满足后（见表 3-3-2），一回路温度将以最大降温速率（28 ℃/h）不间断地降温。这一运行要求的一个原因是当一回路温度低于 170 ℃时，系统开始由还原性环境向氧化性环境转变，为了减少在降温期间的放射性释放，从 170 ℃平台降温至注入双氧水平台（80 ℃）的时间应当尽可能短。此外以最大速率降温也是人为制造一个允许的温度瞬态，有利于腐蚀产物的剥落。

表 3-3-2 大修期间的放化要求

停堆状态	H_2 (cm^3/kg)	^{133}Xe (MBq/m^3)	^{131}I (MBq/m^3)	^{58}Co (MBq/m^3)	总 γ (MBq/m^3)
降负荷	5	<8 000	<2 000		
氧化	<3	<4 000	<4 000		
RCP 主泵停运		<1 500	<100	<50 000 Δ<25 000	<100 000 Δ<50 000

续表

停堆状态	H_2 (cm^3/kg)	^{133}Xe (MBq/m^3)	^{131}I (MBq/m^3)	^{58}Co (MBq/m^3)	总 γ (MBq/m^3)
稳压器开人孔		<1 500	<100		
反应堆水池充水前		<1 000	<50	<2 000 Δ<1 000	<4 000

注："Δ"表示建议值。

• 在一回路平均温度达到 120 ℃后，要完成容控箱的最后氮气吹扫，然后实施 TSD 001 RCV，做好利用压空吹扫的准备。在此期间，为了防止容控箱内氢气积聚，下泄流量需要降低到 6 m^3/h 左右。

• 与化学人员进行 REA 006 BA 的冲洗，并准备好双氧水。

• 90 ℃时注入双氧水至 REA 006 BA。

• 氧化运行期间进入安全壳内工作会由于放射性水平高而增加个人和集体剂量，为了减少个人剂量和集体剂量，在氧化运行开始前需要实施安注系统贯穿件密封性试验主隔离。

3.3.5.2 氧化

在氧化运行的条件达到后，由安防负责封闭相关的高放区域，运行人员继续以下操作：

• RCP 冷却剂达 80 ℃时将双氧水注入至一回路进行氧化。在一回路温度高于 80 ℃时注入双氧水，会造成双氧水的大量分解，造成溶解氧的浓度不足；而温度过低时注入，则会影响双氧水的氧化效果。因此 H_2O_2 在低于 80 ℃之前不能加入。

• 双氧水注入一回路后，以 ^{58}Co 为主体的放射性腐蚀产物迅速释放，很快达到峰值，而后由于一回路的净化迅速下降，图 3-3-5 就是某电厂 102 大修的一个实例。因此氧化运行开始后，运行人员应当尽快恢复下泄到最大流量，并逐渐调整容控箱的空气吹扫到最大流量（40 m^3/h），这样可以有效去除冷却剂中的各种形态的腐蚀产物。

• 当一回路放化指标达到表 3-3-2 的要求值以后，就可以停运主泵了。由于主泵停运后单靠 RRA 泵循环，将使得稳压器及主系统的很大一部分水得不到净化而保持较高的放射性水平上，因此主泵的停运时机是集体剂量要求和大修进度要求之间的一个平衡点。在 101 大修期间，停运主泵时 ^{58}Co 活度为 49 000 MBq/m^3，从放射性控制角度来看，主泵停运偏早。但是从推进大修进度的角度看，还算是合适的。

3.3.6 到达换料冷停堆的关键路径逻辑次序

在从正常冷停堆状态或从低低水位过渡到换料冷停堆过程中，都会由于各项工作交叉复杂而使得安全与进度的控制力降低：在卸料前开压力容器顶盖、装卸料机的演练等与运行操作交叉在一起，在装料前多个系统的在线与定期试验交叉在一起。掌控这种复杂局面的一个重要手段是熟知各种工作之间的逻辑关系，按照其内在联系逐渐展开。图 3-3-6 列出了从正常冷停堆过渡到换料冷停堆的逻辑次序，图 3-3-7 中列出了从低低水位过渡到换料冷停堆的逻辑次序。

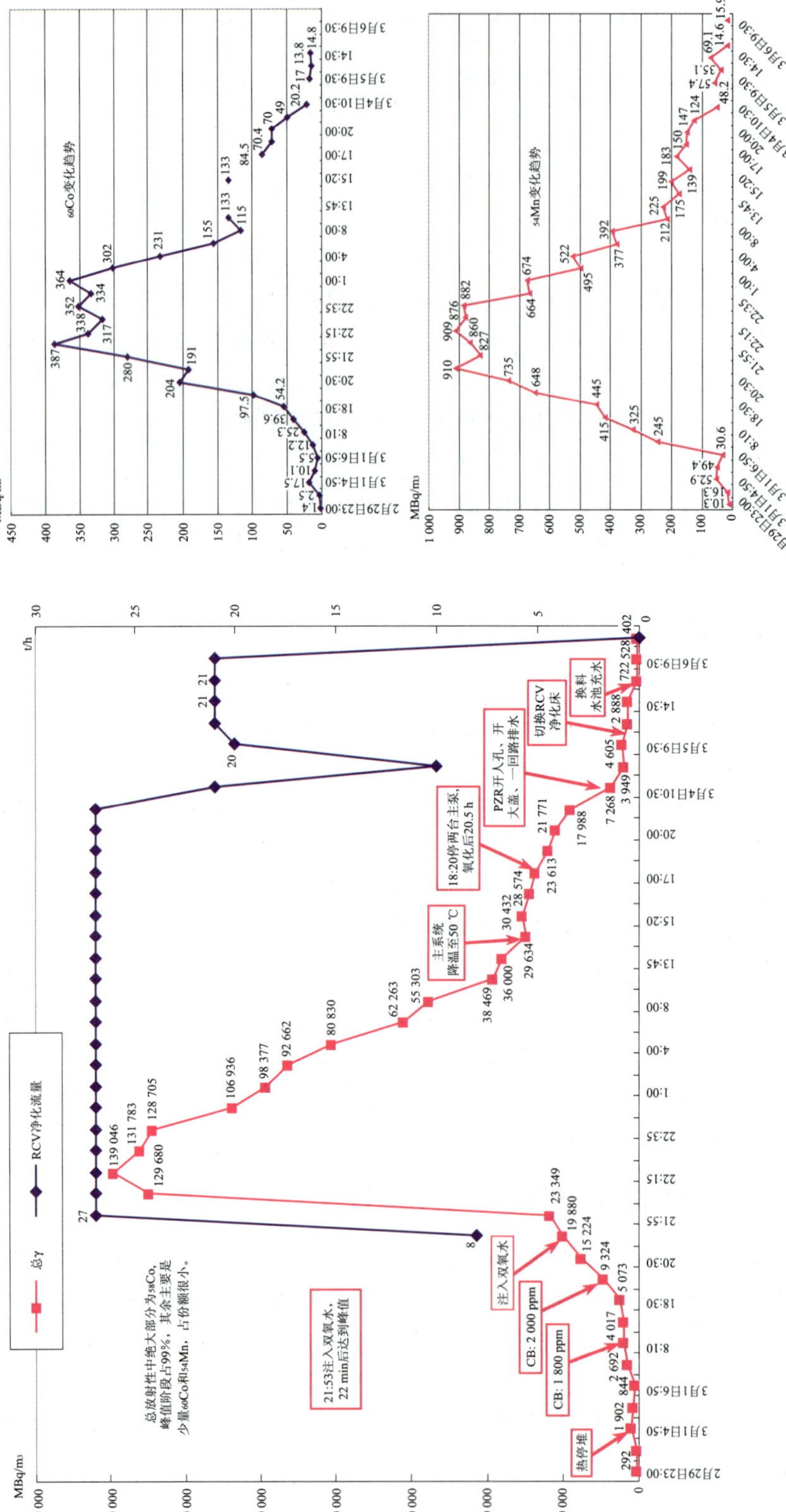

图 3-3-5 某电厂102大修氧化运行的放射性水平变化趋势

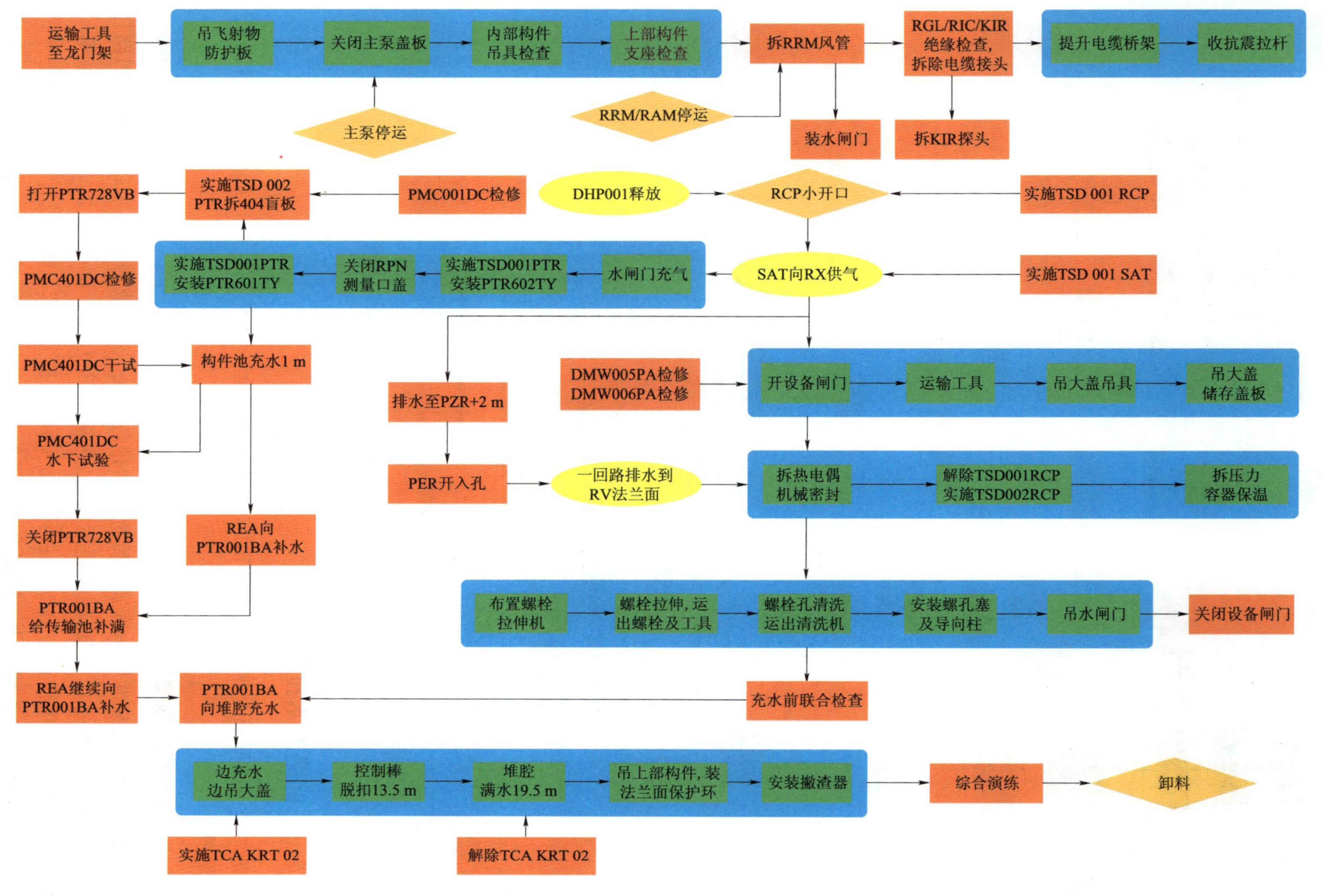

图 3-3-6 从正常冷停堆过渡到换料冷停堆的逻辑次序

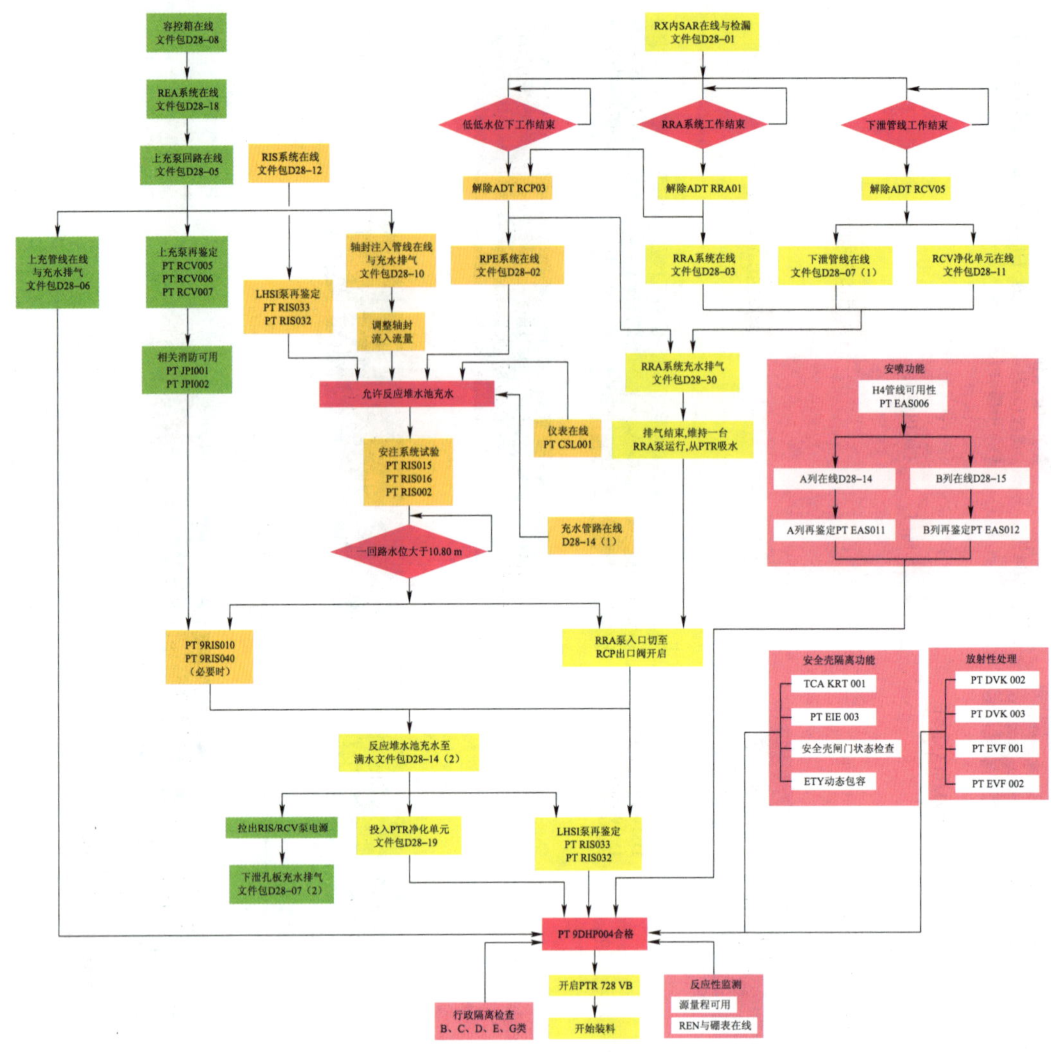

图 3-3-7 从低低水位过渡到换料冷停堆的逻辑次序

3.3.7 一回路充水排气

在大修中一回路充水排气操作耗用时间长，关键设备损坏风险大，因此应当引起我们足够的重视。

3.3.7.1 排气方法的演变

在 103 大修前，某电厂一直采用传统的动排气方法：在完成静态排气后，提升一回路压力到 25 bar，启动第一台主泵，达满速后停运，再降低压力至 3 bar。静置 3 h 后，实施第一次排气。如此反复，等执行完第二台主泵的排气后，再提升至 25 bar，进行一次二台主泵的联合排气。这种方法需要至少三次提升和降低一回路的压力，因此耗时较长，例如在 101 大修中一回路排气约耗时 34 h，102 大修由于操作经验增加以及文件准备较完善等原因，使得这一时间缩短至约 22 h，但是仍然有提升的空间。

国内某核电站从 109 大修开始引入了联合动态排气法，并成功将排气时间由原来的 50 h 左右降低至 35 h 左右（如图 3-3-8 所示）。

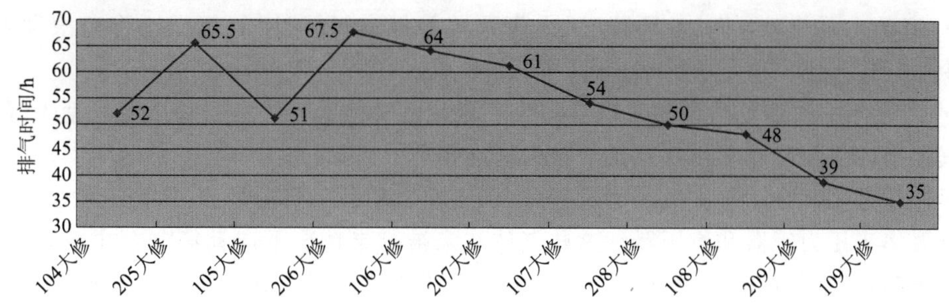

图 3-3-8　国内某核电站一回路充水排气耗时统计

一回路联合排气法的基本过程是（见图 3-3-9）：

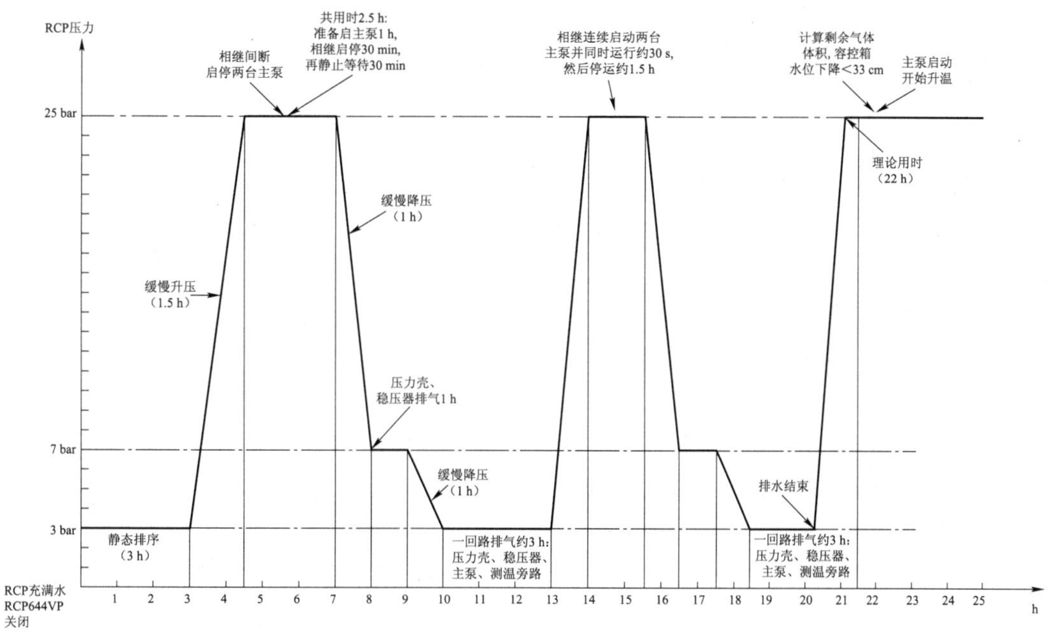

图 3-3-9　联合动态排气理论时序图

（1）静态排气结束，升压至 25 bar 后对两台主泵进行泵壳排气；

（2）启动第一台主泵，电流返回并稳定后将其停运；

（3）该泵停止惰走后进行泵壳排气，启动第二台主泵；

（4）两台主泵均启动并停运后，静止等待 30 min；

（5）降压至 7 bar，压力容器和稳压器排气，继续降低压力至 3 bar 后实施排气；

（6）两次排气后重新将压力从 3 bar 升至 27 bar；

（7）连续依次启动（即不间断）两台主泵后同时停运；

（8）按照第一次次序进行第二次联合排气。

3.3.7.2 动排气过程中的风险描述

无论是传统的排气方法还是联合动态排气方法均存在以下风险：

• 启动主泵前对泵壳、各环路、压力壳顶盖等处进行了排气，但无法将蒸汽发生器U形管中的气体排出。

• 主泵第一次启动时泵的入口会带入一定量的气体而导致一回路压力快速下降，并可能因气蚀损坏主泵叶轮和给主泵轴封带来潜在损坏。

另外在采用联合动态排气法的过程中，由于在启动第一台主泵后，从蒸汽发生器排出的气体会聚集于压力容器和稳压器。这些气体在未被排走情况下启动第二台主泵，一回路压力可能下降较多，并可能对主泵轴封造成更严重的威胁。因此联合排气过程中需要遵守以下要求：

• 进行充分的静态排气，压力容器和稳压器排气时应尽可能维持高一点的压力（约3.5 bar）；

• 每次启主泵前应将一回路压力整定在27 bar，上充流量保持在20 m^3/h左右，这样主泵启动时若一回路压力下降，RCV013VP自动关小的裕度大，可以减少一回路的力的下降程度。在104大修中，启动第一台主泵后一回路压力下降到2.0 MPa，启动第二台主泵后一回路压力下降到1.99 MPa；

• 启泵前（27 bar时）必须对两台主泵泵壳进行排气；

• 两次启泵时间间隔至少15 min，以便前一台泵已停止惰走，否则前一台泵将吸入另外一台蒸汽发生器刚排出的气体；

• 降低压力至7 bar时先对压力容器和稳压器进行排气。

3.3.8 稳压器建汽腔

3.3.8.1 建汽腔的条件

根据技术规范的要求，一回路平均温度高于120 ℃才可以建汽腔，以防止稳压器波动管热应力过大。此外，在过渡至双相中间停堆前还应满足以下条件：

• 对应TEP头箱的可用容积应大于35 m^3，以容纳稳压器排出的液体；

• 对应TEP除气器应可用；

• PT9 DHP 008已执行且合格。

3.3.8.2 建汽腔的主要操作

• 在一回路升温的同时，投入稳压器电加热器，并关闭喷淋阀，以使稳压器独立升温（温升速率小于56 ℃/h）。

• 调整上充流量至6 m^3/h左右，相应的下泄流量将自动稳定在10 m^3/h左右，以便汽腔建立时有足够的排出容量（如图3-3-10所示）。

3.3.8.3 汽腔形成过程中的主要现象

• 在建立汽腔前，由于热水位于稳压器顶部，因此稳压器液相温度将低于汽相温度。当开始建汽腔后，由于电加热器的加热及稳压器内对流导致热水上升的时间差，液相温度将比汽相温度高5 ℃左右（如图3-3-11所示）。

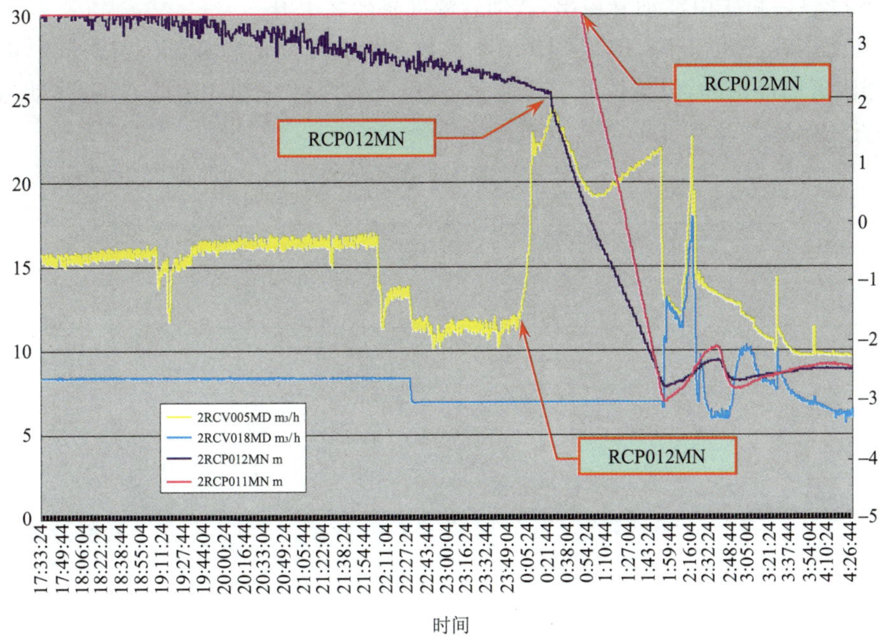

图 3-3-10　建汽腔过程中的水位变化

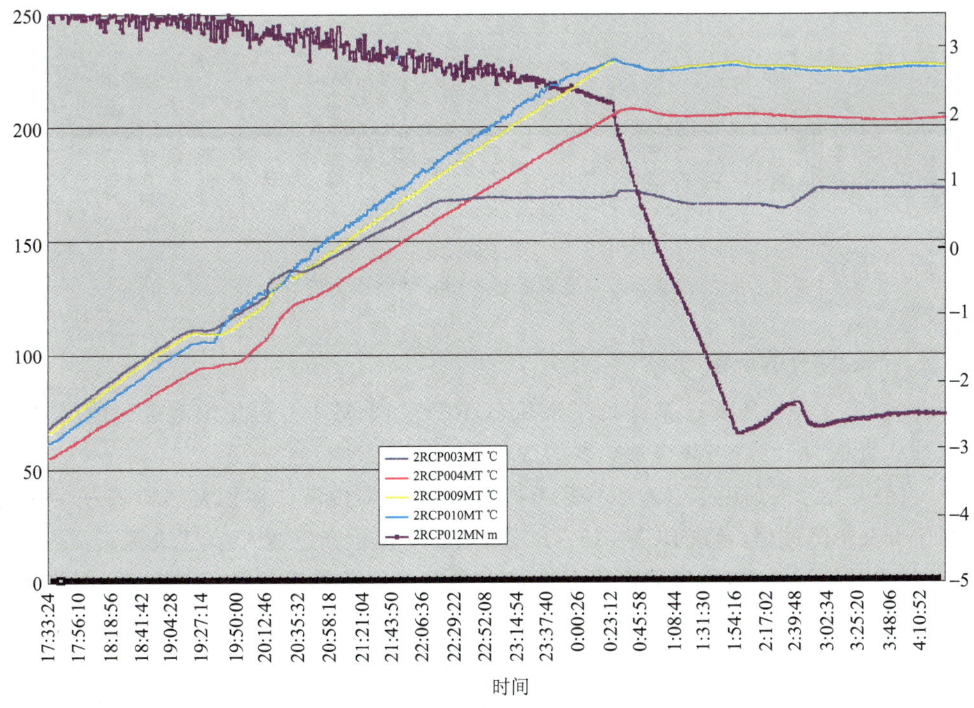

图 3-3-11　建汽腔过程中各点的温度变化

• 尽管喷淋阀全关，但由于限位挡块的作用，仍有一定喷淋流量进入稳压器。这一流量与电加热器全投入后的共同作用，使稳压器升温速率稳定在 27 ℃/h 左右。此外由于一回路在升温中，喷淋管温度将随一回路温度上升而上升。

• 水受热后膨胀由波动管溢出，波动管温度将随之上升。

• 水受热后，密度下降，RCP 012 MN 示数在汽腔建立前将逐渐下降。同时由于稳压器加热器附近已经饱和，但整体处于非饱和态，稳压器内存在着气泡的产生、移动与消失的过程，因此 RCP 012 MN 的读数是在波动中下降。

• 一回路压力由 RCV 013 VP 自动控制，稳定在要求值上（如图 3-3-12 所示）。

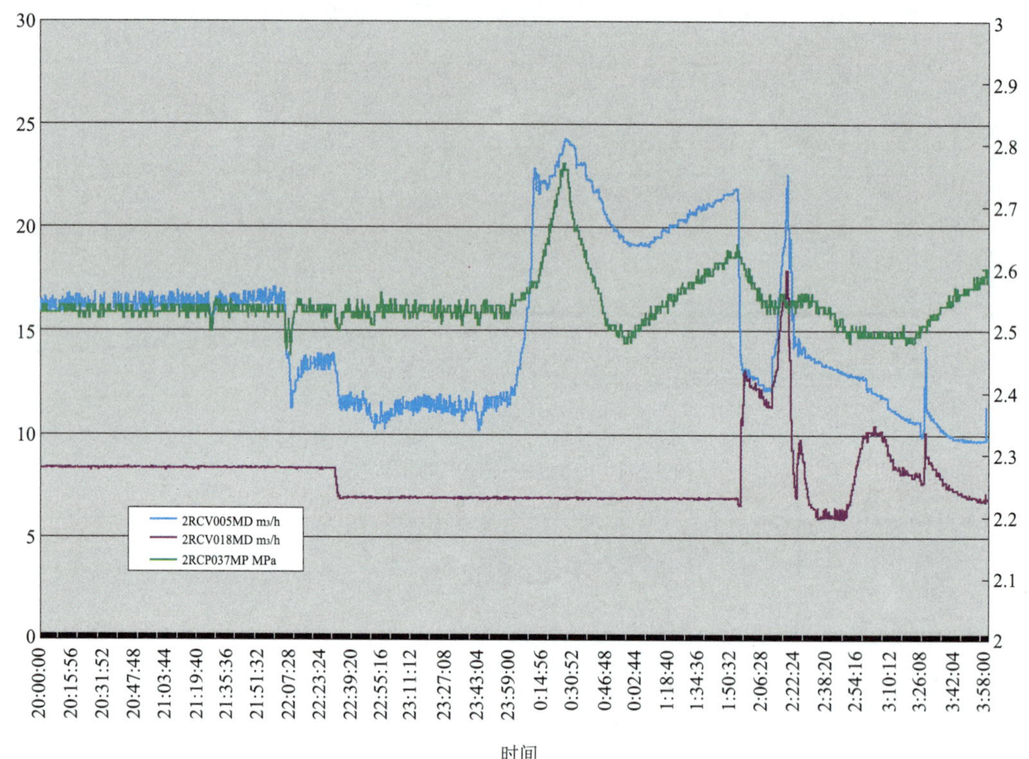

图 3-3-12 建汽腔过程中一回路压力变化

3.3.8.4 汽腔建立的现象

• 汽腔建立前稳压器已基本处于饱和态，RCP 012 MN 不再受汽泡破灭的影响，示数趋于稳定。此时，可以适当减少加热器的数目。

• 汽腔开始形成前由于汽泡增多且不再爆裂，稳压器内液体体积突然膨胀，一回路压力有轻微上升又下降过程，导致 RCV 013 VP 动作使上泄流量突然增大，与上充流量不再匹配。

• 汽腔开始形成时，稳压器汽相温度与液相温度逐渐趋于一致（对应于一回路压力的饱和温度值，2.6 MPa(g)）时该温度为 230 ℃，并停止上升，约 10 min 后，波动管温度停止上升。

• 当 RCP 012 MN 指示为 2.17 m 左右时，汽腔肯定已建立，012 MN 下降速率增快。当 RCP 012 MN 下降至约 0.44 m 时，热态标定仪表（007/8/11 MN）开始下降。

3.3.8.5 汽腔建立后的后续操作

• 稳压器汽腔建立后，应关注一回路压力变化情况，必要时减小上充或减少加热器数目来减小一回路压力的上升。防止下泄流量超过 28.6 m^3/h。注意绝对禁止利用喷淋来为一回路降压，以防止不必要的压力波动及汽腔重新被湮灭。

• 只有确信稳压器汽腔已建立后，才允许将RCV 013 VP切至RCV控制模式。切换时应先将相应调节器(RCV 408 RC)调至与RCV 004 MP示数一致后，再进行切换以防止不必要的波动。注意此时RCV 310 VP开度应保持不变。

• 在上述操作完成后，可将RCV 046 VP投入自动，注意稳压器水位定值不能低于17.6%。

• 注意RCV 013 VP在RCP控制方式下时，除非全关至很小开度，否则调节RCV 310 VP不会影响一回路压力和下泄流量，调节310 VP会使013 VP开度随之变化，RCV 013 VP在RCV控制方式下时，调节310 VP将导致下泄流量的变化。

复习思考题

1. 大修前需要做哪些准备工作?
2. 大修时氢氧置换分哪几步执行?
3. 大修期间一回路硼浓度操作有哪几步?
4. 简述停堆前后的一回路净化措施。
5. 简述一回路氧化运行的目的和操作内容。
6. 简述一回路充水排气的目的和内容。
7. 一回路水传输的基本原则有哪些?
8. 一回路水传输操作关键点有哪些?
9. 简述常规岛正常停运步骤。
10. 简述常规岛汽水油回路启动步骤。

第四章 大修主隔离

大修机组状态变化多，工作项目多，协调接口多。特别是核岛大修项目使得违反技术规范、人员伤亡和设备损坏的风险大大增加。因此必须按照技术规范的要求，合理安排检修、试验、检查等工作在合适的状态窗口下进行。大修期间，特别是低低水位期间，每天发出的工作许可证大大超过正常运行时的数量。因此，为充分保障人员和设备安全，充分保障机组大修计划的安全、可控执行，并满足进度要求，避免重复性的隔离操作，需要通过大修主隔离来确定合理的隔离次序和具体的隔离措施，优化隔离操作，以尽可能少的隔离操作，达到优化隔离操作、控制机组状态、覆盖维修活动的目的。大修主隔离相关文件是运行大修文件的重要组成部分。

4.1 大修主隔离的实施流程

4.1.1 概述

大修期间工作项目繁多，当若干个不同的工作现场有可能被一个隔离范围所覆盖时，使用主隔离方式可以简化隔离操作，避免不必要的重复，提高工作效率。此外大修主隔离还是大修计划的一个重要组成部分。尤其对于常规岛主隔离，它的实施与解除可以作为大修主线从而贯穿并总领整个常规岛的大修活动。

为区别于其他主隔离和方便使用，大修主隔离的命名统一且固定。如某电厂的大修主隔离都冠以“ADT”三字符。大修主隔离分为主隔离和补充主隔离两种类型。

关于大修主隔离的管理要求在电厂的相关管理程序中已有规定，并在本书的 2.3.2 节中进行了重点描述，在此将对大修主隔离的实施流程与注意事项进行重点的描述。

4.1.2 主隔离实施流程

每次大修前，大修组织应根据往年运行经验和具体的工作内容准备出适用于此次大修的主隔离实施框图和主隔离文件包，并将主隔离指令输入计算机辅助隔离系统的预置指令中，以供调用。大修开始后，由隔离经理根据机组状态和大修计划要求实施主隔离。大修主隔离实施后，用《隔离证书》将其确认，并由值长检查并签字批准后，存放在隔离办主隔离专用格架内。当班隔离经理调用计算机辅助隔离系统中预置的大修主隔离指令时，必须与大修组织提供的纸质隔离文件对照一致后再实施隔离，如有差异立即与大修组织进行协商，防止主隔离指令有变化时实施错误。

在主隔离下所有的工作结束后，当班值根据大修计划的安排，解除主隔离。主隔离解除过程中如无特殊说明，现场只取牌锁，无需在线。

4.1.3 大修主隔离的重点注意事项

大修主隔离的实施、解除、变更边界等环节中应遵守以下注意事项：

大修主隔离的实施和解除，按大修计划的安排执行，对大修主隔离的任何修改，必须经大修组织相关人员同意。

• 若检修工作需改变主隔离边界的完整性，该项工作原则上应由这个主隔离和与其相邻的另一个主隔离共同覆盖，或由上一级主隔离覆盖；现场的隔离标牌和挂锁取回，并将隔离标牌钉在该工作的工作票（子票）黄色单子上；隔离经理应在工作许可证上用文字说明。工作结束后，由当班隔离经理将主隔离的边界恢复。

• 某个系统或设备需要进行试验，当试验负责人管辖的边界与主隔离边界发生冲突时，由大修组织分析并删改主隔离边界。由当班隔离经理根据大修组织在试验申请票上的批示，现场解除被删改的边界，并将其隔离标牌钉在相关的试验票上。隔离经理应在试验票上用文字说明。试验结束后，由当班隔离经理将删改的主隔离边界恢复。

• 需要指出的是：不论是一回路还是二回路的主隔离，其设置时均是将进入需隔离范围的外源及内部的主要源项隔离，而并没有将隔离范围内的设备的所有源隔离，如电机的加热器电源，电动阀的电源以及气动阀的气源等原则上在主隔离中均是不隔离的，所以在准备该主隔离覆盖的子票（某项工作的工作票）时，应特别注意这一点。被隔离的设备有消防设施的，在主隔离中一并隔离，因此事先需得到消防管理部门的许可。如某电厂，主要是主泵（RCP）/上充泵（RCV）/辅助给水泵（ASG）/主给水泵（APA）等。

• 另外需注意的是：安全壳厂房外，某气动阀的压空供气隔离阀在现场没有编号的，准备隔离时可临时编号，但必须给出该压空供气隔离阀的定义。如某电厂，用 VVP 129 V * 方式来表示，但必须给出 VVP 129 V * 的定义（如××阀门的供气隔离阀等）。一般气动阀本体上的压空供气隔离阀上游有编号的供气阀，常常是向多个气动头同时供气的，因此隔离时不要轻易将其关闭。至于安全壳厂房内的气动阀则不存在这一问题，都有对应的有编号的供气阀。对于有手轮的气动阀，设置隔离措施时也可以只需将该气动阀设置为“关闭/上锁”即可，不必涉及供气阀的状态设置。解除隔离在线时，不管供气阀是否上锁，都应现场确认供气阀是否已经置于“开”位置，并将气动阀置于“中性点”位置。

4.2　核岛大修主隔离

4.2.1　核岛主隔离的设置特点

核岛大修主隔离的设置，具有严格的逻辑性，它是综合大修主线计划，主要设备的检修计划，在保证核安全的前提下制定出来的。核电厂《技术规格书》对大修机组在每一个标准状态下，要求可用的核安全相关的系统和设备及其 A 列和 B 列的配置，以及厂内和厂外电源序列的配置，都有明确的规定。如某电厂，只要堆芯有料，就必须保证上充管线、轴封注入管线、浓硼箱旁路管线（RIS029VP）中至少有两条管线可运行。一般达到维修冷停堆后，轴封注入管线便因为主泵的主隔离而隔离，因此卸料前必须确保另两条管线可用。核安全相关系统的主隔离必须与应急电源的检修相适应，即被隔离的设备必须与同期检修的应急电源属于同一列。因而核岛大修主隔离的实施，应以机组相应状态下的技术规范限制为前提，由大修运行规程引导，同时兼顾大修主线计划和主要设备的检修计划来进行。

4.2.2 核岛主隔离设置思想

核安全相关系统的检修必须要保证满足技术规范的要求，这是设置核岛主隔离所必须要满足的基本条件。同时出于合理控制大修总工期的目的，也不能将所有检修活动都放在堆芯无料期间进行。为满足这两个要求，核岛主隔离的设置思想主要可以分为以下几种情况：

(1) 绝大部分以系统的重要设备为检修对象，根据设备在系统中的功能，进行合理分割来设置各自的主隔离。例如某电厂安全注入系统(RIS)的主隔离有多个，就是根据技术规范对该系统的不同部分有着不同的要求而分别设置和实施的。以低压安注泵(A/B列)、RIS 021 BA浓硼再循环回路、中压安注箱为检修对象，分成ADT RIS 01、ADT RIS 02、ADT RIS 03和ADT RIS 04；而高压安注部分在化学和容积控制系统(RCV)中考虑，RCV系统根据泵，上充、下泄管线在技术规范中的不同要求，分为ADT RCV 01、ADT RCV 02、ADT RCV 03、ADT RCV 04和ADT RCV 05。

(2) 以整个系统内众多设备需检修来设置其单一的主隔离。如某电厂安全壳堆坑通风系统(EVC)的风机、风阀和热交换器都有检修项目时，设置主隔离ADT EVC 01，将风机电源全部隔离。

(3) 反应堆冷却剂系统(RCP)主隔离设置与上面所述有所不同，根据主泵与其他系统设备的隔离采用了两套主隔离：一是考虑到主泵上工作的特殊性，专门设置了一套主泵相关的主隔离；另一套则是根据一回路状态(水位)来设置的，一般分成三步。

(4) 安全壳贯穿件密封性试验是核电站大修工作的一个重要组成部分，验证LOCA事故工况下贯穿件的密封功能满足设计要求。安全壳贯穿件密封性试验受到技术规范的限制，而且每年要执行几十个，因此需要专门制定一个隔离窗口和隔离措施。贯穿件试验导致管线不可用，可能破坏安全壳完整性或不满足技术规范其他条款，因此不能随意隔离，有些还必须NNSA特许申请。例如某电厂LHSI管线EPP 102/104/101/207 TW和HHSI管线EPP 263/266/261/262 TW共八个贯穿件，通过逆止阀与一回路相连，只有在一回路降压前利用一回路的压力使逆止阀关闭来建立试验边界。而且要在低低水位处理不合格的逆止阀，在一回路升压后再次试验确认。这八个贯穿件试验分为四组实施，每次进行一组。LHSI管线的四个因不影响轴封可以安排在主泵停运前完成而不影响关键路径。但HHSI管线的四个因为会导致主泵轴封注入不可用，必须安排在主泵停运后，因此占用了关键路径。特别是RIS 261/262 TW的密封性试验导致一回路补水不满足三取二的要求，需NNSA特许申请。贯穿件试验一般安排在隔离阀的所有检修工作之后，将被试验的隔离阀隔离出来，建立加压边界，同时保证加压方向正确。贯穿件试验需要水源、气源，在有影响水源、气源供给的相关工作时，要注意对试验的影响，错开安排。贯穿件试验大多需要安装临时盲板，因此在试验前选择合适时机隔离安装。还要考虑当试验不满足要求时，能够安排检修窗口并重做试验。比如，调整阀门行程或密封面检修等。

在设置核岛主隔离时存在着以下的风险：

(1) 造成执行相同功能的所有设备、A列和B列相互冗余设备同时隔离。

(2) 隔离边界造成其他相关设备或系统不可用，或与机组特殊运行状态的在线矛盾。

(3) 主隔离边界设置不当，或子隔离套用主隔离不正确，造成维修工作的安全措施得不到保证。

(4) 主隔离或子隔离实施条件不满足，不符合大修机组或运行机组当前状态的要求等。

因此需要严格遵守技术规范中对设备可用性、运行限制条件以及定期试验的要求。分析在大修机组上实施的隔离对运行机组造成的影响。制定完整的隔离边界和选择合适的隔离类型(简单隔离或加强隔离)。确保主隔离覆盖的各项工作相容，决定对某个子隔离是否采取补充隔离或其他的附加安全措施。

4.2.3　核岛主隔离边界描述

核岛主隔离设置标准化并且边界相对固定，每次大修时再根据大修计划进行适当调整。下面以某电厂为例，详细描述核岛主隔离边界是如何制定出来的。

目前，某电厂核岛大修标准主隔离约 35 个(不包括贯穿件试验主隔离)，其简要情况如表 4-2-1 所示。

表 4-2-1　大修核岛主隔离一览表

序号	代码	描　述	
1	ADT APG 01	目的	将 APG001/0…02RF 隔离并排空
		允许工作	APG 系统净化单元上游的阀门、热交换器等所有检修工作
		实施时机	2 台 SG 排空后或 2 台 SG 退出运行而不需要排空时执行
		解除时机	工作完成后可以解除
		说明	疏水时注意 RPE010PS 内地坑泵的工作情况；在进行 RRI 侧疏水时主控注意 RRI 波动箱液位
2	ADT APG 02	目的	将 APG 的除盐床隔离，防止树脂损坏
		允许工作	原则上不覆盖任何工作
		实施时机	热停堆下执行，以便尽早完工等待启动
		解除时机	临界前
		说明	子票增加边界的情况下可以覆盖更换除盐床树脂及过滤器滤芯、除盐床更换滤头和阀门更换隔膜等工作。每个除盐床均单独隔离不疏水。每次只进行一个除盐床的工作，而且几项工作的释放要考虑相容性。更换树脂时因需要使用除盐水(SED)和卸树脂的阀门，故还需临时解除主隔离边界。机组刚启动时 SG 排污水较脏，为减少滤芯的更换，新过滤器滤芯在机组启动升功率至 50%后再安装，通过设置临时设施(TSD)来控制
3	ADT ARE 01 ADT ARE 02	目的	将 SG 二次侧排空后完全隔离
		允许工作	SG 二次侧在役检查、冲洗、VVP 主蒸汽隔离阀前的范围内的其他解体检修工作
		实施时机	2 台 SG 排空后执行
		解除时机	向正常冷停过渡前
		说明	隔离边界为主蒸汽隔离阀及阀前蒸汽管线、给水管线、排污管线、取样管线、加药管线。当 SG 二次侧人孔、手孔打开时，要特别关注防止因为主蒸汽隔离阀、VVP 安全阀或主给水阀门的检修而造成安全壳密封性不满足技术规范要求。当 SG 二次侧人孔同时开启时，VVP 安全阀拆卸必须有堵板

续表

序号	代码	描述	
4	ADT ASG 01 ADT ASG 02	目的	将进入 ASG 电动泵的源全部隔离，并将消防水隔离
		允许工作	ASG001/002PO 所有解体工作
		实施时机	在停堆三天后，一台蒸汽发生器排空后可以实施相应的隔离，稳压器人孔开启后排空第二台蒸汽发生器时可以隔离相应列
		解除时机	向正常冷停过渡前两台泵的再鉴定应合格
		说明	因管道无疏水点，排水由工作负责人负责；需有隔离消防系统的许可
5	ADT ASG 03 ADT ASG 04	目的	将进入 ASG 汽动泵的动力源全部切断，并将消防水隔离
		允许工作	ASG 汽动泵以及小汽轮机本体上的各项检修工作
		实施时机	在停堆三天后，一台蒸汽发生器排空后可以实施相应的隔离 稳压器人孔开启后排空第二台蒸汽发生器时可以隔离相应列
		解除时机	向正常冷停过渡前两台泵的在线要结束
		说明	因管道无疏水点，排水由工作负责人负责；需有隔离消防系统的许可
6	ADT ASG 05	目的	隔离并排空 ASG001BA
		允许工作	ASG001BA 相关阀门(水和氮气)与仪表的检修
		实施时机	稳压器人孔开启后
		解除时机	检修工作结束，最迟在向正常冷停过渡前应将 ASG001BA 充以足够多的合格除盐除氧水
		说明	排空时要先隔离氮气，防止不必要的消耗与可能造成窒息
7	ADT DVG 01	目的	将 DVG 所有风机电源隔离
		允许工作	DVG 风机、风阀、热交换器、过滤器等所有检修工作
		实施时机	RAM/ASG 停运后
		解除时机	ASG 泵启动前
		说明	热交换器只检查风侧，故冷却水不隔离
8	ADT EAS 01 ADT EAS 02	目的	EAS A(B)列的完整隔离，包括热交换器的 RRI 侧
		允许工作	EAS 泵、热交换器以及边界内的所有工作
		实施时机	在正常冷停堆允许隔离一列，由于维修冷停只能隔离 B 列，因此建议先隔离 B 列，卸料结束后隔离 A 列
		解除时机	工作完成后可以解除，装料前，要保证一列完好可用
		说明	EAS 管道排放前应先实施 TSD EAS 03(04)，用压缩空气将管道存水(每列约 10 m^3)尽可能挤压到 PTR001BA；疏水时注意 RPE010PS 内地坑泵的工作情况；热交换器的 RRI 侧的工作应尽快结束，以免对 RRI 再鉴定造成困难。在低低水位工作结束、一回路充水前，两列工作均必须结束以便再鉴定，否则 PTR 001 BA 水位将难以保证 EAS 泵再鉴定要求
9	ADT EAS 03	目的	不排碱时防止 NaOH 泄漏，排碱时覆盖相应工作，两种情况隔离边界略有不同
		允许工作	不排碱时，不覆盖检修工作，排碱时覆盖相应工作
		实施时机	正常冷停堆后
		解除时机	脱离热堆前

续表

序号	代码	描　述	
9	ADT EAS 03	说明	充排碱需要实施 TSD,将软管转接至专设管道,通过专用宝塔头与槽车相连,重力充碱,或启动 EAS 003 PO 排碱至尽可能低(泵运行声音不正常)后停泵。为防止废液处理困难,残碱不要直接疏至地坑。碱液排空后,根据检修项目可能需用 SED 冲洗以便工作。充排碱时有软管脱落喷碱的工业安全风险
10	ADT EVC 01	目的	将 EVC 所有风机电源隔离
		允许工作	覆盖 EVC 系统所有检修工作
		实施时机	控制棒全部插入堆芯、一回路降温到最低后时即可根据检修计划实施
		解除时机	检修结束后解除,在一回路升温前完成风机的再鉴定
		说明	再鉴定在整个系统检修后统一进行
11	ADT EVF 01	目的	将 EVF 所有风机和电加热器的电源隔离
		允许工作	覆盖 EVF 系统所有检修工作
		实施时机	因安全壳厂房通风需要,卸料结束后执行
		解除时机	低低水位结束后解除,在装料前完成风机的再鉴定
		说明	无
12	ADT EVR 01	目的	将 EVR 所有风机电源隔离
		允许工作	覆盖 EVR 系统所有检修工作
		实施时机	因安全壳厂房通风需要,卸料结束后执行
		解除时机	检修结束后解除,在装料前完成风机的再鉴定
		说明	再鉴定在整个系统检修后统一进行
13	ADT LHP 00	目的	将应急柴油发电机(A 列)出口开关断开、母线接地;将引入该系统的启动气源、110 V 直流励磁电源、辅机 380 V 交流电源及补水隔离;同时为防止消防系统误启动,将进入 LHP 厂房的消防水切断
		允许工作	可覆盖该系统中的各项电气和机械检修(除燃油罐、润滑油罐回路外)工作
		实施时机	机组达到换料冷停堆状态并且 RRA B 列和 LHQ 可用
		解除时机	检修后立即解除,再鉴定必须在倒列或装料前完成
		说明	检修时需要盘车,因此不隔离盘车电机电源;发电机本体的防潮加热器、控制柜加热器及照明电源未隔离,需在相关子票中隔离,并且检修工作结束后立即投运,防止发电机绝缘不合格,影响再鉴定。执行隔离时一定要与钥匙系统相接合,按顺序操作。LHP 系统排水,排油均由工作负责人负责;压空全部卸压排气
14	ADT LHQ 00	目的	将应急柴油发电机(B 列)出口开关断开、母线接地;将引入该系统的启动气源、110 V 直流励磁电源、辅机 380 V 交流电源及补水隔离;同时为防止消防系统误启动,还将进入 LHQ 厂房的消防水切断
		允许工作	可以覆盖该系统中的各项电气和机械检修(除燃油罐、润滑油罐回路外)工作
		实施时机	机组达到换料冷停堆状态并且 RRA A 列和 LHP 可用
		解除时机	检修后立即解除,再鉴定必须在倒列或装料前完成
		说明	检修时需要盘车,因此不隔离盘车电机电源;发电机本体的防潮加热器、控制柜加热器及照明电源未隔离,需在相关子票中隔离,并且检修工作结束后立即投运,防止发电机绝缘不合格,影响再鉴定。执行隔离时一定要与钥匙系统相接合,按顺序操作。排油均由工作负责人负责;压空全部卸压排气

续表

序号	代码	描述	
15	ADT LHA 01	目的	LHA 001 TB的主隔离
		允许工作	配电盘的清扫工作
		实施时机	卸料后，与ADT LHP 00同时实施
		解除时机	倒列或装料前
		说明	母线上没有地刀，需要挂接地线
16	ADT LHB 01	目的	LHB 001 TB的主隔离
		允许工作	配电盘的清扫工作
		实施时机	卸料后，与ADT LHQ 00同时实施
		解除时机	装料前
		说明	母线上没有地刀，需要挂接地线
17	ADT RCP 00	目的	将一回路两台主泵马达电源隔离并接地，将进入RCP 009 BA的补水和氮气来源、RRI冷却水隔离，以避免不必要的重复隔离
		允许工作	原则上不覆盖任何工作
		实施时机	两台主泵全部停运；稳压器人孔已打开；主泵转子准备“落座”(Back-Seat)时执行
		解除时机	主泵检修完毕，准备进行鉴定前
		说明	此隔离要与ADT RCP 11/21中的第一个要实施的主隔离一同实施；电机加热器电源没有隔离；之所以隔离主泵的RRI冷却水，主要是为了防止检修时热屏破坏，造成误稀释
18	ADT RCP 01	目的	将可能导致一回路温度上升的加热源全部切断，为机组转入维修冷停和换料冷停做准备
		允许工作	原则上不覆盖任何工作
		实施时机	控制棒全部插入堆芯、两台主泵全部停运后
		解除时机	一回路动排气前
		说明	主泵油泵和电机电加热器未隔离
19	ADT RCP 02	目的	ADT RCP 01的补充主隔离，除了技术规范及运行方式所要求的管线不隔离外，将其他与一回路相连的管线隔离
		允许工作	拆卸/回装RIC热电偶密封装置，打开/关闭稳压器人孔和压力容器大盖，PMC试验等在反应堆有料的情况下，一回路所需进行的各项工作
		实施时机	ADT RCP 001主隔离实施完毕，在稳压器人孔打开之前
		解除时机	稳压器人孔关闭后
		说明	原则上此隔离所覆盖的工作均为特殊作业(PX)；实施前要确认中压安注罐已经卸压

续表

<table>
<tr><th>序号</th><th>代码</th><th colspan="2">描　述</th></tr>
<tr><td rowspan="5">20</td><td rowspan="5">ADT RCP 03</td><td>目的</td><td>ADT RCP 02 的补充主隔离，它将主隔离第一步和第二步中未能隔离的，进入一回路的其余动力源全部切断，并排空相应的管线，为进行低低水位状态下的检修工作做准备</td></tr>
<tr><td>允许工作</td><td>此隔离允许开展在低低水位下的所有检修工作(RRA 系统除外)</td></tr>
<tr><td>实施时机</td><td>反应堆中的核燃料全部卸空，一回路排水至 8.5 m(低低水位)</td></tr>
<tr><td>解除时机</td><td>低低水位下的检修工作结束，一回路充水前</td></tr>
<tr><td>说明</td><td>大修中若 RRA 系统也需隔离排空，就将 RRA 系统和一回路一起排空，然后将 RRA 系统主隔离(ADT RRA 01)作为此隔离的补充主隔离。管线排空的建议指令应当根据检修内容确定，每次大修不一定相同。如果某处管线有检修项目，可放到子票中进行排水，以缩短本主隔离的实施时间</td></tr>
<tr><td rowspan="5">21</td><td rowspan="5">ADT RCP 11
ADT RCP 21</td><td>目的</td><td>将主泵 3 号轴封补水隔离，以避免当主泵转子脱离正常位置后从最后一道轴封水处跑水，还将相应的消防系统隔离，为主泵转子落座做准备</td></tr>
<tr><td>允许工作</td><td>只覆盖主泵转子落座和连接短轴、电气方面以及不涉及完整性的机械方面的检修工作</td></tr>
<tr><td>实施时机</td><td>两台主泵全部停运；稳压器人孔已打开；主泵转子准备“落座”</td></tr>
<tr><td>解除时机</td><td>相应的主泵转子已脱离开“Back-Seat”位置</td></tr>
<tr><td>说明</td><td>需得到隔离消防系统的许可；此隔离可以与 ADT RCP 00 一同实施；消防系统隔离需要实施 TCA，断开消防控制阀的 48 V 电源</td></tr>
<tr><td rowspan="5">22</td><td rowspan="5">ADT RCP 12
ADT RCP 22</td><td>目的</td><td>将进入主泵的三道轴封的其他水源隔离</td></tr>
<tr><td>允许工作</td><td>可覆盖在主泵三道轴封、电机、润滑油系统及轴承上的各项检修工作</td></tr>
<tr><td>实施时机</td><td>当 ADT RCP 11(21)实施完毕，主泵转子落座后或者一回路达到低低水位后才能执行本隔离</td></tr>
<tr><td>解除时机</td><td>相关检修工作完毕后</td></tr>
<tr><td>说明</td><td>— 本隔离实施后轴封注入管线不可运行。
— 主泵轴封与一回路的隔离边界“Back-Seat”不是正式的隔离设备，一回路有水时水有外泄的可能，因此此时在主泵轴封上的检修工作属于特殊作业。
— 由“Back-Seat”漏出的水通过 RPE616 - 083VP/RPE626 - 084VP 引漏，最终排向 RPE001BA。
— 主泵电加热器原则上要始终处于投运状态，在有相应工作时可以隔离(如主泵润滑油回路排油时为防止火灾将之隔离)</td></tr>
<tr><td rowspan="4">23</td><td rowspan="4">ADT RCV 01
ADT RCV 02
ADT RCV 03</td><td>目的</td><td>RCV 泵的完全隔离；相应的消防系统隔离</td></tr>
<tr><td>允许工作</td><td>RCV 泵的所有检修工作</td></tr>
<tr><td>实施时机</td><td>根据技术规范要求和大修计划实施</td></tr>
<tr><td>解除时机</td><td>低低水位后的充水前</td></tr>
</table>

续表

序号	代码	描　述	
23	ADT RCV 01 ADT RCV 02 ADT RCV 03	说明	达到正常冷停堆后要求两列上充泵或一列上充泵和另一列的REA硼酸泵可用，换料冷停堆只要求一台上充泵可运行。进行高压安注管线EPP261/262TW贯穿件密封性试验时，在两台RCV泵不能长期同时运行于小流量管线的情况下，作为特许申请在偏离期间的安全措施，要求RCV 003 PO保证上充管线运行，在两台主泵停运后保持RCV 001 PO处于停运但随时可投入运行提供轴封注入的状态，因此在结束上述贯穿件试验之前，禁止在RCV001/003PO上实施隔离，并且RCV泵和阀门的检修工期相对较长，因此达到正常冷停堆后先安排实施ADT RCV 02(RCV 002 PO)，然后在换料冷停堆时再考虑实施REA主隔离和ADT RCV 01/03(RCV 001/003 PO)。原则上不同时使两台及以上的上充泵不可用，但上充泵检修结束再鉴定合格后可能因不需运行而重新安排实施主隔离的情况除外。上充泵油回路的排油由工作负责人负责
24	ADT RCV 04	目的	将上充管线隔离
		允许工作	上充管线上的各种检修工作
		实施时机	卸料结束
		解除时机	低低水位后的充水前
		说明	只涉及安全壳内的疏水，实际疏水需要根据具体的工作点而确定。RCV 001 EX的检修工作，需要ADT RCV 04/05共同覆盖
25	ADT RCV 05	目的	将下泄管线完整隔离
		允许工作	下泄管线上的各种检修工作
		实施时机	卸料结束
		解除时机	检修工作结束后低低水位后的充水前，与ADT RRA 01同时解除与在线
		说明	由于EPP 255 TW试验要求下泄管线满水，因此下泄管线在EPP 255 TW试验后再疏水。只涉及安全壳内的疏水，实际疏水需要根据具体的工作点而确定。RCV 001 EX的检修工作，需要ADT RCV 04/05共同覆盖
26	ADT REA 03 ADT REA 04	目的	REA003/004PO的完全隔离
		允许工作	硼酸泵的所有检修工作
		实施时机	通常在换料冷停下隔离一列，卸料结束后隔离一列
		解除时机	检修完成
		说明	达到热停堆以后只需一台REA硼酸泵，但一般在换料冷停堆后与硼酸箱一道隔离。主隔离实施前可能需要进行硼酸箱倒罐，减少废物处理
27	ADT RIS 01 ADT RIS 02	目的	低压安注泵的完全隔离
		允许工作	低压安注泵的所有检修工作
		实施时机	在正常冷停堆和换料冷停堆状态下只需一列LHSI可用，但在维修冷停堆时LHSI A列必须可用。故当先检修B列时，在正常冷停堆、RIS贯穿件试验结束后即可实施ADT RIS 02，但当先检修A列时，就需要等到换料冷停堆时才能实施ADT RIS 01。而另一列低压安注泵的主隔离都必须等卸料结束后才能实施
		解除时机	检修完成
		说明	电机加热器未隔离； 泵入口隔离边界在RIS 075/085 VB

续表

序号	代码	描述	
28	ADT RIS 03	目的	将 14 000PPM 回路与安注管线隔离和冲洗后，将所有源隔离
		允许工作	RIS021BA/021PO/022PO 及回路上解体工作
		实施时机	根据大修运行规程(D22)文件包，机组第三次硼化时将 14 000 ppm 硼酸回路的浓硼水注入一回路，然后排空/冲洗，就可以实施
		解除时机	检修结束，一回路充水排气前
		说明	执行 PTRIS001 时需要使用 RIS004BA 回路 不考虑隔离回路管线上的电加热器(RRB)，因此有相关检修活动时须注意
29	ADT RIS 04	目的	将中压安注箱卸压后隔离
		允许工作	安注箱人孔开关操作；安注箱相关回路的所有检修工作
		实施时机	安注箱卸压后根据大修运行规程(D24)要求执行
		解除时机	检修结束脱离正常冷停堆前
		说明	卸压根据大修运行规程要求执行，如果没有内部检查项目，就不需要排水，排气盲板也就不用实施临时设施(TSD)来打开
30	ADT RRA 01	目的	ADT RCP 03 的补充主隔离，将 RRA 系统排空并隔离
		允许工作	允许进行 RRA 系统泵、阀门以及热交换器等的所有检修工作
		实施时机	在 RRA 系统排空后执行
		解除时机	覆盖工作结束后解除并进行在线，解除隔离操作可以比 ADT RCP 03 提前进行，以实现 RRA 系统的净化
		说明	RCP 212/215 VP 需要解体时，其存水通过 RRA 131 VP 排空
31	ADT RRI 01 ADT RRI 02	目的	将 RRI 系统 A(B)列完全隔离，包括泵的电源、补水阀等
		允许工作	RRI 一列范围内的除泵以外的解体检修工作，包括板式热交换器的冲洗、阀门解体检修等(泵的检修在日常进行)
		实施时机	换料冷停堆下执行一列隔离，在倒列后执行另外一列
		解除时机	在检修结束后倒列前解除第一列的隔离，换料冷停(装料)结束前解除第 2 列的隔离
		说明	隔离时需停运相应的 KRT 探头和相关负荷，将同列 RRA 泵冷却水切换到另外一列。根据检修范围的不同，可以采用不同建议指令进行排水。 停运列的各系统热交换器在各系统的主隔离中隔离，相关工作也由各系统的主隔离覆盖
32	ADT RRM 01	目的	将所有 RRM 风机电源隔离
		允许工作	拆卸风管(为压力容器开盖作准备)、风机、风阀、热交换器检修
		实施时机	所有棒插入堆芯后
		解除时机	控制棒线圈得电前
		说明	如热交换器只检查风侧，冷却水侧不隔离

续表

序号	代码	描述	
33	ADT SEC 01 ADT SEC 02	目的	将整个暗渠后的 SEC 一列完整隔离(泵及下游部分)
		允许工作	热交换器解体、贝类捕集器管道阀门解体,泵的检修在日常进行
		实施时机	与柴油机检修、ADT RRI 01/02 分别同步
		解除时机	工作一旦结束立刻解除
		说明	装料前保证 A 列与 LHP 可用,装料结束保证全部可运行; 贝类捕集器气源未隔离; SEC 管道高点处没有排气阀,SEC 泵坑的排水点低于海平面,排水时极易产生虹吸,导致无法疏水。因此需要采取破坏虹吸的临时措施。要控制 SEC 泵坑的疏水流量,防止泵坑排水泵(SEO)排水能力不足导致泵坑被淹
34	ADT SEC 03 ADT SEC 04	目的	将 SEC 鼓网全部隔离(鼓网及上游部分)
		允许工作	清淤泥鼓网、反冲洗回路所有检修
		实施时机	与 ADT SEC 01/02 分别同步
		解除时机	工作一旦结束立刻解除
		说明	需要落 SEC 闸板,只有在确认闸板已闸好、闸板后的海水能被抽至鼓网检修的要求液位时,才能确认主隔离的实施。闸板不能直接隔离,实际是在其卷扬机的临时插头上挂牌上锁,并在闸门井周围搭设围栏防止坠落工业安全风险
35	ADT SEC 05 ADT SEC 06	目的	作为 ADT SEC 03(04)的补充主隔离,将暗渠隔离
		允许工作	覆盖暗渠的清淤和检查工作
		实施时机	与 ADT SEC 03/04 同时实施
		解除时机	工作一旦结束立刻解除
		说明	因暗渠为两台机组共用,需要与正常运行机组协调后才能进行

4.2.3.1 反应堆冷却剂系统(RCP)三步主隔离

RCP 系统三步主隔离是根据一回路状态(水位)来设置的(见图 4-2-1):第一步主隔离为 ADT RCP 01,是将可能导致一回路温度上升的加热源全部切断,为机组进入维修冷停堆做准备;第二步隔离为 ADT RCP 02,是将与一回路相连的管线隔离(除技术规范及运行方式所要求的管线以外);第三步隔离为 ADT RCP 03,是将前两步中未能切断的源最终隔离,并将低低水位下的管线排空。ADT RCP 03 在 LL 水位时实施,而且根据检修范围的不同,排水指令可以有所不同。

由此可见,此三步主隔离与一回路的三次状态变化密切相关:ADT RCP 01 在控制棒全部插入堆芯且主泵全部停运后实施,在其他条件符合后,一回路压力即可降至常压;ADT RCP 02 在机组向维修冷停堆转变前(即稳压器人孔开启前)实施。覆盖了在堆芯卸料前需要开展的一回路相关工作,多数工作为特殊作业(PX 类工作许可证),如稳压器开人孔,压力容器开大盖等。而 ADT RCP 03 代表卸料结束、LL 水位的开始。

为了在低低水位结束时实现余热排出系统 RRA 的快速启动与净化,设置了 ADT RRA 01 作为 ADT RCP 03 的补充主隔离,将 RRA 系统隔离并排空。

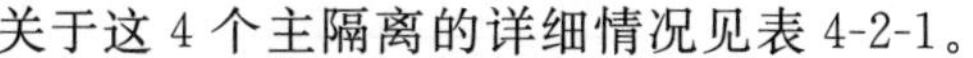

关于这 4 个主隔离的详细情况见表 4-2-1。

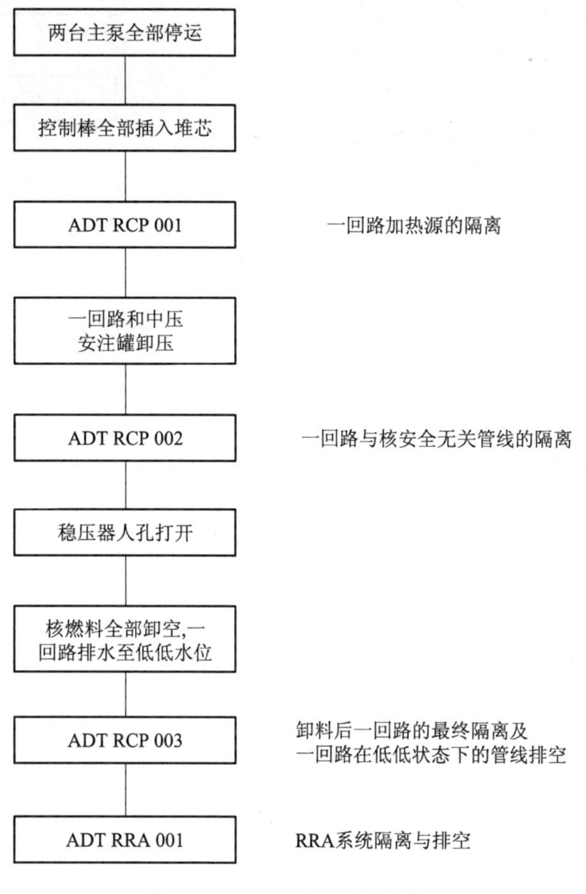

图 4-2-1 一回路三步主隔离

4.2.3.2 RCP 主泵主隔离

考虑到主泵上工作的特殊性,专门设置了一个主泵主隔离(ADT RCP 00):隔离两台主泵的电源、进入 RCP 009 BA 的补水和氮气来源、RRI 冷却水隔离。之所以隔离主泵的 RRI 冷却水,主要是为了防止检修时热屏破坏,造成误稀释。因为一般都要进行主泵的 RRI 贯穿件试验(周期 1 年),因此不排水。本主隔离不覆盖任何工作。

对应于两台主泵,在这个主隔离下又分别挂了两个补充主隔离(见图 4-2-2):ADT RCP 11、ADT RCP 21,将最后一道轴封的补水隔离并排空立管,以避免当主泵转子脱离正常位置后从最后一道轴封处跑水。还将相应的消防系统隔离(需要实施 TCA,断开消防控制阀的 48 V 电源),以完成拆卸或回装相应主泵靠背轮工作,使主泵转子与马达脱钩,放在落座位置。此主隔离可覆盖主泵“落座”、电气方面以及不涉及完整性的机械方面的检修工作。其余的主泵相关工作则均在 ADT RCP11、21 之下的补充主隔离(ADT RCP12,22)的覆盖下进行。ADT RCP12,22 在两台主泵“落座”后分别实施,将进入主泵三道轴封的其他水源隔离。主泵轴封与一回路的隔离边界是“Back-Seat”,但是“Back-Seat”不是正式的隔离设备,一回路水有外泄的可能,所以在主泵轴封上的检修工作属于特殊作业。由“Back-Seat”

漏出的水可通过 RCP 616/626 VP“引漏”，最终排向 RPE 001 BA。此隔离可以覆盖主泵三道轴封、电机、润滑油系统及轴承上的各项检修工作。

这 5 个主隔离的详细情况见表 4-2-1。

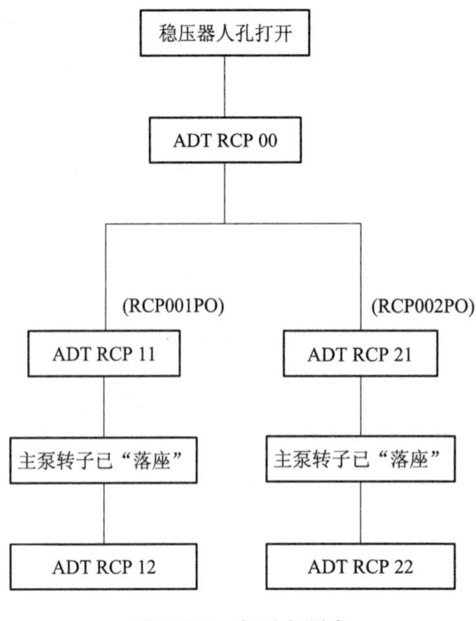

图 4-2-2 主泵主隔离

4.2.4 主隔离窗口

大修主隔离窗口是依据运行技术规范，同时还要考虑到运行的各项操作及本次大修的具体情况而制定的核安全相关系统和设备停运、隔离窗口，通常分为余热导出系统、供电电源、一回路系统、硼水补给系统、专设安全系统等 5 个部分。根据大修检修计划的不同，大修主隔离一般有 A 列先检修或 B 列先检修两种情况，图 4-2-3 中列出的是某电厂 104 大修期间 B 列先检修时主隔离的实施逻辑。

在各个窗口下的通用实施要求如下：

(1) 到达正常冷停堆时

- 允许开始 RIS 中压安注和浓硼回路检修；
- 停堆后三天内必须保证 2 台蒸汽发生器可用，相应 ASG 泵可用，停堆三天后(若要过渡到维修冷停堆则这个时间要适当延迟，延迟时间与余热衰减到 PTR 能带出的程度所需带时间相对应)可隔离一台蒸汽发生器及相应 ASG 泵；
- 一台 B 列高压安注泵 RCV002PO 可隔离检修(高压贯穿件试验要求 RCV003PO 可用)。

(2) 稳压器人孔打开后

- 最后一台蒸汽发生器隔离；
- 两台主泵隔离；
- PTR 系统 B 列开始作为 RRA 系统的备用。

(3) 到达换料冷停堆时

- 可隔离 SEC/RRI 系统一列，同时允许隔离相应一列的 LHP 或 LHQ；
- REA/EAS/LHSI/HHSI 允许隔离一列检修(与 LHP 或 LHQ 同列)；
- GEV 隔离检修。

(4) 低低水位期间

- RRA 系统隔离检修，此时 PTR 系统 B 列改为备用于 PTR 系统 A 列；
- 蒸汽发生器一次侧 U 形管 ET 检查；
- RCV 系统上充/下泄隔离检修；
- LGC/LHA 或 LGD/LHB 母线清扫。

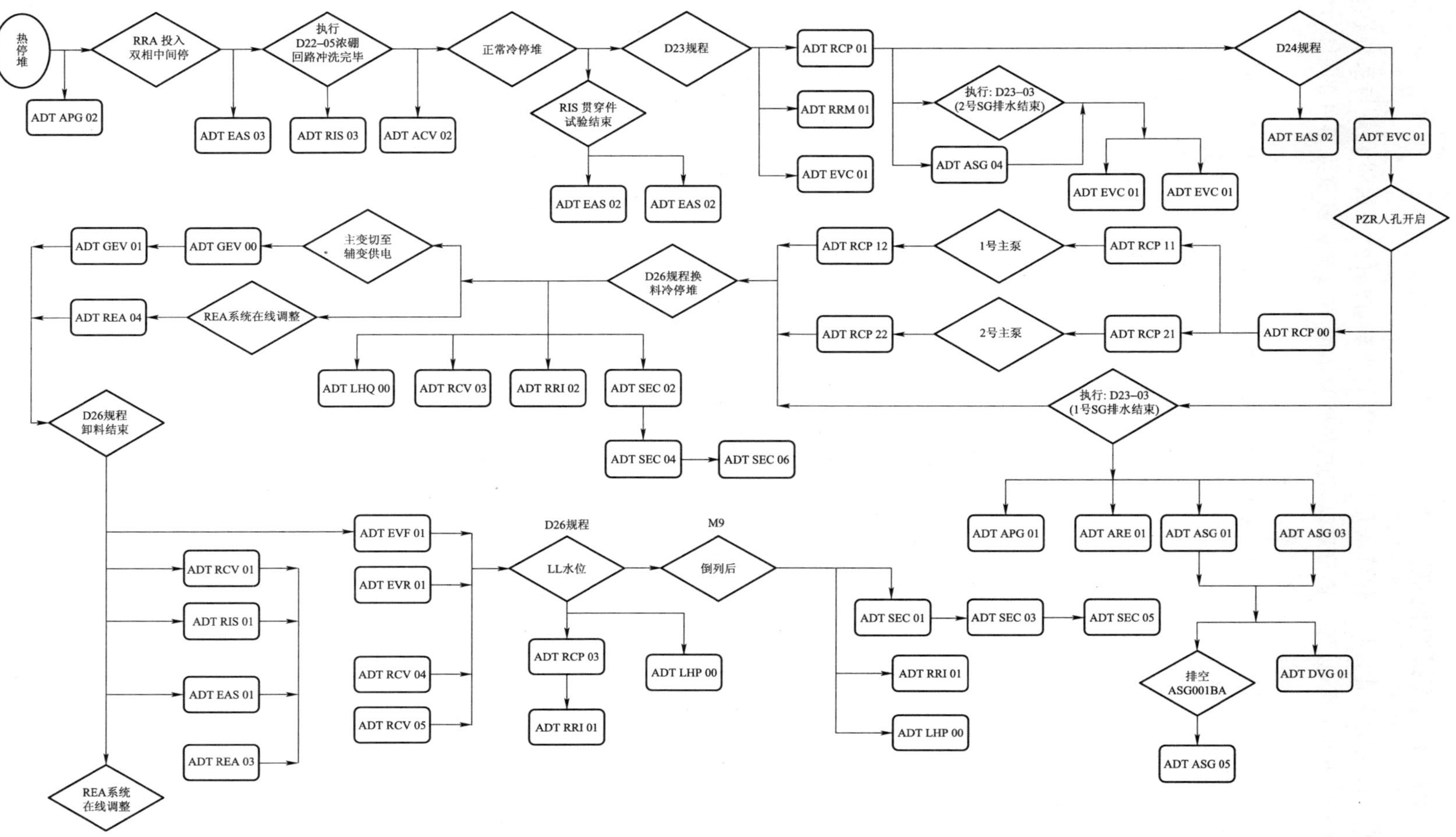

图 4-2-3　某电厂104大修期间B列先检修时主隔离的实施逻辑

4.2.5 核岛主隔离经验反馈

核岛主隔离的实施必须要保证满足技术规范的要求，同时由于相邻设备与系统在运行中，因此实施条件不当、边界设置不当以及边界临时解除不当是引发重大事件的根源，应当在大修中对这三类问题给予高度重视。

• 实施条件不当非常容易引起违反技术规范的核安全相关事故或由此引起状态恢复而导致影响大修工期的事件发生。在某电厂102大修在正常冷停堆下实施了1ADT RCV 03，由于在后续的RIS系统安全壳贯穿件试验中要用到1RCV 003 PO，因此不得不收回工作票，解除隔离，并改为实施1ADT RCV 02主隔离，从而对大修关键路径的进展和后续大修计划的有效性造成了影响。

• 边界设置不当包括两个方面，一是边界设置范围过大，影响了其他系统的正确运行，例如如果ADT RIS 01的边界由RIS 075 VB扩展到010VB，则直接会影响到REA的自动补给功能。二是主隔离覆盖子票不当，主隔离的边界无法完全覆盖子票的工作要求。例如在某电厂103大修中1RIS 129 VP的检修由主隔离1ADT RIS 02覆盖，并开启了1RIS 710 VP，结果由于1RIS 078 VP存在内漏而导致1PTR 001 BA跑水。

• 主隔离边界临时解除不当是大修期间风险最大的一类事故根源，由于大修期间不可避免地在主隔离边界上有检修工作，而且系统的状态复杂，临时解除主隔离边界时非常容易导致新边界无法有效覆盖主隔离边界上的工作造成跑水或工业安全事故。例如在某电厂101大修中由于要进行1RIS 145 VP的阀门电动头试验，解除1ADT RIS 02边界后，PTR水箱的水由1RIS 001 PO管线通过1RIS 133 VP、1RIS 145 VP和1RIS 623 VP而排到地面，造成一起跑水事件。

4.3 常规岛主隔离

常规岛的隔离不像核岛主隔离那样严格，对核安全的意义不大(输配电系统GEV的隔离除外)。更多的偏重于大修常规岛检修工作的主线管理功能和工业安全保护功能。

常规岛主隔离主要分汽、水、油、主变主隔离及三回路冷却水主隔离，主要设置思想如下：

(1) 蒸汽回路以VVP为基本主票，其余为补充主隔离，包括对一回路的热源、主蒸汽(VVP)隔离阀和发电机出口断路器以及常规岛保养用RAZ气源的隔离。

(2) 油系统补充主隔离由VVP主隔离覆盖。汽轮机润滑油系统主隔离ADT GGR 00实施后，进行管线排油，此时可开展汽轮机轴系的工作，发电机轴系需待由ADT GGR 00覆盖的汽轮机密封油系统主隔离ADT GHE 00实施后进行。

(3) 发电机励磁与电压调节系统主隔离ADT GEX 01可以覆盖GEX系统上各项电气检修工作，但若检修工作在发电机/励磁机本体上进行，就要与汽轮机密封油系统主隔离ADT GHE 00和发电机氢气供应系统主隔离ADT GRV 00以及汽轮机润滑油系统主隔离ADT GGR 00共同覆盖。

(4) 三回路冷却水主隔离分循环水系统CRF、循环水泵润滑系统CGR A及B列、辅助冷却水系统SEN及常规岛闭路冷却水系统SRI几个主隔离。海水冷却隔离以CRF与

CGR A/B 列为基础，覆盖 ADT CRF 01/02(A 列/B 列)，进一步补充主隔离 ADT CRF 03/04，为海水平面下检修工作隔离第一步，原则上仅覆盖入口闸门 CRF 01/03 BU(02/04 BU)的开启和关闭工作。ADT CRF 05/06 理论上具备覆盖检修 CRF 泵体、旋转滤网齿条，CRF A/B 列函道清洗等工作的条件。考虑到阀门、闸门的严密性及由此引起的海水倒灌的可能性，以上工作一般由 ADT CRF 05/06 与 ADT CRF 00 共同覆盖保证边界条件，需要特别说明的是由于另一机组正在运行，放闸门及关闭海水排出阀的工作，必须绝对保证间隔正确而后才能实施。CRF A/B 列水下检修隔离分两步实施的唯一目的就是强制性确定了入口闸门 CRF 01/03(02/04)BU 实施隔离及系统排水的顺序，以确保工作现场的人身及设备安全。

(5) 主变隔离分两步进行，实施隔离前要将厂用电由主变 TS 切换至辅变 TA(9LGR)并确保供电。第一步隔离实施后，退出发电机定子接地保护，在发电机出口断路器上下游挂接临时地线，然后再实施第二步隔离。GEV 主隔离分两步实施的唯一目的是强制性确定了发电机出口断路器(GSY 001 JA)上/下游分相母线接地线及其顺序。

(6) 对于核岛和常规岛气动头的隔膜更换工作，隔离办实施隔离时不要将其供气隔离阀置于“LC(关闭/上锁)”状态而是置于“C(关闭)”状态，这样可避免更换隔膜后需将隔离工作许可证 PW 票转成试验工作许可证 PT 票带来的繁琐，这一点应向工作负责人申明。

(7) 常规岛闭路冷却水系统 SRI 的主隔离，各系统热交换器考虑在相关系统中隔离，SRI 停运隔离后，可以打开系统管线上的疏水阀并保持开启状态，如果各个用户热交换器无法排水检修，则可以短时间打开隔离阀排水，但必须跟踪监视排水状况，并及时关闭，恢复隔离。

根据以上原则，某电厂共设置常规岛标准主隔离 27 个。表 4-3-1 中列出了常规岛大修主隔离清单，图 4-3-1 中为常规岛主隔离实施逻辑图。

表 4-3-1　常规岛大修主隔离清单

序号	代码	描述	
1	ADT AGM 01 ADT AGM 02 ADT AGM 03	目的	ADT APA 01/02/03 的补充主隔离将相应主给水泵的辅助油泵电源、SRI 冷却水和消防水隔离
		允许工作	油回路的检修工作，主给水泵的解体等
		实施时机	给水循环冷却结束后与主给水泵的主隔离一同实施
		解除时机	检修工作结束，APA 泵电机再鉴定前
		说明	润滑油与工作油的疏排由工作负责人负责；SRI 供应的冷却器在隔离阀下游无疏水阀门，由工作负责人处理；实施此隔离之前，需得到消防管理部门对隔离消防系统的许可
2	ADT APA 01 ADT APA 02 ADT APA 03	目的	此隔离是 ADT ARE 00 的补充主隔离，它将电动给水泵的电源和冷却水隔离
		允许工作	此隔离可以覆盖本系统内电动给水泵电机、泵体、滤网和阀门等各项检修工作
		实施时机	给水循环冷却结束，ADT ARE 00 主隔离实施后实施
		解除时机	检修工作结束

续表

<table>
<tr><th>序号</th><th>代码</th><th colspan="2">描　述</th></tr>
<tr><td>2</td><td>ADT APA 01
ADT APA 02
ADT APA 03</td><td>说明</td><td>— 此隔离不能独立覆盖 APA101/103VL/201/203VL/301/303VL 的阀门本体解体检修，要与 ADT ARE 00 补充主隔离共同覆盖；
— 小流量控制阀 APA106VL/APA206VL/APA306VL 的压空气源未断；
— 电机加热器电源未隔离；
— APA 001 AR/APA 002 AR/APA 003 AR 是小流量控制阀 APA 106 VL/APA 206 VL/APA 306 VL 的就地控制箱，供电由 KCO 050 AR－19 JA 、KCO 050 AR － 20 JA、KCO 051 AR－18 JA 供给。APA 102 AR/APA 202 AR/APA 302 AR 是给水泵液力耦合器执行机构的就地控制箱，供电由 KCO 050 AR－17 JA/KCO 050 AR－18 JA/KCO 051 AR－17 JA 供给。以上供电全部是 220 V 交流电，在电气厂房(LX)的 KCO 柜上，未断电；
— APA010AR/APA011AR/APA012AR 分别由 KCO050AR － 25JA/KCO 050AR－26JA/KCO051AR－26JA 供电，用于主给水泵 A/B/C 的信号转换器用电。仪控人员可能要进行试验，因此 APA010AR/011AR/012AR 需保持供电，在主给水泵解体时需拆除仪表探头，到时注意断电。以上供电全部是 220 V 交流电</td></tr>
<tr><td rowspan="5">3</td><td rowspan="5">ADT ARE 00</td><td>目的</td><td>ADT VVP 00 主隔离覆盖下的补充主隔离，它将进入给水回热系统的动力源切断</td></tr>
<tr><td>允许工作</td><td>此隔离覆盖了由除氧器水位调节阀后隔离阀/旁路阀 CEX024VL/025VL/040VL 至 ARE 给水调节阀前隔离阀范围内的水回路各项工作</td></tr>
<tr><td>实施时机</td><td>VVP 主隔离实施，给水系统汽/水排放(大修运行规程 D21A)结束，就可以实施此隔离</td></tr>
<tr><td>解除时机</td><td>覆盖的检修工作结束，二回路开始进水前</td></tr>
<tr><td>说明</td><td>— 除了隔离边界，所有电动/气动阀门的电源/气源均未隔离；
— 系统内电动阀门的供电由 KCO060～KCO095AR 供应。气动控制阀的 110 V 电磁阀电源由 KCO084/085/086AR 供应；
— 给水系统加药管线的隔离采用隔离加药泵电源兼建议关闭加药阀门的方式；
— 对于加热器汽侧的工作，直接由 VVP 主隔离覆盖；
— 考虑进入除氧器的工作的工业安全风险，所以进入除氧器内部的工作为“特殊作业”；
— 因 ARE 给水阀门可能影响安全壳密封性，因此由核岛主隔离控制</td></tr>
<tr><td rowspan="4">4</td><td rowspan="4">ADT ATE 00</td><td>目的</td><td>ADT VVP 00 主隔离覆盖下的补充主隔离，它将进入 ATE 系统的其他动力源切断</td></tr>
<tr><td>允许工作</td><td>可以覆盖包括 ATE037VL 和 ATE001VL 之间 ATE 系统上的各项检修工作</td></tr>
<tr><td>实施时机</td><td>在 VVP 主隔离实施之后，SG 不再使用 ARE 给水，即可实施 ATE 系统的停运隔离，考虑 ATE 系统停运和再启动的时间窗口与 CEX 有较大出入，所以把 ATE 单独隔离</td></tr>
<tr><td>解除时机</td><td>覆盖的检修工作结束</td></tr>
</table>

续表

序号	代码	描述	
4	ADT ATE 00	说明	— 根据实际情况也可以作为一个独立主隔离； — 由于正常运行期间 ATE 系统可以停运，考虑到大修期间工作的复杂性，对于除盐床回路和后续的再生辅助系统的检修工作，建议在日常或予大修期间进行，在本隔离中建议只进行必须要在大修期间进行的检修工作； — ATE 系统内部的泵由 ACW/ACY 供电，有检修工作时单独隔离； — 此隔离未对进入 ATE 的气动阀气源(SAR)进行隔离，若检修相关的阀门，须在相应的子票加入所涉及的 SAR 源的隔离； — 除盐床的检修需注意，不能将水排空让树脂长时间暴露，防止失效； — 消防系统的隔离需要征得消防管理部门的同意
5	ADT CET 00	目的	ADT VVP 00 主隔离覆盖下的补充主隔离，它将进入 CET 系统的其他动力源切断
		允许工作	此隔离可以覆盖 CET 系统内的各项检修工作
		实施时机	在二回路循环冷却完成后实施，真空已破坏，连续盘车已停运
		解除时机	覆盖的检修工作结束
		说明	— 此隔离不能独立覆盖 CET 001 CS 内部的检修工作，其水侧的工作要与 ADT CEX 00 共同覆盖； — 此隔离未对进入 CET 的气动阀气源(SAR)进行隔离，若检修相关的阀门，须在相应的子票加入所涉及的 SAR 源的隔离
6	ADT CEX 00	目的	ADT VVP 00 覆盖下的补充主隔离，将进入凝汽器的其他动力源切断
		允许工作	此隔离可以覆盖包括凝结器汽侧、汽轮机低压排汽缸、凝结器热井以及凝结泵出口至除氧器水位调节阀后隔离阀/旁路阀 CEX 025/024/040 VL 上游管线上的各项检修工作，还可以包括 CAR/GCT - C 系统上的各种工作
		实施时机	二回路循环冷却和汽/水排放全部结束，盘车停运后，实施此隔离
		解除时机	覆盖的检修工作结束，凝汽器进水前
		说明	— 除了隔离边界，所有电动/气动阀门的电源/气源均未隔离； — 电动阀门的供电由 KCO 60～95 AR 供应，气动阀门的电磁阀由 KCO 84/85/86 AR 供应 110 V 电源
7	ADT CEX 01 ADT CEX 02 ADT CEX 03	目的	ADT CEX 00 主隔离覆盖下的补充主隔离，将相应凝结水泵的电源和电机冷却水隔离
		允许工作	此隔离可以覆盖凝结泵本体的各项检修工作
		实施时机	ADT CEX 00 实施后，就可以实施此隔离
		解除时机	覆盖的检修工作结束，凝汽器进水前
		说明	电机加热器电源未隔离
8	ADT CGR 01 ADT CGR 02	目的	将相应循环水泵 CRF001/002PO 的动力电源、冷却水、润滑油回路以及与另外一台循泵之间的接口管线隔离，马达接地
		允许工作	此隔离可以覆盖循环水泵电机 CRF 001(002) MO 和 CGR A(B)系列上的各项检修工作，以及 CEX 凝结器 A(B)列海水水室上的各项工作
		实施时机	相应的循泵停运后
		解除时机	检修工作结束

续表

序号	代码	描述	
8	ADT CGR 01 ADT CGR 02	说明	— CRF 001(002) MO的马达加热器电源没有隔离;其与CGR001/003/005/007 RS(002/004/006/008 RS)及SEC泵/JPP泵的电机加热器一起由CRF 010/011 CR供电,需要时在单独的票上隔离。CRF 010/011 CR由LKH 5-CA/5-CC供电; — 此隔离不能覆盖CRF 001(002) PO本体上的检修工作; — CRF系统冷凝器进口碎石过滤器的控制由CRF 001/002/003 AR执行,供电由KCO 078 AR供电。以上电源的断开上锁将在CRF/CGR系统第二列隔离中实施; — CRF 101/102 VC是CRF泵出口油压蝶阀,由CRF 302 CR(LKH 2-EC)供电控制。电源的断开上锁将在ADT CRF 00中实施; — 泵壳污水泵CRF 007(008) PO没有隔离
9	ADT CRF 00	目的	ADT CGR 01/02的补充主隔离,作为循环水系统两列停运后的加强隔离,把总的海水来源割断
		允许工作	此隔离可单独覆盖虹吸破坏阀和海水侧真空阀的工作,与ADT CRF 03/04一起覆盖二次滤网及循泵本体和其他海水水平面以下的工作
		实施时机	两列CRF停运,SEN停运后隔离
		解除时机	检修工作结束
		说明	考虑到循泵出口阀及海水排出阀的不严,海水可能倒灌,放下两列共同的进出口闸门。放闸板时必须确认间隔正确; 进行二次滤网检修工作时,要防止海水有可能从排污管线倒灌
10	ADT CRF 01 ADT CRF 02	目的	此隔离是在ADT CRF CGR 01(02)主隔离覆盖下的一个补充主隔离。它将进入CRF A(B)列海平面以上设备的动力源切断,以便在A(B)列海水涵道隔离排空之前,先进行A(B)列海平面以上设备的检修工作,以缩短大修时间
		允许工作	此隔离可以覆盖CRF A(B)列海平面以上设备的检修工作,如旋转滤网电机/注油箱、高压冲洗泵、冲洗水滤网,格栅除污机地面以上的工作等
		实施时机	ADT CGR01(02)主隔离实施完毕,根据大修计划实施
		解除时机	覆盖的工作结束
		说明	
11	ADT CRF 03 ADT CRF 04	目的	此隔离是在ADT CRF 01(02)补充主隔离覆盖下的补充主隔离。它将进入CRF A(B)列海平面以下部分的动力源与海水全部切断,并在CRF A(B)列海水入口安装闸门
		允许工作	此隔离可以覆盖A(B)列海水涵道内部和海平面下部设备的检修工作。如CRF循环水泵本体,CRF旋转滤网,拦污栅等
		实施时机	实施此隔离的必要条件是:ADT CRF 01(02)补充主隔离实施
		解除时机	覆盖的工作结束
		说明	因闸门不是标准的隔离设备,故此隔离所覆盖的工作原则上均为“特殊作业”

续表

序号	代码	描述	
12	ADT CVI 00	目的	此隔离是 CVI 系统的一个完整隔离。它将进入 CVI 真空泵本体及其辅助设备的动力源切断
		允许工作	此隔离可以覆盖真空泵本体及其马达,真空泵辅助设备上的阀门,滤网以及热交换器(CVI 101/201/301 EX)等各项工作
		实施时机	大修停机,凝结器真空破坏之后就可以实施此隔离
		解除时机	检修工作结束
		说明	— CVI 系统停运前通知辐射防护人员停运辐射仪表 KRT 007 MA; — 真空泵入口阀 CVI 051/061/071 VA 以外的检修工作由 ADT CEX 00 补充主隔离覆盖; — 马达加热器电源未隔离;真空破坏阀 CVI 008 VA 由 KCO 078 AR 供应电源,补水阀电源由 KCO 087 AR 供电
13	ADT GEV 00	目的	此隔离是 GEV 系统两步隔离的第一步,它将与该系统相连的 6.0 kV、20 kV 和 500 kV 电源的一、二次电压回路完全断开,为在发电机出口断路器上/下游分相母线上挂装临时接地线做准备
		允许工作	此隔离原则上仅覆盖在发电机出口断路器(GSY 001 JA)上/下游分相母线上挂装接地线和主变绝缘测量等工作
		实施时机	机组达到换料冷停堆状态并且辅助电源 9LGR 可用,主变已经达到冷备用状态
		解除时机	相关检修工作结束
		说明	— GEV 隔离期间允许检修空合断路器; — 在挂装临时接地线之前,必须要求将发电机定子接地保护退出; — 重新投运 GEV 时应先确认 6 kV 盘进线开关的 110 V 直流小开关合上
14	ADT GEV 01	目的	此隔离是 GEV 系统两步隔离的第二步,它与其第一步隔离构成对 GEV 系统的一个完整的隔离。它将发电机出口分相母线接地,将 220 V 交流仪表电源、110 V 直流控制电源、相关辅助设备的 380 V 动力电源及消防系统隔离
		允许工作	此隔离可以覆盖主变(GEV 001 TP),厂变(GEV 001/002 TS)以及发电机出口分相母线上的各项工作
		实施时机	ADT GEV 00 已实施,发电机出口断路器上/下游分相母线临时接地线挂装完毕就可以实施此隔离
		解除时机	相关检修工作结束,根据大修计划解除
		说明	— 此隔离实施前,变压器瓦斯保护与主变风机全停保护需先退出; — 设备的加热器及照明电源未隔离; — 实施此隔离之前,需得到消防管理部门对隔离消防系统的许可
15	ADT GEX 00	目的	此隔离是 GEX 系统电气方面两步隔离的第一步,它将与该系统相关的 20 kV 侧的一、二次电压回路完全断开
		允许工作	原则上仅覆盖在发电机出口与发电机出口断路器(GSY 001 JA)之间的分相母线和中性点处挂装临时接地线和测量发电机绝缘等工作
		实施时机	发电机解列后,发电机改冷备用操作票实施完毕
		解除时机	机组冲转前解除此隔离
		说明	— 此隔离不允许退出主变 GEV001TP 低压侧电压互感器 GSY400TU; — 在挂装临时接地线之前,必须将发电机定子接地保护退出

续表

序号	代码	描述	
16	ADT GEX 01	目的	此隔离是GEX系统电气方面两步隔离的第二步，它将发电机出口分相母线接地，并将可能进入发电机和励磁机的其他电源以及发电机氢冷器和励磁机空冷器的冷却水源隔离
		允许工作	此隔离可以覆盖GEX系统上各项电气检修工作，但若检修工作在发电机/励磁机本体上进行，就要与发电机密封油系统主隔离ADT GHE 00和发电机氢气系统主隔离ADT GRV 00一同覆盖
		实施时机	ADT GEX 00实施，发电机出口分相母线临时接地线挂装完毕就可以实施此隔离
		解除时机	相关检修工作结束
		说明	
17	ADT GFR 00	目的	此隔离是GFR系统的一个完整隔离。它将进入该系统的动力源切断，包括泵电源和冷却水以允许各检修工作。并且本隔离可以作为防止汽轮机误启动的运行隔离
		允许工作	此隔离覆盖GFR系统上的油泵、冷油器、油净化单元、滤网、阀门、储压罐等各项检修工作，部分覆盖GRE/GSE系统上的工作
		实施时机	发电机解列后
		解除时机	相关工作完成，在汽轮机冲转前解除
		说明	系统的排油由工作负责人负责； 检修人员进行GSE/GRE阀门(主汽门、主调门、再热截止门、再热调门等)特性试验等工作时，需要在ADT VVP 00的覆盖下，临时解除本主隔离
18	ADT GGR 00	目的	此隔离是ADT VVP 01覆盖下的GGR系统补充主隔离。它将进入GGR供油管线和有可能引起大轴转动的动力源切断，将进入GGR001BA的动力源完全切断，汽轮机平台和主油箱消防系统隔离
		允许工作	此隔离可以覆盖GGR系统的各项工作(包括冷油器冷却水侧的工作)。部分覆盖GSE/GRE系统上的工作
		实施时机	ADT VVP 00主隔离实施，盘车停运，GSE/GRE阀门(主汽门、主调门、再热截止门、再热调门等)特性试验完成后可以实施此隔离
		解除时机	相关检修工作结束，启动盘车前
		说明	— 实施此隔离之前，需得到消防管理部门对隔离消防系统的许可； — GGR油箱排油和油质处理由工作负责人负责
19	ADT GHE 00	目的	此隔离是在ADT GGR 00补充主隔离覆盖下的一个补充主隔离。它将进入GHE系统的所有动力源切断
		允许工作	此隔离可以覆盖GHE系统上的油泵、阀门、冷油器、滤网、发电机的密封瓦以及发电机/励磁机的轴瓦上的各项检修工作

续表

<table>
<tr><th>序号</th><th>代码</th><th colspan="2">描　述</th></tr>
<tr><td rowspan="3">19</td><td rowspan="3">ADT GHE 00</td><td>实施时机</td><td>GRV系统排氢，空气置换，ADT GGR 00补充主隔离实施，GHE系统停运后，就可以实施此隔离</td></tr>
<tr><td>解除时机</td><td>检修工作结束，盘车启动前</td></tr>
<tr><td>说明</td><td>— GHE与GGR在GHE 001 BA处无法完全分隔，此隔离的油侧隔离边界上的阀门检修，需在排油后进行，以防跑油；
— 实施此隔离之前，需得到消防管理部门对隔离消防系统的许可</td></tr>
<tr><td rowspan="5">20</td><td rowspan="5">ADT GRV 00</td><td>目的</td><td>此隔离是GRV系统的一个完整的隔离。它将进入该系统的动力源全部切断，并将相应的消防系统隔离</td></tr>
<tr><td>允许工作</td><td>此隔离可以覆盖GRV系统上的各项检修工作，并且还与ADT GEX 01主隔离共同覆盖发电机/励磁机本体上的工作</td></tr>
<tr><td>实施时机</td><td>GRV系统排氢（GST系统定子冷却水已排空），空气置换完毕，就可以实施此隔离</td></tr>
<tr><td>解除时机</td><td>相关检修工作结束，发电机密封性试验前</td></tr>
<tr><td>说明</td><td>实施此隔离之前，需得到消防管理部门对隔离消防系统的许可。氢气温湿度仪、露点仪和纯度仪没有隔离，需要在相应子票中说明</td></tr>
<tr><td rowspan="5">21</td><td rowspan="5">ADT GST 00</td><td>目的</td><td>此隔离是GST系统的一个完整的隔离，它将进入该系统的动力源全部切断</td></tr>
<tr><td>允许工作</td><td>此隔离可以覆盖GST系统上的水泵、冷却器、水箱、滤网、阀门等各项检修工作</td></tr>
<tr><td>实施时机</td><td>发电机定子修前试验结束，GST系统停运后就可以实施此隔离</td></tr>
<tr><td>解除时机</td><td>相关检修工作结束后</td></tr>
<tr><td>说明</td><td>— GST001AR（发电机定子冷却水控制柜）由KCO 050 AR-24 JA供电，需要时隔离；
— 此隔离关闭GST 020/021 VN，是为了避免GST 001 DN排干，导致树脂失效；
— 非隔离边界上的电动/气动阀门的电源/气源未隔离</td></tr>
<tr><td rowspan="5">22</td><td rowspan="5">ADT GSY 00</td><td>目的</td><td>此隔离是ADT GEV 00主隔离覆盖下的一个补充主隔离。它将进入GSY系统的其他动力源切断</td></tr>
<tr><td>允许工作</td><td>此隔离可以覆盖发电机出口断路器本体及其辅助冷却系统、压缩空气系统上的各项工作</td></tr>
<tr><td>实施时机</td><td>在ADT GEV 00实施之后就可以实施此隔离</td></tr>
<tr><td>解除时机</td><td>相关检修工作结束后</td></tr>
<tr><td>说明</td><td>没有隔离设备上加热器，照明电源</td></tr>
</table>

续表

序号	代码	描述	
23	ADT SEN 00	目的	此隔离是SEN系统的一个完整隔离,它将进入该系统的所有动力源全部切断
		允许工作	此隔离与ADT CRF 00一同,覆盖SEN系统上及SRI 101/201/301 RF海水侧的各项工作
		实施时机	两台循环水泵停运之后就可以实施此隔离
		解除时机	相关检修工作结束
		说明	电机加热电源未隔离
24	ADT SRI 00	目的	此隔离是SRI系统的一个完整隔离,它将进入该系统的所有动力源全部切断
		允许工作	此隔离可以覆盖SRI系统供水母管上的减压阀门站和泵等检修工作。SRI各个用户的检修将在各个系统内进行
		实施时机	二回路冷却,汽/水/油排放,主要辅机停运,9ASG除气器冷却水切换到SEP,SRI排空之后,就可以实施此隔离
		解除时机	相关检修工作结束后
		说明	— 此隔离不能覆盖板式热交换器SRI 101/201/301 RF海水侧的工作;如果板式热交换器需要解体,需与ADT SEN 00一同覆盖; — SRI 094 VD电磁阀由KCO 085 AR供应110 V电源;SRI 001 SD由KCO 054 AR供应380 V电源; — 电机加热器电源(LKP 3-D2)及气动阀气源未隔离
25	ADT STR 00	目的	此隔离是一个独立主隔离,它将进入STR系统的其他动力源切断
		允许工作	此隔离可覆盖STR系统上的各项工作
		实施时机	辅助蒸汽切换至由运行机组的蒸汽转换系统STR或电锅炉0XCA供应,系统冷却结束并排空后就可以实施此隔离
		解除时机	发电机并网后
		说明	
26	ADT VVP 00	目的	此隔离是二回路大修状态下的一个基本隔离,它将所有可能进入二回路的蒸汽源全部切断
		允许工作	此隔离可以覆盖二回路许多补充主隔离及诸如主汽门装卡子等检修工作
		实施时机	大修停机,主汽门关闭后就可以实施此隔离
		解除时机	主蒸汽隔离阀后VVP管道暖管前
		说明	实施隔离时为防止凝结器真空破坏,注意不要隔离CET系统汽源

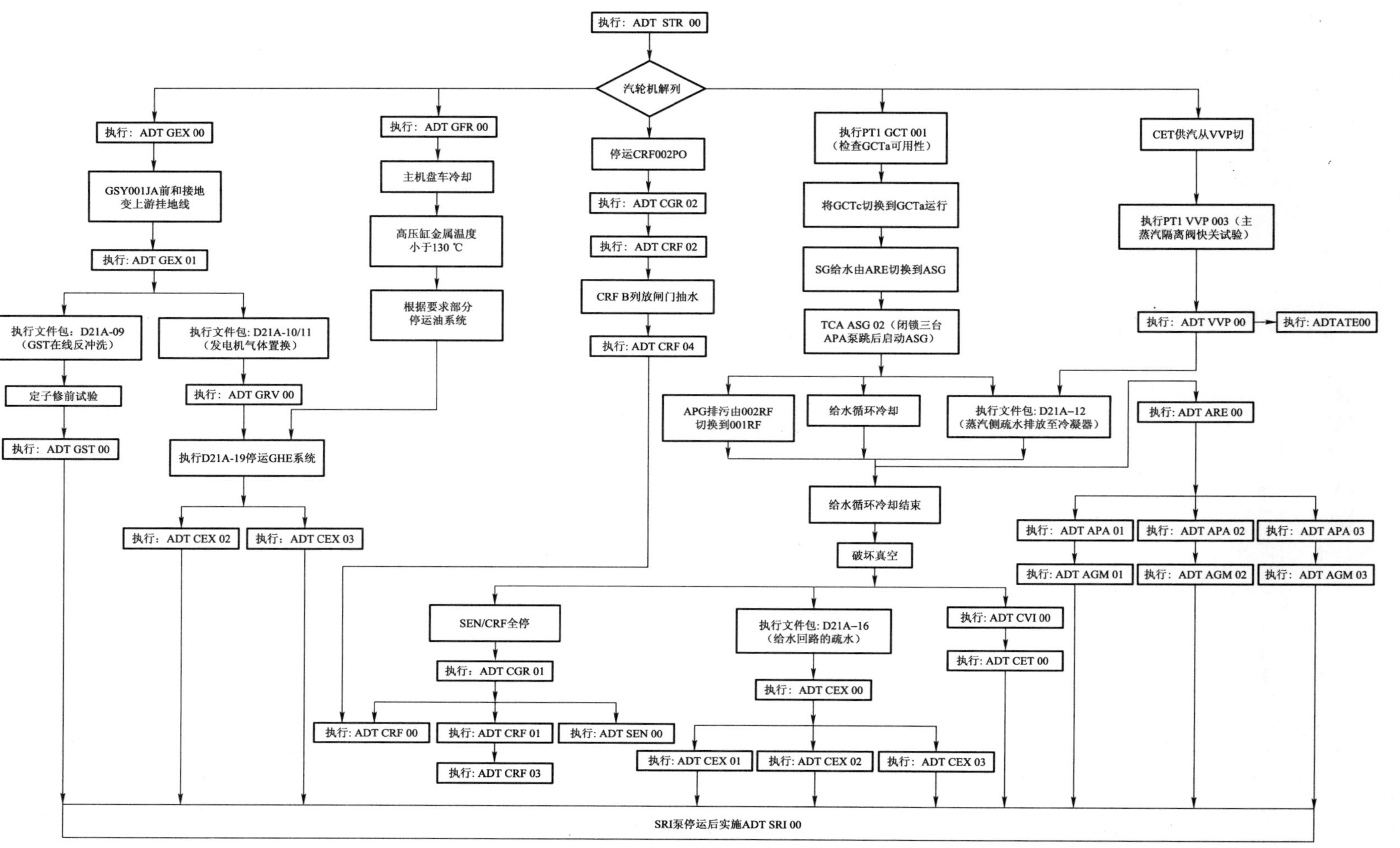

图 4-3-1　常规岛主隔离实施逻辑图

复习思考题

1. 设置大修主隔离的目的是什么？
2. 修改大修主隔离应注意什么？
3. RCP 系统的大修主隔离是如何设置的？
4. 一台 B 列高压安注泵 RCV002PO 可在什么窗口隔离检修？为什么？
5. 换料冷停堆时可实施哪些系统的主隔离？
6. 请描述 ADT RIS 04 的相关情况。
7. 常规岛大修主隔离的设置思想是什么？
8. 哪个主隔离可以将所有可能进入二回路的蒸汽隔离？

第五章 大修定期试验管理

大修期间执行定期试验主要有以下两个目的：一是要对那些在功率运行时试验有风险或无法进行试验的安全相关设备或系统的功能进行验证；二是对在大修期间进行过维修或检查后的设备与系统的功能进行验证，从而保证这些设备在正常运行后或在需要时能按要求执行其功能。大修定期试验的安排，必须满足技术规范与定期试验大纲的要求。

5.1 大修定期试验运作方式

大修期间的定期试验管理是大修运行管理的一项基本内容，在与大修计划的协调基础上由运行大修组统一负责。

5.1.1 大修定期试验分类管理

大修定期试验包括“定期试验监督大纲”所要求必须进行的试验以及为保证一、二回路正常运行所要进行的试验。在一次大修中运行处所要执行的试验一共有250个左右，为了减少大修期间的工作量，将这些定期试验人为分为两类：预大修试验与大修期间执行的试验。

在大修开始(M0)前进行的周期为1C及1C以上的定期试验为预大修试验，这些定期试验(见表5-1-1)大多与通风、冷却水或三废系统相关，试验进行时仅对个别系统的运行造成影响，通常对机组的运行状态无要求，因此出于减少大修期间运行人员工作量和合理安排计划的目的，将这些试验安排在大修前进行。

需要在大修期间执行的1C及1C以上的定期试验清单见表5-1-2。

表 5-1-1 预大修期间要执行的定期试验清单

序号	规程代码	规程名称	周期	试验准则/内容	特殊说明
1	PT SAP 001	SAP 压缩机排气压力试验	1C	确认压缩机是否符合输出规范要求，而且运行性能正常	
2	PT SAP 002	SAP 压缩机自动加载/卸载试验	1C	确认压缩机是否符合输出规范要求，而且运行性能正常	
3	PT DVC 002	主控室通风过滤管路的启动	1C	碘排风回路用 TPL 启停正常；过滤器压差正常	
4	PT DVC 003	通过按动按钮来检查防火挡板	1C	通过触发通道房间上的按钮校核风门自动关闭(009/011CR)	
5	PT DVC 004	DVC 001/002/003 AA 报警动作及 DVC 400 VA 关闭试验	1C	验证 DVC001/002/003AA 正确动作，验证 1DVC400VA 能按照 DVC400SP 的信号正确关闭	

续表

序号	规程代码	规程名称	周期	试验准则/内容	特殊说明
6	PT DVE 002	通过按动按钮来检查防火风阀	1C	按下按钮来试验防火阀的关闭性能和相关逻辑	
7	PT DVF 001	排烟挡板的试验	1C	所有排烟风门能够打开；指示灯指示正确	
8	PT DVF 003	压缩空气箱贮存能力	1C	压空罐供气时间≥24 h	执行完 PT DVF 004 后执行
9	PT DVF 004	失去压缩空气时排气阀自动开启并发出位置信号	1C	失去空气时风门自动开启	
10	PT DVG 001	通过按动按钮来检查防火阀	1C	按下按钮来试验防火阀的关闭性能和相关逻辑	
11	PT DVH 003	由房间温度高启动 DVH 风机(系列 A 和 B)	1C	003ST 高温启动 001ZV；004/005 高温启动 002ZV	模拟 003/004/005 ST 的温度高信号
12	PT DVH 004	RCV 泵房间防火挡板关闭试验	1C	就地控制盘关闭风门，风门正确关闭，KIT、就地指示正确	
13	PT DVI 001	通过按动按钮来检查防火风阀	1C	按下按钮来试验防火阀的关闭性能	
14	PT DVK 001	核对从一个系列切换到另一个系列的自动切换顺序	6M	主回路，系列切换试验正确动作	
15	PT DVK 004	关掉 SAR 后 DVK 13/14 VA 的可运行性	1C	SAR 气源隔离后验证压空罐贮气可操作 DVK 013/14 VA 二次	ETY 系统停运
16	PT DVK 005	通过按动按钮来检查防火阀	1C	由按下按钮来试验防火阀的关闭性能	
17	PT DVK 006	KRT013MA 高放动作试验	1C	高活度报警隔离动作正确(由安防模拟 KRT 013 MA 放射性高 2 信号)	KRT013MA 大修后与安防的逻辑试验同时进行
18	PT DVK 007	KRT014MA 高放动作试验	1C	高活度报警隔离动作正确(由安防模拟 KRT 014 MA 放射性高 2 信号)	KRT014MA 大修后与安防的逻辑试验同时进行
19	PT DVL 002	电气厂房主通风系统转换到全回风方式运行	1C	DVL201/202RG 手动切除后再投入，以检查 DVL 201 - 202 - 203 - 251 - 252 - 253 VA 控制的正确	
20	PT DVL 003	防火挡板的关闭能力及关闭指示灯的试验	1C	利用就地手动按钮检查风门关闭能力和关闭指示灯动作正确	

续表

序号	规程代码	规程名称	周期	试验准则/内容	特殊说明
21	PT DVL 004	400/401/402/403/404/405VA 关闭试验	1C	检查 400/401VA 按照 400SP 关闭，402/403VA 按照 403SP 关闭，404VA 按照 404SP 关闭，405VA 按照 405SP 关闭	仪控模拟相应差压高信号
22	PT DVN 006	由保护警水器启动 DVN 加热器和由保护热动开关停运 DVN 加热器	1C	验证由 001SZ 启动 003 RS，001ST 高高温停运 001RS,002ST 高高温停运 003RS	仪控模拟 001SZ 以及 001/002ST 高高温信号
23	PT DVS 002	通过按动按钮来检查防火阀	1C	由按下按钮来试验防火阀的关闭性能	通风系统在正常运行(无厂区污染)
24	PT DVW 002	通过按动按钮来检查防火阀	1C	按下按钮来试验防火阀的关闭性能	
25	PT JPI 004	ASG 泵房消防系统投入报警试验	2C	开启排水隔离阀 JPI094VE，核对“ASG 泵的喷淋环管投入”(019AA)报警正确动作	
26	PT JPI 005	连接厂房走廊喷淋投入报警试验	2C	开启 003SD 下游排水隔离阀 142VE，核对“NAB 廊道喷洒开启”(003 SD)(027AA)报警正确动作	
27	PT JPI 006	−7 m/−3.4 m 电缆廊道喷淋投入报警试验	2C	开启 001SD 下游排水隔离阀 015VE，核对“NAB 环廊喷洒开启”(001 SD)(021AA)报警正确动作	
	PT PTR 003	PTR 009 AA 的可用性试验	1C	<7 ℃/>40 ℃报警出现	模拟 ST 的温度高/低信号
	PT RPE 001	气动阀可操作性检验(控制室启动)	1C	核对 RPE 气动阀(T2 盘上)的可用性，在万一发生事故时，这些阀可能方便地由控制室来开启和关闭并由 TPL 来操作	
	PT RPE 002	气动阀可操作性检验	1C	模拟每个集水坑参与“排放物反馈入反应堆厂房”功能时的高放射性，从而核对排水泵的自动停运，气动阀的自动关闭	模拟 KRT051，052,053,054,055 MA 高放以及高高放信号
	PT RRI 003	序列试验-在失去系列 B 时自动启动系列 A	1C	RRI003SP 卸压后，003PO 启动，系列间自动切换	RRA 系统不应投运
	PT RRI 004	序列试验-在失去系列 A 时自动启动系列 B	1C	RRI002SP 卸压后，004PO 启动，系列间自动切换	RRA 系统不应投运
	PT RRI 005	RRI 001 BA 水箱水位的逻辑控制试验	2C	检查 RRI 001 BA 水位传感器是否工作正常(连带报警)	RRI B 列运行中

续表

序号	规程代码	规程名称	周期	试验准则/内容	特殊说明
28	PT RRI 006	RRI 002 BA 水箱水位的逻辑控制试验	2C	检查 RRI 002 BA 水位传感器是否工作正常(连带报警)	RRI A 列运行中
29	PT RRI 012	在 SEC 系列 B 压力降低时,自动启动备用系列 A 的程序,RRI/SEC 003 PO 优先启动	2C	RRI026SP 卸压,核对 RRI 003 PO 泵优先于 RRI 001 PO 启动,SEC 003 PO 泵优先于 SEC 001 PO 启动,系列间的阀门开启	
30	PT RRI 013	在 SEC 系列 A 压力降低时,自动启动备用系列 B 的程序,RRI/SEC 004 PO 优先启动	2C	RRI025SP 卸压,核对 RRI 004 PO 泵优先于 RRI 002 PO 启动,SEC 004 PO 泵优先于 SEC 002 PO 启动,系列间的阀门开启	
31	PT RRI 016	核对事故情况下的运行参数(A 系列定期试验)	1C	EAS 热交换器流量≥1 920 m^3/h	
32	PT RRI 017	核对事故情况下的运行参数(B 系列定期试验)	1C	EAS 热交换器流量≥1 920 m^3/h	
33	PT RRI 023	在 SEC 系列 B 压力低时自动启动备用系列 A,RRI/SEC 001 PO 优先启动	2C	在 SEC 系列 B 压力低时,如果 RRI 003 PO 供电开关断开,则 RRI 001 PO 启动;如果 SEC 003 PO 供电开关断开,则 SEC001PO 启动;启动系列侧的系列间阀门自动打开	
34	PT RRI 024	在 SEC 系列 A 压力低时自动启动备用系列 B,RRI/SEC 002 PO 优先启动	2C	在 SEC 系列 A 压力低时,如果 RRI 004 PO 供电开关断开,则 RRI 002 PO 启动;如果 SEC 004 PO 供电开关断开,则 SEC002 PO 启动;启动系列侧的系列间阀门自动打开	
35	PT SEC 003	SEC 系统全部丧失	1C	报警 021AA 及 APG 隔离动作响应正确	仪控模拟 049/050/051/052 SP 的差压高信号
36	PT SEC 004	系列连接阀 SEC 001、002 VE 控制试验	1C	SEC 001 VE, SEC 002 VE 可开关操作	
37	PT DVN 002	DVN 全部风机停机试验	1C	验证可用	PTDVN008 同时执行
38	PT DVN 003	DVN 防火挡板是否可用	1C	验证可用	
39	PT DVN 005	除烟风机 DVN035/036 ZV 的可用	1C	核对 DVN 035 ZV 和 DVN 036 ZV 的启动,核对 DVN 019 FP 和 020 FA 的差压	
40	PT DVN 008	DVN018 和 019VN 的可操作性检查	1C	验证 DVN018/019VA 的可操作性	与 PTDVN002 同时执行
41	PT DWT 001	通过按动按钮来检查防火阀	1C	按下按钮来试验防火阀的关闭性能	

表 5-1-2 大修期间要执行的 1C 以上周期的定期试验清单

序号	规程代码	规程名称	周期	试验准则/内容	GOR	状态点	状态要求	特殊说明	协助
1	PT LHF 004	柴油发电机组满负荷运行性能试验	1C	验证柴油发电机组向专设应急安全设备提供额定功率的能力	是	M5－M9	换料冷停堆	只能在 1LHA 母线上进行	
2	PT ABP 006	低压加热器液位“三高”信号联锁动作检查试验	1C	模拟低加水位 3 高信号，核对解列顺序正常	否	ABP 系统检修结束	机组处于大修结束后启动前的停运状态		
3	PT ADG 004	除氧水箱液位“三高”信号联锁动作检查试验	1C	模拟 ADG 水位 3 高信号，核对自动动作的顺序正常	否	ABP 系统检修结束	机组处于大修结束后启动前的停运状态		
4	PT AGM 001	由润滑油压力低信号启动 APA A 泵备用油泵	1C	在 APA 泵停运，油泵未启动状态下，在 DCS 中将 APA 泵启动信号强制为 1，检验 APA A 泵的备用油泵自动启动，并验证其运行符合再鉴定要求	否	APA A 泵油回路检修结束	机组处于大修结束后启动前的停运状态	泵大修后首次启动，系统可能存在漏油现象；油泵的再鉴定	
5	PT AGM 002	由润滑油压力低信号启动 APA B 泵备用油泵	1C	在 APA 泵停运，油泵未启动状态下，在 DCS 中将 APA 泵启动信号强制为 1，检验 APA B 泵的备用油泵自动启动，并验证其运行符合再鉴定要求	否	APA B 泵油回路检修结束	机组处于大修结束后启动前的停运状态	泵大修后首次启动，系统可能存在漏油现象；油泵的再鉴定	
6	PT AGM 003	由润滑油压力低信号启动 APA C 泵备用油泵	1C	在 APA 泵停运，油泵未启动状态下，在 DCS 中将 APA 泵启动信号强制为 1，检验 APA C 泵的备用油泵自动启动，并验证其运行符合再鉴定要求	否	APA C 泵油回路检修结束	机组处于大修结束后启动前的停运状态	泵大修后首次启动，系统可能存在漏油现象；油泵的再鉴定	
7	PT AHP 005	高压加热器水位“三高”信号联锁动作检查试验	1C	模拟高加水位 3 高信号，核对对应列高加及相关 GSS 疏水阀门动作以及报警逻辑正确	否	AHP 系统检修结束	机组处于大修结束后启动前的停运状态		
8	PT APA 001	主给水泵联锁逻辑检查试验	1C	APA 泵备用与联锁逻辑正确	否	DCS 可用	再循环阀状态符合要求		
9	PT ARE 002	主给水调节阀关闭时间试验	1C	收到 RPR 关闭信号后 ARE031/032/242/243VL 关闭时间≤5 s	是	M18－M18a	ARE 未投运	可以用 PTX RIS 001 等效	

续表

序号	规程代码	规程名称	周期	试验准则/内容	GOR	状态点	状态要求	特殊说明	协助
10	PT ARE 011	1号蒸汽发生器"蒸汽发生器宽量程液位低"警报装置检查	1C	ARE407AA逻辑正确(SG1水位宽量程<−10 m)	是	M2－M3	D23/D25 SG1排水时	要求仪控闭锁 $T_{avg}<$ 90 ℃信号(RCP431XU)	仪控
11	PT ARE 012	2号蒸汽发生器"蒸汽发生器宽量程液位低"警报装置检查	1C	ARE408AA逻辑正确(SG2水位宽量程<−10 m)	是	M1－M2	D23/D25 SG2排水时	要求仪控闭锁 $T_{avg}<$ 90 ℃信号(RCP431XU)	仪控
12	PT ASG 002	利用APA的给水泵跳闸来检查ASG电动泵启动	1C	3台APA泵跳闸(3/3)后正常启动逻辑正确	是	M18－M19	维修冷停堆至RRA连接的双相中停	模拟主给水泵跳闸信号	仪控
13	PT ASG 003	用低电压试验检查ASG电动泵的启动	1C	CEX泵母线的低电压(LGA/B)(1/2)	是	M18－M19	维修冷停堆至RRA连接的双相中停	试验期间ASG泵不可用,需模拟CEX泵低电压信号	仪控
14	PT ASG 005	给蒸汽发生器供水的正常运行工况下电动泵的试验	1C	正常运行时的流量/压力以及再循环管线流量正常(运行时间≥2 h);全流量状态下电机电流(50 A);流量建立时间60 s;轴承温度;振动符合标准	是	M19－M20	热停堆或热备用,D32规程		性能
15	PT ASG 006	在蒸汽发生器供汽的正常运行工况下A列汽动泵的试验	1C	正常运行时的流量/压力(≥2 h);再循环管线流量25 m³/h;137/138 VV开启时间≤20 s;流量建立时间≤60 s;最小转速3 250 r/min;最大转速(额定)8 387 r/min;速度上升时间≤10 s	是	M19－M20	热停堆或热备用,D32规程		性能
16	PT ASG 007	在蒸汽发生器供汽的正常运行工况下B列汽动泵的试验	1C	正常运行时的流量/压力(≥2 h);再循环管线流量25 m³/h;137/138 VV开启时间≤20 s;流量建立时间≤60 s;最小转速3 250 r/min;最大转速(额定)8 387 r/min;速度上升时间≤10 s	是	M19－M20	热停堆或热备用,D32规程		性能

17	PT ASG 008	ASG031/531AA 报警验证	1C	汽动泵手动打闸/合闸，验证报警正常发出/消失	否	M5－M18	换料/维修冷停堆	可用 PTASG016/026(019/029)等效	
18	PT ASG 011	ASG077/577AA 报警验证	1C	向疏水器充水，验证 ASG077AA/577AA 正常发出	是	M5－M18	维修/换料冷停堆	需要拆除 ASG143/144VV 以及 003/004 VYP 的下游堵头，并用 8 m 长软管充水	机械
19	PT ASG 016	ASG 003 PO 超速保护试验	1C	验证 ASG 汽动辅助给水泵 110%电超速逻辑保护与机构动作正确，汽动泵手动打闸动作正确	是	M19－M20	热停堆，D32 规程	再鉴定，可等效 PT RPA 043，PT RPB 043	仪控
20	PT ASG 017	系列 A 电动泵再循环流量试验	1C	出口压力 122 bar；再循环流量>7 m^3/h；机械密封泄漏流量<1 L/h；小流量压力 $1.4<p<1.8$ bar(g)；电机绕组温度≤125 ℃；轴承温度≤90 ℃；电流正常	是	M5－M18	再鉴定，D29 规程		
21	PT ASG 019	ASG 汽动泵(003PO)超速保护试验	必要时	汽动泵小流量运行正确，手动打闸动作正确，超速动作正确： 电超速 9 058～9 226 r/min(110%)；机械超速 9 477～9 645 r/min(115%)	是	M19－M20	热停堆，D32 规程	试验前确认仪控超速逻辑试验已执行且合格	机械 仪控
22	PT ASG 020	给水管线破裂报警试验	1C	核对给水管线破裂报警 ASG 081 AA，ASG 566 AA 正确动作	是	M19－M20	热停堆，D32 规程	可以利用 PT ASG 005/006/007 等效	
23	PT ASG 026	ASG 004 PO 超速保护试验	1C	验证 ASG 汽动辅助给水泵 110%电超速逻辑保护与机构动作正确，汽动泵手动打闸动作正确	是	M19－M20	热停堆，D32 规程	再鉴定，可等效 PT RPA 044，PT RPB 044	仪控
24	PT ASG 027	系列 B 电动泵再循环流量试验	1C	出口压力 122 bar；再循环流量>7 m^3/h；机械密封泄漏流量<1 L/h；小流量压力 $1.4<p<1.8$ bar(g)；电机绕组温度≤125 ℃；轴承温度≤90 ℃；电流正常	是	M5－M18	再鉴定，D29 规程		

续表

序号	规程代码	规程名称	周期	试验准则/内容	GOR	状态点	状态要求	特殊说明	协助
25	PT ASG 029	ASG 汽动泵(004PO)超速保护试验	必要时	汽动泵小流量运行正确,手动打闸动作正确,超速动作正确: 电超速 9 058～9 226 r/min(110%);机械超速 9 477～9 645 r/min(115%)	是	M19 - M20	热停堆,D32 规程 可以等效 PTASG026	同 PTASG019	机械 仪控
26	PT CSL 001	燃料装载前核对各传感器回路准备正确	必要时	核岛仪表在线检查	是	M6 - M14			仪控
27	PT CSL 002	从换料冷停堆转向维修冷停堆(充分打开)之前核对各传感器回路准备正确	必要时	核岛仪表在线检查	是	M14 - M15			仪控
28	PT CSL 003	在维修冷停堆期间封闭稳压器人孔之前核对各传感器回路已准备正确	必要时	核岛仪表在线检查	是	M15 - M18			仪控
29	PT CSL 004	单相中间停堆期间核对各传感器回路准备正确	必要时	核岛仪表在线检查	是	M18 - M18b			仪控
30	PT CSL 005	在临界之前核对各传感器回路准备正确	必要时	核岛仪表在线检查	是	M19 - M20			仪控
31	PT CSL 006	机组启动时核对三回路各传感器回路准备正确	必要时	常规岛仪表在线检查	否	见状态要求	三回路启动后(见 D30A 规程)		仪控
32	PT CSL 007	机组启动时核对水回路各传感器回路准备正确	必要时	常规岛仪表在线检查	否	见状态要求	水回路启动后(见 D30A 规程)		仪控
33	PT CSL 008	机组启动时核对汽轮发电机辅助系统各传感器回路准备正确	必要时	常规岛仪表在线检查	否	见状态要求	发电机辅助系统启动后(见 D30A 规程)		仪控
34	PT CSL 009	机组启动时核对汽回路各传感器回路准备正确	必要时	常规岛仪表在线检查	否	见状态要求	汽回路启动后(见 D30A 规程)		仪控

35	PT CVI 002	凝汽器真空系统热阱水位以下部位泄漏检查	必要时	凝汽器建立真空前，利用热阱充水水位较高时的静压差，检查并发现凝汽器热阱水位以下部位存在的漏点或系统在线错误的阀门	否	见状态要求	机组停运，凝汽器建立真空前且凝汽器热阱水位正常偏高		
36	PT DVK 002	低流量排风系统系列 A 试验	1C	验证 003TO 按下动作正常	是	装卸料前	任何状态（装卸料前）D26，D28 中执行	ETY 系统停运	
37	PT DVK 003	低流量排风系统系列 B 试验	1C	验证 004TO 按下动作正常	是	装卸料前	任何状态（装卸料前）D26，D28 中执行	ETY 系统停运	
38	PT DVS 001	EAS/LHSI 电动泵房超压测量试验	1C	EAS/LHSI 电动泵房内空气相对于邻近房间是正压的	否	M14－M15	换料停堆	重新装料时	
39	PT EAS 005	氢氧化钠储箱低液位阈值试验及相关操作	1C	模拟传感器 EAS 001 和 002 SN 低液位信号，核对 125/145/146 VR 正确动作；EAS 009 和 010 AA 正确报警	是	M15－M18	换料停堆，D28 规程执行		仪控
40	PT EAS 006	检查 H4 阀门 EAS 041、042、043、044、045、046 VB 的可运行性	1C	全开全关阀门，检查阀门行程正确	是	M13－M14	换料停堆，装料前执行，D28 规程	EAS 停运	机械
41	PT EAS 007	系列 A 报警试验：EAS011AA	1C	通过开关 EAS001、003、131、133VB、145VR 和 PTR163VB 验证 011/001AA 正确动作	是	M15－M18	正常冷停堆	已执行 KO 规程 G 类隔离	
42	PT EAS 008	系列 B 报警试验：EAS012AA	1C	通过开关 EAS002、004、132、134VB、146VR 和 PTR162VB 验证 012/002AA 正确动作	是	M15－M18	正常冷停堆	已执行 KO 规程 G 类隔离	
43	PT EAS 009	系列 A 报警试验：EAS013AA	1C	拉出 013VB 电源，在主控开启阀门，30 s 后报警发出	是	M15－M18	正常冷停堆	EAS 可用	

续表

序号	规程代码	规程名称	周期	试验准则/内容	GOR	状态点	状态要求	特殊说明	协助
44	PT EAS 010	系列 B 报警试验:EAS014AA	1C	拉出 014VB 电源,在主控开启阀门,30 s 后报警发出	是	M15 - M18	正常冷停堆	EAS 可用	
45	PT EAS 011	EAS001PO 零流量试验	1C	EAS001PO 再鉴定	是	再鉴定	D28 规程中确认,同时执行 PTRRI016	PTR001BA 水位高于低 2	
46	PT EAS 012	EAS002PO 零流量试验	1C	EAS002PO 再鉴定	是	再鉴定	D28 规程中确认,同时执行 PTRRI017	PTR001BA 水位高于低 2	
47	PT EBA 001	EBA 阀门快速关闭试验	必要时	手动或自动(KRT 011 - 012 MA 或 KRT 041 MA)快速关闭 EBA 阀门的操作良好性	是	M1 - M2	KRT 041 MA 大修后。EBA 启动前,D22 规程	模拟 KRT041MA 放射性高 2 信号	安防
48	PT EBA 002	装卸料前的 EBA 阀门快速关闭试验	1C	卸料前检验在 RX 内手动或自动由 KRT 011 - 012 MA 快速关闭 EBA 阀门的可操作性	是	装卸料前	装卸料前。D26/D28 规程	模拟 KRT0011/012 MA 放射性高 2 信号	安防
49	PT EIE 001	安全壳喷淋和隔离阶段 B 的综合试验	1C	手动触发安喷信号,验证动作正常;并模拟低液位切换试验	是	M18 - M18a	RRA 投运并且一回路温度低于 70 ℃的冷停堆工况下进行,D29 规程	等效 PTEAS001/002	
50	PT EIE 003	安全壳隔离阀的可操作性试验及阀位正确性检查(阀门关闭或可用)	1C	确保在换料期间安全壳隔离阀的良好关闭(阀门关闭或可用)	是	M5 - M6	换料冷停堆	卸/装料前 D26/D28 中执行	
51	PT EIE 011	由安全壳喷淋信号触发的阀门的可用性试验	1C	检查一些安全壳喷淋信号驱动的不在 PTX EIE 003 试验的阀门的可操作性	是	M18 - M18a	PTEIE01 之前,D29 规程		
52	PT ETY 001	商定的安全壳气体释放	必要时	每当 ETY 001 AA 和 002 AA 均出现时进行一次使绝对内压为 975 mbar	否	再鉴定	D31 规程	在 EBA 阀门打开之前使安全壳内外压差<20 mbar	
53	PT EVC 001	风机备用风机启动功能试验	1C	验证风机备用自动启动和 KPR 选择闭锁主控操作	否	再鉴定		大修启动前功能试验	

54	PT EVF 001	EVF 风机投运	1C	验证主控可以分别启动两台风机	否	再鉴定	装料前的换料冷停堆。D28 中执行	同时执行 PTX EVF 002	
55	PT EVF 002	监测 EVF 系统空气过滤器粉尘堵塞情况并调节风门	1C	进入 RX 厂房检查过滤器情况压差＜80 mmH_2O	否	M3－M6	装料前的换料冷停堆。D28 中执行	同时执行 PTX EVF 001	
56	PT EVR 001	主风机监测	1C	风机切换	否	M5－M6	再鉴定		
57	PT EVR 002	穹顶风机的监测	1C	风机切换	否	M5－M6	再鉴定 D30 中确认		
58	PT EVR 003	监控 EVR 空气过滤器粉尘荷载和调节挡板	1C	$\Delta P_O \leqslant 12$ mmH_2O	否	M3－M6			
59	PT GCT 001	汽轮机旁路系统(蒸汽排入大气)	1C	GCT 128－129－130－131 VV 可打开和可完全关闭；GCT 132－133－134－135 VV 可运行	是	M0－M1	D21A 规程中执行		
60	PT GEV 001	主变/高压厂变冷却系统电源自动切换试验	1C	核对主变冷却系统电源的自动切换	否	主变停运	主变处于停运状态		
61	PT GFR 002	汽轮机调速油油箱液位开关动作检查试验	1C	通过磁铁接近液位开关，检查汽轮机调节油油箱各液位开关在油箱液位变化到其整定值时动作正常，各开关报警逻辑及相应的声光报警正确	否	油回路检修完成，油箱充油时	试验时禁止用磁性物质(试验用专用磁铁除外)接近各液位开关	在检查联锁电加热器的液位开关前应确认电加热器电源断开，否则可能损坏测量仪表	仪控
62	PT GHE 001	发电机轴密封油系统联锁动作试验	1C	现场触发 007SPd，试验空侧直流泵 GHE 003 PO 在氢油压差降至 0.035 MPa 时能自动启动，短接氢侧交流泵的泵停运触点，试验氢侧直流泵 CHE 005 PO 在氢侧交流泵停运时能自动启动	否	发电机密封性试验结束，泄压前执行	氢/空侧油泵检修结束且再鉴定合格；GHE 油回路冲洗结束	两台泵并列运行及直流泵停运时对空侧、氢侧油压及氢油压差可能造成影响	
63	PT GSE 001	超速离心跳闸装置的注油试验	1C	通过现场操作进行超速离心跳闸装置的注油试验，试验汽轮发电机脱扣机构动作正常	否	汽轮机冲转至 3 000 r/min 时		准确遵循试验操作细则，否则汽轮机有真正跳闸的危险	

续表

序号	规程代码	规程名称	周期	试验准则/内容	GOR	状态点	状态要求	特殊说明	协助
64	PT GSE 002	汽轮机保护通道逻辑检查试验	1C	在 DEH 中试验，检查汽轮机保护通道逻辑的正确性及可用性	否	汽轮机启动前执行	汽轮机挂闸	通过压力开关的动作情况来验证试验电磁阀是否存在内漏缺陷，试验电磁阀存在内漏的情况下禁止进行试验	
65	PT GSE 003	汽轮机冲转前手动跳闸试验	1C	汽轮机每次启动时通过就地脱扣杠杆及主控室紧急停机打闸按钮来检查紧急停机动作的可靠性	否	汽轮机每次启动时	汽轮机挂闸后		
66	PT GSE 004	汽轮机超速保护装置动作试验	1C	机组每次大修后检查 OPC、机械超速及电超速动作转速是否与期望转速一致，并同时检查其动作的正确性	否	机组每次大修后启动时	汽轮机应带 10%～25%额定负荷运行 4 h 以上后解列	试验时，由于各轴承供油压力高，轴承油挡处可能出现少许甩油现象	
67	PT JPI 001	核岛消防系统	1C	JPI 040－042－016－017－018 VG 正确动作；JPI 023 AA；JPI 028－029 VE 正确动作，DVN/DVH 防火风阀动作正确	是	M5－M6	在上充泵可用前执行完 017/018/019VG 的试验内容，在主泵可用前执行完其余部分，D28 规程中核对	需要仪控拆下相应的电磁阀，在开启 028/029 VE 前必须防止残水淋到主泵电机上	机械 仪控 安防
68	PT JPI 002	水箱水位报警试验	1C	通过充放水来验证 JPI 001 到 007 BA 的水位报警(001AA/025AA/002AA)	是	M5－M6	分为上充泵可用前和主泵可用前两个部分	D28 规程中核对	机械
69	PT JPT 015	主控室启动主变、厂变消防系统雨淋阀试验	1C	在主变灭火系统投运而不引起喷水的条件下，利用主控室按钮启动下述雨淋阀： — 主变 A、B、C 三相的雨淋阀 JPT129/133/137VT — 核岛、常规岛两台厂用变压器的雨淋阀 JPT 125/141VT	是	M5－M14	主变检修后启动前		仪控

70	PT JPT 016	主控室启动辅变消防系统雨淋阀试验	1C	在辅变灭火系统投运而不引起喷水的条件下，利用主控室按钮启动辅变的雨淋阀 JPT154/158/VT	是	M5－M14	辅变检修后启动前		
71	PT KCO 001	常规岛 MCC 柜电源切换试验	1C	核对 KCO0060AR 电源的自动切换功能	否	盘车 停运后	大修期间汽轮发电机组停运，常规岛主隔离实施完毕后即可进行该试验		
72	PT KCO 002	常规岛 KCO058AR 电源切换试验	1C	核对 KCO058AR 电源的自动切换功能	否	盘车 停运后	大修期间汽轮发电机组停运，常规岛主隔离实施完毕后即可进行该试验		
73	PT KPR 001	应急停堆盘系统试验	1C	控制器、信号、调节器和控制系统的空载试验；测量信号校核	是	M19－M20	热停堆(D32 规程)		
74	PT LGE 001	PX 厂房 6 KV 中压开关柜上 CRF 泵高/低速切换开关	1C	检查在 6 kV 中压配电柜上执行 CRF 高/低速切换性能	否	M1－M18		CRF 泵停运，LGE A/B 配电盘不带电	
75	PT LGI 001	LGC/LGD 配电盘的供电从厂用工作变压器自动切换至厂外辅助变压器	1C	LGB/C 失压后 0.9 s LHP/Q 启动；LHA/B 002 AA 显示；LGC/D 003 AA 显示；自动切换动作正确	是	M5－M14	在 GEV 断电进行检修之前也试验		
76	PT LGI 002	LGA/LGB 配电盘的供电从厂用工作变压器自动切换至厂外辅助变压器	1C	自动切换动作正确	否	M5－M14	在 GEV 断电进行检修之前也试验		
77	PT LHP 002	柴油发电机组满负荷运行性能试验	1C	验证柴油发电机组向专设应急安全设备提供额定功率的能力。本试验应通过 LGC 母线将柴油发电机组连接到厂外辅助电网来进行	是	M5－M9 或 M9－M6	柴油机检修结束后		机械 仪控 继保

续表

序号	规程代码	规程名称	周期	试验准则/内容	GOR	状态点	状态要求	特殊说明	协助
78	PT LHP 003	厂用电运行情况下柴油发电机组启动检查	1C	GEW 032 JA 和 GEW 033 JA 没有合上，同时 LHA 配电盘低压情况下发电机组的启动；压缩空气罐充注时间	是	M5 - M9 或 M9 - M6	柴油机检修结束后		机械 仪控 继保
79	PT LHQ 002	柴油发电机组满负荷运行性能试验	1C	验证柴油发电机组向专设应急安全设备提供额定功率的能力。本试验应通过 LGD 母线将柴油发电机组连接到厂外辅助电网来进行	是	M5 - M9 或 M9 - M6	柴油机检修结束后		机械 仪控 继保
80	PT LHQ 003	柴油发电机组低负荷运行性能试验	1C	GEW 032 JA 和 GEW 033 JA 没有合上，同时 LHB 配电盘低压情况下发电机组的启动；压缩空气罐充注时间	是	M5 - M9 或 M9 - M6	柴油机检修结束后		机械 仪控 继保
81	PT LLP 001	常规岛应急配电盘（LLP 001 TB）电源切换试验	1C	核对 LLP 电源的自动切换功能	否	常规岛停运	GGR 盘车、顶轴油泵已停运，密封油系统已停运		
82	PT LLS 003	带负荷启动和运行试验	1C	用 LHA 和 LHB 电压模拟启动汽轮发电机，并向主泵 1 号轴封注水；核对汽轮发电机组运行情况；并进行超速保护跳闸试验	是	M19 - M20	向临界过渡之前，在热停堆工况（D32 规程）	PTXLLS001/002 的起点，并且等效	性能 机械
83	PT PTR 002	PTR402AA 及 PTR403AA 的可用性试验	1C	PTR 402 - 403 AA 正确顺序	是	M3 - M4	反应堆水池充水时	D26 规程文件包	
84	PT RCP 002	在打开 RCP 的任何操作之后要进行的泄漏试验	1C	总泄漏率＜2 300 L/h；不可识别泄漏＜230 L/h	是	M18a - M19	正常中间停堆 275～280 ℃；15.8 MPa。D32 规程中执行	调用 PT RCP 001，中压安注箱止回阀的严密性已校核	
85	PTX RCP 003	稳压器连续喷淋调节	1C	设定连续喷淋挡块的适当位置，以致比例加热器 RCP 03 和 04 RS 得到 50% 的加热信号	否	M19 - M20	热停堆（D32 规程）	调整挡块	机械

86	PT RCP 004	稳压器喷淋阀 RCP 001－002 VP 动作时间试验	1C	关闭时间≤5 s;开启时间≤3 s	是	M18－M18a	冷停堆或单相中停	现场秒表记录时间	
87	PT RCP 005	核对通/断气动阀 RCP 016,131,231 VP 的关闭时间	1C	关闭时间≤10 s	是	M18－M18a	冷停堆 RCP 压力≤7 bar(g)		
88	PT RCP 006	RRA 001 VP、021 VP 和 RCP 212 VP、215 VP 阀门与 RCP 压力之间的联锁	1C	p_{RCP}>2.8 MPa(a)闭锁开启	是	M0－M1	双相中停。D22 规程	一回路冷却和降压正在进行,RRA 回路未连接	
89	PT RCP 033	稳压器 SEBIM 阀保护和隔离动作试验	1C	阀芯行程到位。 动作时间: 开启:<4 s(保护和隔离阀);关闭:期望值 6 s(保护阀) 水消耗量:60～150 cm^3	是	M18a－M19	中间停堆状态,RRA 系统投入和反应堆冷却剂泵在运转(D31 规程)		机械
90	PT RCV 002	在 RCV02BA 水位时上充泵入口切换到 PTR 水箱	1C	在 RCV 002 BA 低 3 水位时上充泵入口切换到 PTR 水箱顺序正确	是	M18－M18a	正常冷停堆		
91	PT RCV 003	RCV 系统阀门关闭顺序和操作时间	1C	试验下列阀门的关闭和开启性能:RCV 053,054,083,084,085,086,373 和 374 VP;检查 RCV 048 和 050 VP 的关闭时间;检查 RCV007/008/009VP 开启/关闭逻辑正确	是	M18－M18a	正常冷停堆		
92	PT RCV 004	RCV201VP SEBIM 阀门压力整定点检查	1C	开:(44±1)bar(a);闭:(41±1)bar(a);阀瓣完全升起时水量 110～185 ml	是	M18a－M19	中间停堆(RCP 压力大于 50 bar,一个下泄孔板在运行),D32 规程中执行	逐步关闭 RCV 013 VP 造成升压的方式来检查	机械 仪控
93	PT RCV 005	RCV001PO 小流量试验	1C	RCV001PO 从容控箱吸水,利用小流量管线进行品质/功能再鉴定(可以从 PTR001BA 吸水)	是	再鉴定	换料冷停或维修冷停	D28 规程中核对执行情况	

续表

序号	规程代码	规程名称	周期	试验准则/内容	GOR	状态点	状态要求	特殊说明	协助
94	PT RCV 006	RCV002PO 小流量试验	1C	RCV002PO 从容控箱吸水，利用小流量管线进行品质/功能再鉴定（可以从PTR001BA 吸水）	是	再鉴定	换料冷停或维修冷停	D28 规程中核对执行情况	
95	PT RCV 007	RCV003PO 小流量试验	1C	RCV003PO 从容控箱吸水，利用小流量管线进行品质/功能再鉴定（可以从PTR001BA 吸水）	是	再鉴定	换料冷停或维修冷停	D28 规程中核对执行情况	
96	PT RIS 001	安全注入和安全壳隔离阶段 A 的综合试验	1C	从控制室用“安全注入和安全壳隔离阶段 A”手动启动来验证整个安全注入顺序“（SI）和安全壳隔离阶段 A 顺序（CIA）运行良好；用 PTR 001 BA 罐的低 2 和低 3 水位模拟来证验“PTR 隔离”和“RIS 再循环”顺序；验证由高流量的 LHSI 和 SI 信号控制的 RIS 执行机构运行良好	是	M18－M18a	换料后的冷停堆工况（D29 规程）	配合 D29 规程，试验期间进行安注管线的充水排气操作	
97	PT RIS 002	对不受安注信号控制的执行机构进行试验	1C	确保 RIS 阀门 RIS 21，23，29，30，31，61，62，63 和 64 VP 良好运行。试验 RCV 泵吸口和出口总管隔离阀（RCV53，54，83，84，85，86，373，374VP）的良好运行	是	M6－M14	在向反应堆换料水池充水时进行，有水进入一回路。D28 规程中执行		
98	PT RIS 004	安注罐出口逆止阀密封试验	1C	试验的止回阀 RIS 004/005 VP，RIS 321/322 VP 最大允许泄漏率 720 cm^3/h	是	M18a－M19	换料停堆后反应堆升温升压过程中，（D22/30 规程）		
99	PT RIS 007	安注罐出口止回阀开启试验	1C	在 04，05VP 开启后，排水流量在 3 m^3/h 以上	是	M0－M1	反应堆冷却剂压力在 70 bar(a)以上	D22 规程中执行	

100	PT RIS 008	H4 阀－RIS059、060、180、181VP 的正确动作	1C	确认 H4 阀（RIS059、060、180、181VP）能手动全开全关	是	M14	装料后，反应堆排水前，D28 规程确认执行		
101	P RIS 011	A 系列报警动作试验：RIS 501 AA	1C	依次拉出/推入 RCV001PO/033/048/223VP、RIS012/032/034/051/077/132/144/167/075/019 VP，001PO 的电源，检查 RIS 501 AA 正确触发	是	M9－M6	燃料在 KX 厂房，RCV001 PO 停运。D28 规程中执行	需要中止 ADT RCP 02，将相应的电源送入	
102	PT RIS 012	B 系列报警动作试验：RIS 502 AA	1C	依次拉出/推入 RCV001PO，034/050/222VP、RIS013/033/035/52/78/133/145/168/085/020VP，002PO 的电源检查 RIS 502 AA 正确触发	是	M9－M6	燃料在 KX 厂房，RCV002/003PO 停运。D28 规程中执行	需要中止 ADT RCP 02，将相应的电源送入	
103	PT RIS 013	A 列报警动作试验：RIS 505 AA	1C	依次使下列阀门离开全关位置：RIS051/036/063/213/287VP，以及依次使下列阀门离开全开位置：RIS075/030/167/061/010/059VP，RCV036/042VP，检查 RIS 505 AA 正确触发	是	M9－M6	燃料在 KX 厂房，在 RIS“A”列解除隔离后向反应堆水池充水前执行本试验，D28 规程中执行	需要中止 ADT RCP 02，RCV 001 PO/RCV 002 PO/RCV 003 PO/RIS 001 PO/RIS 002 PO 必须不在运行状态	
104	PT RIS 014	B 列报警动作试验：RIS 506 AA	1C	依次使下列阀门离开全关位置：RIS052/023/064/029VP，以及依次使下列阀门离开全开位置：RIS085/031/168/062/050/060VP，RCV037/043/038/044VP 离开全开位置，检查 RIS 506 AA 正确触发	是	M9－M6	燃料在 KX 厂房，在 RIS“B”列解除隔离后向反应堆水池充水前执行本试验，D28 规程中执行	ADTRCP02 需要中止 RCV 001 PO/RCV 002 PO/RCV 003 PO/RIS 001 PO/RIS 002 PO 必须不在运行状态	
105	PT RIS 015	系列 A 报警动作试验：RIS 518 AA，520 AA	1C	打开然后关闭 RIS021/034VP 检查 RIS 518 AA 正确动作，打开然后关闭 RIS061/063VP 检查 RIS 520 AA 动作正确	是	M9－M6	反应堆换料腔充水时的换料冷停堆，D28 规程中执行	ADTRCP02 需要中止。试验完毕必须保持 061VP 关闭	

续表

序号	规程代码	规程名称	周期	试验准则/内容	GOR	状态点	状态要求	特殊说明	协助
106	PT RIS 016	系列 B 报警动作试验：RIS 519 AA，521 AA	1C	打开然后关闭 RIS020/023VP 检查 RIS 519 AA 正确动作，打开然后关闭 RIS062/064VP 检查 RIS 521 AA 动作正确	是	M9－M6	反应堆换料腔充水时的换料冷停堆，D28 规程中执行（D32 中确认）	ADTRCP02 需要中止。试验完毕必须保持 062VP 关闭	
107	PT RIS 030	安注信号控制的阀门的可操作性试验	1C	为 PT RIS 001 作准备，检查一些由安注信号驱动的不在 PT EIE 003 中试验的阀门的可操作性	是	M15－M18	反应堆处在压力容器关闭之后动态排气之前的冷停堆状态（D29 规程）		
108	PT RIS 060	安注管线隔离止回阀的密封性试验	1C	25 bar 压力下的进行 RIS 72，73，74，79 VP 的密封性试验[$Q \leqslant 60D$(ml/h)]	是	M1－M2 M18a－M19	单相冷停堆状态，T 在 35～60 ℃，$p \approx 25$ bar。（D30 规程）	D30 规程执行，在 RPE793WV 下游加装 0～4 MPa 压力表	机械 仪控
109	PT RIS 061	安注管线隔离止回阀 RCP 120，220 VP 在 25 bar 压力下的密封性试验	1C	25 bar 压力下 RCP120/220VP 密封性试验[$Q \leqslant 60D$(ml/h)]	是	M1－M2 M18a－M19	单相冷停堆状态，T 在 35～60 ℃，$p \approx 25$ bar。（D30 规程）		
110	PT RIS 062	安注管线隔离止回阀 RCP 122，222 VP 在 25 bar 压力下的密封性试验	1C	25 bar 压力下 RCP122/222VP 密封性试验[$Q \leqslant 60D$(ml/h)]	是	M1－M2 M18a－M19	单相冷停堆状态，T 在 35～60 ℃，$p \approx 25$ bar。（D30 规程）		
111	PT RIS 063	安注管线隔离止回阀在 70 bar 压力下的密封性试验（RCP122，222VP）	1C	70 bar 压力下 RCP122/222VP 密封性试验[$Q \leqslant 60D$(m/h)]	是	M1－M2 M18a－M19	正常中间停堆状态，反应堆冷却剂压力保持在 70 bar。D22/32 规程	每次换料大修后或 122/222VP 的密封试验不满意时执行	

112	PT RIS 064	安注管线隔离止回阀在70 bar压力下的密封性试验(RCP120,220VP)	1C	70 bar压力下RCP120/220VP密封性试验[$Q \leqslant 60D$(ml/h)]	是	M1－M2 M18a－M19	正常中间停堆状态,反应堆冷却剂压力保持在70 bar。D22/32规程	每次换料大修后或120/220 VP的密封试验不满意时执行	
113	PT RRA 001	RRA安全阀整定压力校验	1C	RRA 018 VP开启压力:(44±1)bar关闭压力:(41±1)bar; RRA 115 VP开启压力:(39±1)bar关闭压力(36±1)bar; RRA 120/121 VP开启压力:(37±1)bar,关闭压力(24±1)bar	是	M18－M18a	动态排气已完成,一回路温度低于70 ℃,压力在23～27bar(g),主泵启动前(D30规程)	需要NNSA特许	仪控 机械
114	PT RRA 002	RRA－RCP隔离阀泄漏试验	1C	RRA001/021/014/015 VP、RCP 212/215/354/355VP泄漏率满足相关准则	是	M18a－M19	正常中间冷停堆和热停堆下分别检查	D32规程	仪控 机械
115	PT RRA 003	RRA 001和002 PO运行参数的校验	1C	电机线圈温度＜120 ℃;轴承温度＜90 ℃;泵轴封温度＜65 ℃;振动合格	是	M0－M1	RRA在运行的冷停堆和中间停堆,D28中执行		性能
116	PT RRA 004	失去空气后RRA 013 VP,024 VP,025 VP阀位保持试验	2C	验证RRA阀门(013 VP,024 VP,025 VP)在失气后保持其阀位	是	M5－M14			
117	PT RRI 011	在冷却水流量高时隔离热屏蔽	2C	RRI031－033－035AA(151/153/155 MD/泵热屏高流量);RRI225/226 VN动作正确	是	M14－M15	换料冷停堆/维修冷停堆/停RCP泵	模拟热屏流量高信号	仪控
118	PT RRI 014	核对当RRI系列A向RRA及两个系列共用环路供水时的运行参数	1C	RRA热交换器流量≥680 m^3/h;电机定子温度＜125 ℃;轴承温度＜90 ℃;电机＜69 A	是	M15－M18	冷停堆	RRA投运	

续表

序号	规程代码	规程名称	周期	试验准则/内容	GOR	状态点	状态要求	特殊说明	协助
119	PT RRI 015	检查 RRI 系统 B 系列向 RRA 系统和两个系列公用回路供水的工作参数	1C	RRA 热交换器流量≥680 m^3/h；电机定子温度<125 ℃；轴承温度<90 ℃；电机<69 A	是	M15 - M18	冷停堆	RRA 投运	
120	PT RRI 019	在系列 A 事故水位时的自动切换闭锁	1C	动作正确	是	M15 - M18	换料冷停或正常冷停堆		仪控
121	PT RRI 020	在系列 B 事故水位时禁止自动切换	1C	动作正确	是	M15 - M18	换料冷停或正常冷停堆		仪控
122	PT RRI 021	RRI 465、466 VN 阀的关闭试验	1C	RRI465/466VN 可操作性与关闭时间	是	M5 - M9	换料冷停堆		
123	PT RRI 022	在不考虑地震设计的地段中通向 DEG 的隔离阀的试验	2C	RRI146/551VN 关闭时间<5 s	是	M18 - M18a	任何状态		
124	PT VVP 001	VVP 127/128 VV 动作试验	1C	从主控制室核对阀 VVP 127,128 VV 的动作及报警 ASG 507 AA，ASG 508 AA	是	M18a - M19	RRA 连接的双相停，ASG 汽动泵不在运行(D31 规程)		
125	PT VVP 003	主蒸汽隔离阀快速关闭试验	1C	VVP 001 VV，VVP 002 VV 从信号输入到完全关闭所需时间小于 5 s，VVP 140、141 VV 关闭时间延迟小于 16 s	是	M0 - M1	热停堆/热备用(启动时再做再鉴定)D21A 中进行	在启动后暖管完毕应当再次进行	
126	PT VVP 004	主蒸汽管路隔离阀高压差(Δp)开启联锁试验	1C	核对当主蒸汽阀前后压差>3 bar 时 VVP 001,002VV 的开启应闭锁	是	M19 - M20	热备用状态，正在进行 VVP 主蒸汽阀暖管(D33 规程)		

127	PT CHP 001	汽轮发电机组冲转关键点检查	必要时	汽轮发电机组冲转关键点检查	否	汽轮机冲转前		
128	PT CHP 002	主变/厂变冲击前后关键点检查	必要时	验证主变满足复役前要求 主变复役后检查主变运行正常	是	M3－M15		
129	PT DHP 001	关键点 No1:从正常冷停堆转到一回路水位>10.73 m的维修冷停堆	必要时	确认从正常冷停堆转到一回路水位>10.73 m的维修冷停堆期间设备的可用性	是	M1－M2		关键点的控制是对在反应堆状态改变前进行的最后的确认	
130	PT DHP 002	关键点 No2:从正常冷停堆转至一回路水位<10.73 m的维修冷停堆	必要时	确认从正常冷停堆转到一回路水位<10.73 m的维修冷停堆期间设备的可用性	是	M1－M2		动态关键点检查程序	
131	PT DHP 003	关键点 No3:换料冷停堆卸料前检查	必要时	确认机组具备卸料条件	是	M3		动态关键点检查程序	服务
132	PT DHP 004	关键点 No4:换料冷停堆装料前检查	必要时	确认机组具备装料条件	是	M6－M14		动态关键点检查程序	服务
133	PT DHP 005	关键点 No5:从换料冷停堆转到主回路水位<10.73 m的维修冷停堆	必要时	从非卸料模式的换料冷停堆转到主回路水位小于10.73 m的维修冷停堆之前,核对所有技术规范所要求的设备都可用	是	M14－M15		动态关键点检查程序	
134	PT DHP 006	关键点 No6:从换料冷停堆转到主回路水位>10.73 m的维修冷停堆	必要时	从非卸料模式的换料冷停堆转到主回路水位大小于10.73 m的维修冷停堆之前,核对所有技术规范所要求的设备都可用	是	M14－M15		动态关键点检查程序	
135	PT DHP 007	关键点 No7:维修冷停转至正常冷停状态	必要时	确认维修冷停至正常冷停状态转换中各系统所需设备的可用性	是	M15－M18		动态关键点检查程序	

续表

序号	规程代码	规程名称	周期	试验准则/内容	GOR	状态点	状态要求	特殊说明	协助
136	PT DHP 008	关键点 No8:从正常冷停堆转至单相中间停堆	必要时	确认从正常冷停堆转至单相中间停堆时所需设备的可用性	是	M18a－M18b		动态关键点检查程序	仪控 电气 性能
137	PT DHP 009	关键点 No9:离开 RRA 运行条件	必要时	确认从 RRA 连接的中间停堆工况转到 RRA 不连接的中间停堆工况所需设备的可用性	是	M18b		动态关键点检查程序	仪控 电气 性能
138	PT DHP 010	关键点 No10:从热停堆模式转到热备用模式	必要时	确认从热停堆模式转到热备用模式时技术规范规定的条件已满足	是	M19－M20		动态关键点检查程序	
139	PT DHP 011	关键点 No11:自动跳堆后临界	必要时	确认在自动跳堆后再启动之前技术规范规定的条件已满足	是	—		动态关键点检查程序	
140	PT DHP 012	关键点 No12:停堆维修后临界前的反应堆厂房检查	必要时	计划的维修冷停堆或者反应堆厂房内进行了维修工作(但没有打开 RCP)的大修以后,再次达临界前,执行本规程进行独立验证,以确保设备处于正确的位置	是	M18a－M18b	与 PT9DHP008 同时执行	动态关键点检查程序	机械 安防
141	PT LGR 001	辅助变冷却器电源切换试验	1C	备用设备定期切换,一是不使运行设备过渡损耗,二是为了保证备用设备完好,同时检查切换的控制回路完好	否	M3－M15	辅助变在空载备用状态或检修结束后		
142	PT RIS 010	核对 HHSI 泵的流量	2C	核对以下运行状态下高压安注流量满足要求: 1. 通过 RIS 04 BA 向冷管段直接注入的流量; 2. 通过 RIS 004 BA 及其旁路向冷段和压力容器直接注入流量; 3. 向冷管段和热管段同时注入流量	是	M6－M14	试验前反应堆堆坑中的水位高出反应堆压力容器法兰面	上充泵运行期间 PTR 01 BA 必须保持高于 6.00 m,以保证上充泵的净正吸入压头	

143	PT RIS 040	核对 LHSI 泵的流量	5C	核对以下运行状态下低压安注流量满足要求： 1. 每台泵向冷管段及压力容器注入； 2. 每台泵向热管段注入； 3. 每台泵同时向冷管段和压力容器和热管段注入	是	M6－M14	试验前反应堆堆坑中的水位高出反应堆压力容器法兰面		
144	PT SHP 001	静态关键点 No1：燃料装卸模式下的换料冷停堆	必要时	确认机组在燃料装卸模式下的换料冷停运行时所需设备的可用性	是	装卸料时	每班执行	静态关键点检查程序	
145	PT SHP 002	静态关键点 No2：无燃料装卸的换料冷停堆	必要时	确认机组在没有燃料装卸模式下的换料冷停运行时所需设备的可用性	是	未装卸料时的换料冷停	每班执行	静态关键点检查程序	
146	PT SHP 003	静态关键点 No3：反应堆冷却剂水位＜10.73 m 的维修冷停堆	必要时	检查当反应堆冷却剂水位＞10.73 m 时，机组在维修冷停堆时所有必需设备的可用性	是	水位＜10.73 m 的维修冷停堆	每班执行	静态关键点检查程序	
147	PT SHP 004	静态关键点 No4：反应堆冷却剂水位＞10.73 m 时的维修冷停堆	必要时	检查当反应堆冷却剂水位＞10.73 m 时，机组在维修冷停堆时所有必需设备的可用性	是	水位＞10.73 m 的维修冷停堆	每班执行	静态关键点检查程序	
148	PT SHP 005	静态关键点 No5：正常冷停堆	必要时	检查机组在正常冷停堆方式运行时所需设备的可用性	是	正常冷停堆	每班执行	静态关键点检查程序	
149	PT SHP 006	静态关键点 No6：所有燃料在 KX 厂房的换料冷停堆	必要时	检查机组在所有燃料在 KX 厂房的停堆运行工况下所需所有设备的可用性	是	所有燃料在 KX 厂房时	每班执行	静态关键点检查程序	

需要在大修期间执行的定期试验有三种：

(1) 日常类定期试验，即周期在1C以下的定期试验，这些试验由于机组状态的要求，应当按照周期继续进行，直到根据机组状态对系统没有要求为止。在大修后期的启动阶段，在技术规范对相关系统的状态有要求前，这些试验应当完成，并以初次执行的时间作为该试验的新的起始点。在由于各种原因推迟试验时，试验的最迟完成日期不应超过其允许的裕度，否则应当认为相关的功能不可用。日常类定期试验的详细情况见表5-1-3。

(2) 再鉴定类定期试验，一部分泵的全流量与零流量试验、风机的运行状态检查试验可以在大修期间作为再鉴定的验收规程。在日常功率运行期间核安全相关设备的转动试验大多为RPR系统规程，由于大修期间机组的系统状态可能与日常存在差异，大修再鉴定尽量不采用RPR的逻辑试验规程而使用各系统的相关规程，例如对EAS泵的再鉴定过程中采用PT EAS 011/012，而不用PT RPR 030的目的是防止在试验期间导致其他设备运行状态的变化，这也是在当前规程体系中尽管试验内容大致相同而继续保留一部分系统试验规程的原因。

(3) 机组状态类定期试验，主要是周期为1C及1C以上的与机组状态变化有密切关系的试验，这些试验需要由运行大修组制订专门的执行计划。

5.1.2 大修定期试验的管理流程

在大修准备期间由运行大修组根据大修计划先制定出一份试验清单。技术规范或定期试验大纲要求的部分要征得安工及计划部门的审查认可，并报国家核安全部门审查通过。此外，根据部门分工，二年以上周期的定期试验统一由计划部门进行规划。

试验清单确定以后，由运行大修组根据大修计划安排制订出详细的定期试验执行计划。该计划应按大修各状态发展顺序列出各窗口下要执行的内容，以确保试验能如期进行，不致错过窗口。

大修开始后由运行经理根据大修的进展和计划要求，安排运行定期试验执行计划，计划安排过程中应当遵守以下基本原则：一是满足试验的状态要求，二是要满足动态检查关键点的要求，三是在满足上述两个原则的基础上尽量平衡各运行值的工作量。在安排计划过程中，日常控制类定期试验仍然按照其原有的周期由运行技术科安排试验计划，提交运行大修组汇总到定期试验总体计划中。当前经过几次大修以后，定期试验的项目和执行窗口已经基本定型，每年根据周期要求和检修项目略做调整即可。典型的定期试验实施窗口见图5-1-1与图5-1-2。

在大修过程中，定期试验的执行必须严格按照运行计划进行，并在日志中记录清楚。当试验过程中发生偏差或试验结果不满意时，计划人员应当尽快安排消缺工作，并及时安排新的试验，防止由于试验不合格造成关键路径延误或由于错过试验窗口造成安全屏障的失效。

表 5-1-3　1C 以下的定期试验信息汇总

序号	规程代码	规程名称	周期	试验准则/内容	GOR	停止执行	状态要求/特殊说明	开始执行点
1	PT0 XCA 001	辅助锅炉定期试验规程	1M	启动锅炉试验验证锅炉的可用性	否	连续进行	由正常运行机组负责	连续进行
2	PT JPV 001	5 号柴油机厂房消防雨淋阀手动启动试验	3M	在 0JPV 系统雨淋阀投运而不引起喷水的条件下，试验 5 号应急柴油机厂房雨淋阀 0JPV009/019/29VT 的动作及验证报警的正确性	否	连续进行	由正常运行机组负责	连续进行
3	PT LHF 001	第五台柴油机每周盘车	1W	通过对柴油机的盘车，检查驱动机构是否存在卡涩的现象以及防止柴油机备用期间曲轴挠度过大	否	连续进行	柴油发电机没有运行，不在热备状态。 由正常运行机组负责	
4	PT LHF 002	第五台柴油机零负荷试验	1M	检查第五台柴油发电机的可用性(发电机电压和柴油机转速)	否	连续进行	由正常运行机组负责	连续进行
5	PT LHF 005	第五台柴油发电机组压缩空气启动系统试验	1M	柴油发电机组压缩空气启动系统的压缩机能在设定压力自动启动，维持空气启动罐的正常压力。 空气压缩机的各项运行参数正常	否	连续进行	由正常运行机组负责	连续进行
6	PT ABP 005	低压加热器 3A 和 3B 抽汽逆止阀带负荷试验	1M	带负荷试验抽汽至低压加热器 3A－3B 的逆止阀(部分关闭)，检查抽汽逆止阀动作的灵活性及正确性	否	汽轮机解列	可能导致机组效率下降，并可能使进入 ADG 的加热蒸汽流速超过限值	并网后 1 月以内
7	PT ADG 002	除氧器抽汽逆止阀带负荷试验	1M	通过 ADG001/003TO 带负荷试验除氧器抽汽逆止阀 ADG 001,002,003,004 VV 的动作(部分关闭)，检查抽汽逆止阀动作的灵活性及正确性	否	汽轮机解列	除氧器压力可能出现大幅降低现象	并网后 1 月以内
8	PT ADG 003	除氧器循环泵 ADG 001 PO 试验	2M	测量 ADG 001 PO 的运行数据，验证其可用性，确保机组安全停运。 ADG 001 PO 再鉴定	否	汽轮机解列	出口阀在泵启动前应适当节流，否则可能造成 ADG 001 PO 启动后因电流过大而跳闸	ADG 001 PO 检修结束

续表

序号	规程代码	规程名称	周期	试验准则/内容	GOR	停止执行	状态要求/特殊说明	开始执行点
9	PT AHP 004	5号、6号和7号高压加热器抽汽逆止阀的带负荷试验	1M	对5号、6号和7号高压加热器的抽汽逆止阀(009/010 VV、005/006 VV和001/002 VV)进行带负荷操作试验，检查抽汽逆止阀动作的灵活性及正确性	否	汽轮机解列	若长时间全关闭逆止阀将导致进入SG水温度过低，从而导致机组效率下降，使一回路核功率上升	并网后1月以内
10	PT APG 001	测量APG 004，005 VL的关闭行程时间	1M	在ASG启动信号上的自动隔离；≤15 s	是	日常	为PTRPA046以及PTRIS001等效	
11	PT ASG 001	ASG水箱水位传感器的一致性	1W	检查ASG 001/011 MN	是	RRA连接后停止	任何状态	ASG001BA充水后开始
12	PT ASG 010	取样前ASG水箱的搅拌混合	1M	启动9ASG006PO给ASG水箱打循环20 h	是	ASG001BA排水后停止运行	任何状态	ASG001BA充水后1月内
13	PT CAR 001	汽轮机低压缸喷淋控制阀自开启试验	2M	在DCS中强制MCS 012 SCSR信号为“1”试验低压喷淋控制阀CAR 010 VL、011 VL和012 VL动作，以证明其控制回路逻辑及阀门动作正常	否	汽轮机解列	功率运行	并网后2月以内
14	PT CEX 001	由母管压力低信号启动备用泵	1M	触发011 SP压力低信号，检验备用凝结水泵能根据出口母管压力低信号自动启动，并验证其运行符合要求	否	汽轮机解列	可作为再鉴定程序	CEX泵启动后1月以内
15	PT CRF 001	拦污栅上升和下降按钮	3M	确保拦污栅下降和上升按钮的功能是有效	否	汽轮机解列	可作为再鉴定程序	CRF进水前
16	PT CRF 002	拦污栅自动运行控制(CMA)	3M	核对对应于一条通道和一台旋转滤网的每对栏污栅的自动运行正确	否	汽轮机解列	可作为再鉴定程序	CRF进水后
17	PT CRF 003	拦污栅压差计水位开关试验	3M	核对差压开关(在CRF201和202 CR上)和限位开关(在浮子系统203和204 CR上)运行正常	否	汽轮机解列	可作为再鉴定程序	CRF进水后

18	PT CRF 005	旋转滤网 CRF 201 TF 压头损失指示器水位切换试验	3M	确保旋转滤网，第一级压差检测及其有关自动化装置的正确工作	否	汽轮机解列	可作为再鉴定程序	CRF 进水后
19	PT CRF 006	旋转滤网 1CRF 202 TF 压头损失指示器水位切换试验	3M	确保旋转滤网，第一级压差检测及其有关自动化装置的正确工作	否	汽轮机解列	可作为再鉴定程序	CRF 进水后
20	PT CVI 001	备用真空泵入口母管压力高信号自启动试验	1M	检验备用真空泵在其入口母管压力高信号时能够自动启动，并验证其运行符合要求		汽轮机解列	可作为再鉴定程序	凝汽器真空建立后
21	PT DTV 001	主控室声警报控制台试验	1M	主控室声警报控制台完好可用；各厂房及厂区各建筑区域报警装置完好可用	否	连续进行	D26/28 规程中执行	连续进行
22	PT DEG 001	DEG 冷冻机试验	1M	定期切换，保证可用	否	大修开始前一周	任何状态	机组并网后开始计时
23	PT DEL 001	冷冻机组切换试验	2M	定期切换，保证可用	否	大修开始前一周	与 RRI 切换时	与 RRI 列间切换同步进行
24	PT DSL 001	机组安全照明定期检查试验	2M	备用设备定期切换，一是不使运行设备过度损耗，二是为了保证备用设备完好，同时检查安全照明灯是否完好	否	连续进行		连续进行
25	PT DTV 001	主控室声警报控制台试验	1M	主控室声警报控制台完好可用；各厂房及厂区各建筑区域报警装置完好可用	否	连续进行	D26/28 规程中执行	连续进行
26	PTXDVC 001	主控室备用送风机自动启动(003ZV－004 ZV)	2M	启动和停运顺序正确	是	连续进行	任何状态，可用于再鉴定	DVC 风机检修结束
27	PT DVE 001	DVE 风机试验	1M	风机启动/切换	否	连续进行	任何状态	连续进行
28	PT DVF 002	排风机连接阀的定期试验	1M	启动和运行性能试验；DVF050VA 性能	是	连续进行	任何状态	连续进行

续表

序号	规程代码	规程名称	周期	试验准则/内容	GOR	停止执行	状态要求/特殊说明	开始执行点
29	PT DVH 001	上充泵房应急通风系统风机试验	2M	校核风机能通过控制开关正确启停，核对DVH通风管线能连续正常运行	是	连续进行	任何状态，可用于再鉴定	作为DVH可用性检查
30	PT DVL 001	压缩机房风机性能检查	1M	由应急空压机连锁启动或手动启动风机以验证DVL103/104ZV可用	否	连续进行	任何状态	与PTSAP001同时执行
31	PT DVM 001	空调机的切换	1W	核对空调机组的正确运行	否	检修前		检修后1月
32	PT DVM 002	DVM轴流风机切换	1M	核对运行风机和空调机组的正确运行	否	检修前		检修后1月
33	PT DVR 001	安全厂用水泵站通风系统试验A	4M	验证可以自动/手动启动	否	连续进行	任何状态	
34	PT DVR 002	安全厂用水泵站通风系统试验B	4M	验证可以自动/手动启动	否	连续进行	任何状态	
35	PT DVW 001	碘过滤器排风机的性能试验	2M	001/002 ZV、001/002RS 可用；001FP/003FA压差正常（手动启停001/002ZV，003ZV自动停启）	是	连续进行	任何状态 机组启动时作为DVW可用性检查	M18－M18a
36	PT EAS 004	氢氧化钠混合泵003PO性能试验	1M	启停时间正确(20 min/8 h)	是	检修前	再鉴定，D28中确认执行	检修后1月内
37	PT EAS 020	安喷热交换器缺陷焊缝定期监测	1M	掌握安喷热交换器1EAS001/002RF焊接缺陷的发展情况，为可能发生的焊缝泄漏提供监测手段，及时发现可能出现的泄漏	是	连续进行		连续进行
38	PT GFR 001	EH调节油泵自启动试验	2M	开启EH油泵自启动试验手动卸压阀GFR 046 VH，验证EH供油母管压力低时，处于备用状态的GFR 001/002 PO能自动启动	否	汽轮机解列	两台EH油泵并列运行时，注意油箱油位变化及管路泄漏检查	汽轮机冲转到1 100 r/min（见D34规程）
39	PT GGR 001	交流润滑油泵自启动试验	2M	通过002/072SP对003PO进行自启动试验	否	汽轮机解列	GGR003PO停运	汽轮机冲转到3 000 r/min，并网前

40	PT GGR002	直流润滑油泵自启动试验(GGR 004 PO)	2M	通过手动开启带负荷试验排油阀 307/310VH,对直流润滑油泵进行自启动试验	否	汽轮机解列	运行中,004PO 再鉴定结束	GGR003PO 启动后
41	PT GGR 003	高压密封备用油泵自启动试验	2M	通过 005/007SP 对高压密封备用油泵进行自启动试验,试验其自动投运及其可用性	否	汽轮机解列	油泵出口安全阀可能动作;GGR010PO 检修结束	GGR003PO 启动后
42	PT GGR 004	主油箱排油烟风机自启动试验	1M	通过开启 321VH,触发 003/004SP,检查主油箱备用排油烟风机在主油箱压力升高后能自动启动	否	汽轮机解列	汽轮机各轴承油挡及大盖、汽轮机前箱盖及主油箱盖板未就位而进行该试验,大气中的浮尘进入油管及油箱,可导致 GGR 油污染,且试验失败	GGR 油回路检修完成(见 D30A 规程)
43	PT GGR 005	汽轮机主油箱液位开关动作检查试验	1M	现场手动触发液位开关动作,检查 GGR 主油箱各液位开关在油箱液位变化时动作正常,各开关报警逻辑及相应的声光报警正确	否	汽轮机解列	用手按压或提升就地液位计标尺指针时用力要平缓,否则可能损坏微动开关或导致开关整定值改变	GGR 油箱充油时
44	PT GHE 002	空侧密封油箱排烟风机自启动试验	1M	定期检查空侧密封油箱备用排油烟风机在 GHE 008 SPd/GHE 009 SPd 动作或 GHE 运行风机故障时能自启动	否	汽轮机解列	发电机密封性试验结束后,9、10 号轴承小端盖封闭后才能启动风机	9、10 号轴承小端盖封闭,风机检修完成
45	PT GRE 001	主汽门、主调门试验	3M	通过降功率,使主汽门、主调门分别动作,验证它们能正常工作	否	汽轮机解列	有阀门卡涩和 DEH 故障的风险,有停机风险	并网后 3 月内
46	PT GRE 002	低压缸再热主汽门、再热截止阀带负荷试验	3M	在 DEH 中使低压缸再热截止阀门和再热主汽门实际动作,验证其可动作性	否	汽轮机解列	可能出现系统震荡,有停机风险	并网后 3 月内

续表

序号	规程代码	规程名称	周期	试验准则/内容	GOR	停止执行	状态要求/特殊说明	开始执行点
47	PT GSS 004	MSR A 和 B 的抽气逆止阀 AHP 013 VV 带负荷试验	1M	通过 AHP013TO 使 AHP013VV 部分关闭，检查抽汽逆止阀动作的灵活性及正确性	否	汽轮机解列	试验过程中可造成低压缸进汽温度存在瞬间突变	并网后 1 月以内
48	PT GST 001	GST 备用泵自动启动试验	1M	现场触发 001/003SP，检查备用中的定子冷却水泵能按预定逻辑自动启动	否	汽轮机解列	GST 系统充水	GST 泵再鉴定完成后
49	PT GST 002	发电机定子冷却水箱液位开关动作检查试验	1M	检查发电机定子冷却水箱高/低液位开关在水箱液位变化到整定值时动作正常，各开关报警逻辑及相应的声光报警正确，定子冷水箱补水电磁阀 GST 046 VN 动作正常	否	汽轮机解列	试验时注意关闭液位计下部根阀，否则可能影响定子水箱水位	机组每次大修后 GST 001 BA 充水时
50	PT JDT 001	火警探测压缩机的可用性试验	1M	试验火警探测系统压缩机 JDT 001 CO 和 002 CO 的可用性	否	连续进行	任何工况	
51	PT JPH 001	常规岛消防气压供水系统补气泵定期试验	1M	试验常规岛气压供水系统气压罐补气泵 JPH 003 PO、004 PO 的可用性	否	连续进行	任何工况	
52	PT JPH 001	常规岛消防气压供水系统补水泵定期试验	1M	试验常规岛气压供水系统气压罐补水泵 JPH 001 PO、002 PO 的可用性	否	连续进行	任何工况	
53	PT JPL 001	电气厂房防火电缆托架火警探测试验	1M	检查就地控制柜	否	连续进行		连续进行
54	PT JPP 001	消防水生产系统水泵可用性试验	1M	通过 JPP 001 和 JPP 002 TO 从主控室启动；最小流量管道排水的出口压力 1.2 MPa $< p <$ 1.4 MPa	是	连续进行	任何工况	连续进行
55	PT JPP 002	消防水生产系统水泵可靠性试验	1M	检查管网压力低时的报警和水泵在管网低时的自动启动能力	是	连续进行	任何工况	连续进行
56	PT JPT 001	主变压器消防系统雨淋阀动作试验	3M	验证雨淋阀动作试验	否	连续进行		系统检修后立即试验

57	PT JPT 002	厂用变压器消防系统雨淋阀动作试验	3M	验证雨淋阀动作试验	否	连续进行		系统检修后立即试验
58	PT JPT 003	预作用水喷淋 A、电缆桥架预作用水喷雾 B、氢密封油装置水喷雾系统预作用阀动作试验	3M	在预作用水喷淋 A，电缆桥预作用水喷雾 B、氢密封油装置水喷雾系统投运而不引起喷水的条件下，试验预作用阀 JPT007/002/012VT 及有关火警警报	否	连续进行		系统检修后立即试验
59	PT JPT 004	预作用水喷淋 B、电缆桥架预作用水喷雾 C 系统预作用阀动作试验	3M	在预作用水喷淋 B、电缆桥架预作用水喷雾 C 系统投运而不引起喷水的条件下，试验预作用阀 JPT 024/019 VT 及有关火警警报的动作	否	连续进行		系统检修后立即试验
60	PT JPT 005	预作用水喷淋 C、电缆桥架预作用水喷雾 D 系统预作用阀动作试验	3M	在预作用水喷淋 C、电缆桥架预作用水喷雾 D 系统投运而不引起喷水的条件下，试验预作用阀 JPT 036/031 VT 及有关火警警报的动作	否	连续进行		系统检修后立即试验
61	PT JPT 006	预作用水喷淋 D、电缆桥架、汽轮机润滑、油管预作用水喷雾 F 系统预作用阀动作试验	3M	在预作用水喷淋 D、电缆桥架、汽轮机润滑油管预作用水喷雾 F 系统投运而不引起喷水的条件下，试验预作用阀 JPT 048/043 VT 及有关火警警报的动作	否	连续进行		系统检修后立即试验
62	PT JPT 007	电动给水泵预作用水喷雾、电缆桥架预作用水喷 A 系统预作用阀动作试验	3M	在电动给水泵预作用水喷雾，电缆桥架预作用水喷雾 A 系统投运而不引起喷水的条件下，试验预作用阀 JPT070/065/060/055VT 及有关火警警报的动作	否	主给水泵隔离	如无检修，按照周期进行	主给水泵再鉴定前
63	PT JPT 008	汽轮机轴承预作用水喷雾系统预作用阀动作试验	3M	在汽轮机轴承预作用水喷雾系统投运而不引起喷水的条件下，试验预作用阀 JPT 097 VT 及有关火警警报的动作	否	盘车停运，ADT GGR 00 实施	如无检修，按照周期进行	ADT GGR 00 解除，盘车开始后

续表

序号	规程代码	规程名称	周期	试验准则/内容	GOR	停止执行	状态要求/特殊说明	开始执行点
64	PT JPT 009	凝结水精处理车间电缆桥架预作用水喷雾系统预作用阀动作试验	3M	在凝结水精处理车间电缆桥架预作用水喷雾系统投运而不引起喷水的条件下，试验预作用阀 JPT 108/113 VT 及有关火警警报的动作	否	连续进行		系统检修后立即试验
65	PT JPT 010	电缆桥架预作用水喷雾系统 E 预作用阀动作试验	3M	在电缆桥架预作用水喷雾系统 E 投运而不引起喷水的条件下，试验作用阀 JPT 120 VT 及有关火灾报警的动作	否	连续进行		系统检修后立即试验
66	PT JPT 011	主油箱、冷油器水喷雾、润滑油轻水泡沫灭火系统喷水阀动作试验	3M	在主油箱、冷油器水喷雾、润滑油轻水泡沫灭火系统投运而不引起喷水的条件下，试验雨淋阀 JPT 077/081 VT 及有关火警警报的动作	否	连续进行		系统检修后立即试验
67	PT JPT 012	辅助变压器消防系统雨淋阀动作试验	3M	在辅变灭火系统投运而不引起喷水的条件下，试验两台辅变压器的雨淋阀 JPT154/158VT 及有关火警报的动作	是	连续进行		系统检修后立即试验
68	PT JPT 013	网控电缆桥架预作用水喷雾系统雨淋阀动作试验	3M	在网控电缆桥架预作用水喷雾系统投运而不引起喷水的条件下，试验作用阀 1JPT 147 VT 及有关火灾报警的动作	否	连续进行		
69	PT JPT 014	电锅炉变压器消防系统雨淋阀动作试验	3M	在锅炉变灭火系统投运而不引起喷水的条件下，试验两台锅炉变压器的雨淋阀 1JPT 173/177VT 及有关火警报的动作	否	连续进行		系统检修后立即试验
70	PT JPV 001	柴油机厂房 LHP 消防雨淋阀手动启动试验	3M	在 JPV 系统雨淋阀投运而不引起喷水的条件下，试验 A 列应急柴油机厂房雨淋阀 1JPV001/021VT 的动作及验证主控室报警的正确性	是	连续进行		系统检修后立即试验

71	PT JPV 002	柴油机厂房 LHQ 消防雨淋阀手动启动试验	3M	在 JPV 系统雨淋阀投运而不引起喷水的条件下，试验 B 列应急柴油机厂房雨淋阀 1JPV101/121VT 的动作及验证主控室报警的正确性	是	连续进行		系统检修后立即试验
72	PT KPR 002	KPR 盘的定期试验	2M	定期检查 KPR 控制盘的工作状态，以保证紧急状态下，KPR 盘的可用性	是	连续进行	任何状态	
73	PT KPS 010	堆芯冷却监测器指示与 KPS 显示饱和裕度一致性检验	1D	核对饱和裕度（ΔT 饱和≤3 ℃）；核对 RIC 001 PP 和 RIC 002 PP 所指示的饱和裕度和堆芯最高温度的一致性	是	连续进行至卸料	任何状态	装料开始后连续进行
74	PT KPS 020	主控室安全功能监视曲线读数与测量结果一致性检验	1W	核对由主控室指示器和由 KPS 计算机设备所提供的这些信息的一致性	是	连续进行至卸料	任何状态	装料开始后连续进行
75	PT KSC 002	报警光字牌试验	1D	用每个台或屏上的按钮定期检验所有报警光字牌，并更换有故障的灯泡	是	连续进行		连续进行
76	PT LHP 001	柴油发电机组低负荷运行性能试验	1M	卸负荷和重新加负荷顺序；由在 LHA 上“失去电压”和 001 JA 打开命令启动；电压恢复时间≤13 s	是	柴油机检修开始	机械仪控继保配合	柴油机检修结束后
77	PT LHP 004	A 列柴油发电机组压缩空气启动系统试验	1M	核对柴油发电机组压缩空气启动系统的压缩机能在设定压力自动启动，以维持空气启动罐的正常压力；并核对空气压缩机的各项运行参数正常	是	柴油机检修开始	可以利用 PT LHP 003 等效	柴油机检修结束后
78	PT LHQ 001	柴油发电机组低负荷运行性能试验	1M	卸负荷和重新加负荷顺序；由在 LHB 上“失去电压”和 001 JA 打开命令启动；电压恢复时间≤13 s	是	柴油机检修开始	机械仪控继保配合	柴油机检修结束后

续表

序号	规程代码	规程名称	周期	试验准则/内容	GOR	停止执行	状态要求/特殊说明	开始执行点
79	PT LHQ 004	B列柴油发电机组压缩空气启动系统试验	1M	核对柴油发电机组压缩空气启动系统的压缩机能在设定压力自动启动，以维持空气启动罐的正常压力；并核对空气压缩机的各项运行参数正常	是	柴油机检修开始	可以利用 PT LHQ 003 等效	柴油机检修结束后
80	PT LLS 001	安注系统密封性试验	1M	LLS 汽轮机在无负荷下启动顺序正确；LLS 002 VV 可关闭；	是	一回路温度小于 190 ℃前	蒸汽发生器二回路侧的温度应大于 190 ℃	PTXLLS003 等效，自此计时
81	PT LLS 002	汽轮发电机和水压试验泵无密封注水	3M	核对阀门 RCV 094 VP 自动开启；核对阀门 RIS 136 VB 自动关闭；确认汽轮发电机启动正确和参数正常（转速，电压）；确认试验泵启动正确和参数正常（表压力）；核对汽轮机的超速保护装置；核对 LLS 001 ZV 启动	是	一回路温度小于 190 ℃前	蒸汽发生器二回路侧的温度应大于 190 ℃	PTXLLS003 等效，自此计时（热停堆）
82	PT PTR 001	乏燃料池的冷却泵的试验	2M	流量：300 m^3/h；入口压力 2 bar；出口压力：7 bar；停泵和再启动可用	是	连续进行	任何状态	连续进行
83	PT RCP 010	反应堆冷却剂泄漏率的测量	1D	总泄漏率<2 300 L/h；不可识别泄漏<230 L/h	是	正常冷停堆	任意状态的稳态，不满意则执行 PT RCP 001	正常冷停堆（D30 规程）
84	PT RCV 001	上充泵的润滑油泵定期启动	1M	润滑油泵必须启动，并运行 30 min，没有异常噪音、振动、异常温升。油的流量必须正确	是	日常	任何状态	PTXRCV005/6/7 等效
85	PT REA 001	REA004BA 每月再循环	1M	对 1REA 004 BA 打循环，以使化学科测量分析 1REA 004 BA 的硼浓度	否	连续进行	任何状态	连续进行
86	PT REA 004	反应堆硼补给箱液位	1W	各测量值相对平均值的偏差小于 5%	是	连续进行	任何状态	连续进行
87	PT RGL 002	电厂正常运行期间不用的棒束完好可用性核对	1M	通过操作 CRDM 校核棒组的可用性	是	大修开始后停止	稳态功率运行	满功率运行物理试验结束后开始计时

88	PT RIC 001	堆芯出口热电偶检查	1M	对每个堆芯象限比较最大热电偶值(T_{max})和最小热电偶值(T_{min})小于 20 ℃	是	维修冷停堆	RIC 可用	M18a (D31 规程中开始执行)
89	PT RIS 005	硼注入罐隔离阀开启试验	2M	通过 RIS 32,33,34,35,36 VP 的流量率必须在 6～10 m^3/h,尽量缩短被试验阀门开启时间,减少排出水量	是	蒸汽发生器灭汽腔后停止	电站稳态运行,冷却剂系统处在正常压力下而硼注入罐 RIS 004 BA 的硼再循环回路处在正常运行状态	PTXRIS001 等效,由此计时
90	PT RIS 020	RIS 004, 021 BA (002, 016 RS)应急加热器启动试验	1M	RIS 016 RS, RIS 002 RS 手动动作及启动可用	是	蒸汽发生器灭汽腔后停止	任何运行工况	RRA 连接的双相中停执行并作为起点
91	PT RIS 032	A 列低压安全注入泵试验	2M	检查 RIS001PO 在小流量管线上的运行特性	是	RIS001PO 检修后	再鉴定,PTR001BA 水位高于低 2	D28 规程中核对
92	PT RIS 033	B 列低压安全注入泵试验	2M	检查 RIS002PO 在小流量管线上的运行特性	是	RIS002PO 检修后	再鉴定,PTR001BA 水位高于低 2	D28 规程中核对
93	PT RPA 010	用 RPA 601 CC 进行安全注入逻辑试验	2M	RCV 004 PO 启动, RIS 032 VP 开启(≤11 s), RIS 077 VP 开启(≤50 s), ARE 242 243 VL 关闭	是	RRA 连接的双相中停后停止	电厂任何状态下进行,但功率在 0% ～ 20% 范围除外	PTXRIS001 等效,由此计时
94	PT RPA 011	用 RPA602CC 进行安注逻辑试验	2M	核对系列 A SI A2 组信号出现时,发生下列动作: RCV 223 VP 关闭, RIS 206 VP 关闭, RIS 208 VP 关闭, SEC 001 PO 保持“ON”(接通)并且不能由控制室 TPL 来停运, SEC 003 PO 保持“ON”(接通)并且不能由控制室 TPL 来停运。本 PT 满足下列阀门的操作试验,行程时间试验以及应急保护装置位置试验的要求: RCV 223 VP, RIS 206 VP, RIS 208 VP	是	RRA 连接的双相中停后停止	任何状态	PTXRIS001 等效,由此计时

续表

序号	规程代码	规程名称	周期	试验准则/内容	GOR	停止执行	状态要求/特殊说明	开始执行点
95	PT RPA 012	用RPA603CC进行安注逻辑试验	2M	DVH启动；RCV 004 PO启动，RIS 032/077 VP开启，ARE 242 243 VL关闭。本PT也用来保证1 RCV 004 PO的运行可靠性，同时亦使齿轮，轴承和管道保持有油膜状态	是	RRA连接的双相中停后停止	可以在电厂任何状态下进行，但功率在0%～20%范围除外	PTXRIS001+PTXRCV005等效，由此计时
96	PT RPA 013	用RPA604CC进行安注逻辑试验	2M	核对系列A SI A4组信号出现是发生下列动作：RIS 019 VP打开，RIS 001 PO启动，LHP柴油机接收到一个启动信号，RRI 001 PO在10 s内启动，RIS 503 AA，RIS 424 AA出现，本PT试验满足下述阀门的可操作试验性。RIS 019 VP，本规程也描述了为保证LHSI泵RIS 001 PO可用所执行的操作	是	热停堆后停止	RCP压力为15.5 MPa(a)时，且上充/下泄可用的情况下进行	PTXRIS001+PTXRIS003等效，由此计时
97	PT RPA 014	用RPA606CC进行安注逻辑试验	2M	检验下列动作应在A系列SI信号出现时发生：RRI 003 PO启动，SEC 003 PO在配电装置已拉出，置于试验位置时，收到一个启动信号，在SI指令后5 s，SEC 001 PO启动，且出口压力低，这些泵在SI信号出现时不能由其有关TPL来停运	是	RRA连接的双相中停后停止	可在电厂任何状态下进行。RRI-SEC的系列A和系列B必须完好可用	PTXRIS001等效，由此计时
98	PT RPA 015	用RPA370CC进行安注逻辑试验	2M	在系列A直接安注信号出现时发生：RIS 051 VP关闭；RIS 075 VB开启；RIS 132 VP开启；RIS 144 VP开启；RIS 167 VP关闭	是	RRA连接的双相中停后停止	RIS 001 PO不应当运行，在打开RIS 167 VP之前，关闭手动隔离阀RIS 165 VP，以免PTR 001 BA罐经过LHSI泵向安全壳地坑排水	PTXRIS001等效，由此计时

99	PT RPA 016	用 RPA371CC 进行安注逻辑试验	2M	检验当系列 A 安注直接信号出现时下述动作发生：RIS 012 VP 开启，RCV 033 VP 关闭(仅当 RIS 012 VP 开启时)同时阀门行程时间试验和保护位置试验的要求也得到验证	是	RRA 连接的双相中停后停止		PTXRIS001 等效，由此计时
100	PT RPA 017	用 RPA372CC 进行安注逻辑试验	2M	验证 A 列安注再循环阶段出现 PTR 隔离信号，下述动作是否发生：RIS 167 VP 开启；RIS 132 VP 关闭(当 RIS 167 VP 开启时)；RIS 012 VP 关闭；当 RIS 075 VB 手动关闭时，RIS 590 LA 灯亮。RIS 167 VP，RIS 132 VP 阀门的行程时间试验和保护位置试验的要求	是	RRA 连接的双相中停后停止	任何状态	PTXRIS001 等效，由此计时
101	PT RPA 018	用 RPA373CC 进行安注逻辑试验	2M	检验当 A 列安注再循环信号出现时，下述动作发生：RIS 051 VP 开启；RIS 075 VB 关闭(当 RIS 051 VP 全开后)；RIS 144 VP 关闭。还满足对以上阀门行程时间试验和保护位置试验的要求	是	RRA 连接的双相中停后停止	任何状态	PTXRIS001 等效，由此计时
102	PT RPA 020	安全壳隔离 A 阶段 A1 信号(RPA611CC)	2M	验证在系列 A CIA 第 1 组信号出现时关闭(10S)：REN161、162、123 、124 VP、231 、235 VY 并满足阀门的行程时间试验	是	RRA 连接的双相中停后停止	任何状态	PTXRIS001 等效，由此计时
103	PT RPA 021	安全壳隔离 A 阶段 A 信号(RPA612CC)	2M	验证在系列 A CIA 信号出现时：RPE 001 PO、RPE 002 PO、RPE 003 PO、RPE 004 PO、RPE 014 PO 应停止，RPE 002 VY、RPE 017 VP、RPE 027 VP、RPE 055 VE 关闭，并满足阀门的行程时间试验以及应急保护装置位置试验的要求	是	RRA 连接的双相中停后停止	任何状态	PTXRIS001 等效，由此计时

续表

序号	规程代码	规程名称	周期	试验准则/内容	GOR	停止执行	状态要求/特殊说明	开始执行点
104	PT RPA 025	安全壳隔离阀阶段A信号(RPA 616 CC)	2M	CIA信号关闭 RIS122VP、ETY003/006/008/009/43/44VA、RRI 318/319VN、RAZ128VZ、ETY001ZV	是	RRA连接的双相中停后停止	任何状态	PTXEIE001等效，由此计时
105	PT RPA 030	用RPA 621 CC进行安全壳喷淋信号(1)逻辑试验	2M	EAS 001 PO流量\总压头\轴承温度正常、RRI流量、EAS003VB动作正常	是	RRA连接的双相中停后停止	任何状态	PTX EIE 001加PTX EAS 011等效，由此计时
106	PT RPA 031	由RPA622CC进行安全壳喷淋信号(2)逻辑试验	2M	EAS07/09VB开启(21S)、EAS131/133VB关闭	是	RRA连接的双相中停后停止	任何状态	PTXEIE001等效，由此计时
107	PT RPA 032	用RPA623CC进行安全壳喷淋信号(3)逻辑试验	2M	RRI035VN开启＋正确的流量；RRI041/058VN关闭	是	RRA连接的双相中停后停止	任何状态	PTXEIE001等效，由此计时
108	PT RPA 033	用RPA624CC进行安全壳喷淋信号(4)逻辑试验	2M	检验系列A CS A4组信号出现时应发生下列动作：RRI 003 PO启动；SEC 001 PO在CS指令出现后5 s启动，用物理指令(SEC 003 PO不启动)；SEC 003 PO在5 s后接收到一个启动信号(开关装置在试验位置)；RRI“系列A作为系列B备用的记忆开关”(007 TL)复位(OFF)；已经接到CS试验命令，不可能用TPL来停运泵或设定系列A作为系列B的备用记忆开关	是	RRA连接的双相中停后停止	任何状态	PTXEIE001等效，由此计时
109	PT RPA 034	用RPA377CC进行安全壳喷淋信号(5)逻辑试验	2M	存在安全壳直接喷淋信号时EAS013VB不能用TPL开启；1EAS001VB不能用TPL关闭	是	RRA连接的双相中停后停止	任何状态	PTXEIE001等效，由此计时

110	PT RPA 035	用 RPA378CC 进行安全壳喷淋再循环信号逻辑试验	2M	安全壳喷淋再循环信号出现时 1EAS013VB 开启；1EAS 001VB 在 1EAS013VB 开启时关闭	是	RRA 连接的双相中停后停止	任何状态	PTXEIE001 等效，由此计时
111	PT RPA 040	用 RPA 629 CC 进行安全壳隔离阶段 B(1)信号逻辑试验	2M	检查下列动作应在系列 A CI B 信号出现时发生：REN 101 VP 关闭；REN 102 VP 关闭；REN 121 VP 关闭；REN 122 VP 关闭；以上法门的关闭时间和安全位置要求得到满足	是	RRA 连接的双相中停后停止	任何状态	PTXEIE001 等效，由此计时
112	PT RPA 041	用 RPA630CC 进行安全壳隔离阶段 B(1)信号逻辑试验	2M	在 CI B 信号出现时应关闭：RRI 019 VN，并关闭时间和安全位置满足要求	是	RRA 连接的双相中停后停止	任何状态	
113	PT RPA 042	用 RPA 080 CC 进行旁路给水流量隔离信号试验	2M	ARE242/243/054/058VL 可操作性和主给水隔离逻辑正确	是	RRA 连接的双相中停后停止	任何状态	PTXRIS001 等效，由此计时
114	PT RPA 043	用 ASG 004 TL 启动汽动泵 ASG 003 PO	2M	泵组启动正确动作；轴承温度正常；再循环流量 7 m^3/h；泵转速 7 600 r/min；ASG 013 VD 正确动作	是	RRA 连接的双相中停后停止	从正常中间停堆直至功率运行	与 PTASG019 等效，自此开始
115	PT RPA 044	用 ASG 006 TL 启动汽动泵 ASG 004 PO	2M	泵组启动正确动作；轴承温度正常；再循环流量 7 m^3/h；泵转速 7 600 r/min；ASG 014 VD 正确动作	是	RRA 连接的双相中停后停止	从正常中间停堆直至功率运行	与 PTASG029 等效，自此开始
116	PT RPA 045	用 ASG 055 CC 启动电动泵 ASG 001 PO	2M	启动正确；出口压力 122 bar；再循环流量＞7 m^3/h；机械密封泄漏流量＜1 L/h；小流量压力 $1.4<p<1.8$ bar(g)；电机绕组温度≤125 ℃；轴承温度≤90 ℃；电流正常	是	RRA 连接的双相中停后停止		PTXASG005 等效，自此计时

续表

序号	规程代码	规程名称	周期	试验准则/内容	GOR	停止执行	状态要求/特殊说明	开始执行点
117	PT RPA 046	当 ASG 泵启动时，用 APG 507 CC 来关闭 APG 阀	2M	在 ASG 启动信号上的自动隔离关闭时间≤15 s	是	RRA 连接的双相中停后停止	跟随 ASG 泵启动试验执行	离开 RRA 连接的双相中停后开始
118	PT RPA 050	ETY401EN 高流量试验（RPA660AR）	2M	检验安全壳高压情况下安全壳压力记录仪 ETY 401 EN 的操作速度增加	是	RRA 连接的双相中停后停止	在安全壳内压力低于 1 300 mbar 时的任何状态	离开 RRA 连接的双相中停后开始
119	PT RPA 051	从 RPA660AR 上进行由 P12 闭锁蒸汽排放试验	2M	检验由 P12 信号控制的 GCT 系统蒸汽排放闭锁	是	日常	任何状态	离开 RRA 连接的双相中停后开始
120	PT RPA 052	从 RPA660AR 进行的主蒸汽隔离阀快速关闭信号试验	2M	来自 RPA 660 AR 的 MSIV 快关信号序列正确	是	热停堆下停止	任何状态	热备用 MSIV 后开始，PTVVP03 等效，由此计时
121	PT RPA 053	在 RPA660AR 上进行安全壳压力高 1 时安全净化过程终止并隔离的试验	2M	检验在安全壳高 1 压力时安全壳净化过程中止并隔离	是	日常	任何状态	离开 RRA 连接的双相中停后开始
122	PT RPB 010	用 RPB 601 CC 进行安全注入逻辑试验	2M	RCV 005 PO 启动；RIS 033 VP 开启；RIS 078 VP 开启；ARE 242/243 VL 关闭	是	RRA 连接的双相中停后停止	电厂任何状态下进行，但功率在 0% ～ 20% 范围除外	PTXRIS001 等效，由此计时
123	PT RPB 011	用 RPB602CC 进行安注逻辑试验	2M	核对系列 B SI B2 组信号出现时发生下列动作：RCV 222 VP、RIS 209 VP 关闭；RCV 006 PO 启动；SEC 002 PO 保持“ON”（接通）并且不能由控制室 TPL 来停运；SEC 004 PO 保持“ON”（接通）并且不能由控制室 TPL 来停运	是	RRA 连接的双相中停后停止	任何状态	PTXRIS001 等效，由此计时

124	PT RPB 012	用 RPB603CC 进行安注逻辑试验	2M	DVH 启动	是	RRA 连接的双相中停后停止		PTXRIS001+PTXRCV005 等效，由此计时
125	PT RPB 013	用 RPB604CC 进行安注逻辑试验	2M	核对系列 B SI B4 组信号出现时发生下列动作：RIS002PO 启动；LHQ 柴油机接收到一个启动信号；RRI002PO 在 10 s 内启动；RIS504AA 出现；RCV003/006PO 启动；RIS020VP 开启	是	热停堆后停止	RCP 压力为 15.5 MPa(a)，且上充/下泄可用的情况下进行	PTXRIS001+PTXRIS003 等效，由此计时
126	PT RPB 014	用 RPB606CC 进行安注逻辑试验	2M	检验 B 系列 SI B5 组信号出现时发生下列动作：RRI004PO 启动；SEC004PO 在配电装置已拉出，置于试验位置时，收到一个启动信号；SEC002PO 启动(在 SI 指令后 5 s)，且出口压力低；这些泵在 SI 信号出现时不能由其有关 TPL 来停运(在 SI 信号出现 10 s 内)	是	RRA 连接的双相中停后停止	任何状态	PTXRIS001 等效，由此计时
127	PT RPB 015	用 RPB607CC 进行安注逻辑试验	2M	系列 B 直接安注信号出现时发生：RIS052VP 关闭；RIS133/145VP 开启；RIS145VP 开启；RIS085VB 开启；RIS168VP 关闭	是	RRA 连接的双相中停后停止	任何状态	PTXRIS001 等效，由此计时
128	PT RPB 016	用 RPB 371 CC 进行安全注入逻辑试验	2M	RIS013VP 开启；RCV034VP 关闭（当 RIS013VP 开启）	是	RRA 连接的双相中停后停止	任何状态	PTXRIS001 等效，由此计时
129	PT RPB 017	用 RPB372CC 进行安注逻辑试验	2M	RIS168VP 开启；RIS145VP 关闭（当 RIS168VP 开启）；RIS013VP 关闭	是	RRA 连接的双相中停后停止	任何状态	PTXRIS001 等效，由此计时
130	PT RPB 018	用 RPB373CC 进行安注逻辑试验	2M	RIS052VP 开启；RIS085VB 关闭（当 RIS052VP 开启）；RIS133VP 关闭	是	RRA 连接的双相中停后停止	任何状态	PTXRIS001 等效，由此计时

续表

序号	规程代码	规程名称	周期	试验准则/内容	GOR	停止执行	状态要求/特殊说明	开始执行点
131	PT RPB 020	安全壳隔离 A 阶段 B 列信号(1RPB611CC)	2M	验证在系列 A CIA 第 1 组信号出现时关闭(10S)；REN164/165/132 VP、232/236 VY 并满足阀门的行程时间试验	是	RRA 连接的双相中停后停止	任何状态	PTXRIS001 等效，由此计时
132	PT RPB 021	安全壳隔离 A 阶段 B 列信号(1RPB612CC)	2M	REN164/165VB 关闭；REN132VP 关闭；REN232/236VY 关闭	是	RRA 连接的双相中停后停止	任何状态	PTXRIS001 等效，由此计时
133	PT RPB 022	安全壳隔离 A 阶段 B 列信号(1RPB613CC)	2M	RAZ009/032VZ 关闭；RCV367VP 关闭	是	RRA 连接的双相中停后停止	任何状态	PTXRIS001 等效，由此计时
134	PT RPB 023	安全壳隔离 A 阶段 B 列信号(RPB614CC)	2M	REA 130 VD 关闭	是	RRA 连接的双相中停后停止	任何状态	PTXRIS001 等效，由此计时
135	PT RPB 024	安全壳隔离 A 阶段 B 列信号(RPB615CC)	2M	在安全壳隔离阶段 A(CIA)信号上的自动隔离；1APG004/005VL 关闭时间≤15 s	是	RRA 连接的双相中停后停止	任何状态	PTXRIS001 等效，由此计时
136	PT RPB 025	安全壳隔离 A 阶段 B 列信号(1 RPB 616 CC)	2M	CIA 自动隔离 RIS124/136/VP、RRI300/304/313 VN 、ETY04/05/07/10/42/45VA、ETY002ZV 停运	是	RRA 连接的双相中停后停止	任何状态	PTXRIS001 等效，由此计时
137	PT RPB 030	用 RPB 621 CC 进行安全壳喷淋信号逻辑试验	2M	EAS 002 PO 流量、总压头、轴承温度正常，RRI 流量、EAS03VB 动作正常	是	RRA 连接的双相中停后停止	任何状态	PTXEIE001 加 PTXEAS012 等效，由此计时
138	PT RPB 031	用 RPB622CC 进行安喷信号(2)逻辑试验	2M	EAS08/10VB 开启(21S)、EAS132/134VB 关闭	是	RRA 连接的双相中停后停止	任何状态	PTXEIE001 等效，由此计时
139	PT RPB 032	用 RPB623CC 进行安喷信号(3)逻辑试验	2M	RRI036VN 开启＋正确的流量；RRI040/059VN 关闭	是	RRA 连接的双相中停后停止	任何状态	PTXEIE001 等效，由此计时

140	PT RPB 033	用 RPB624CC 进行安喷信号(4)逻辑试验	2M	RRI004PO 启动；SEC002PO 在 CS 信号出现后 5 s 启动，用物理指令(SEC 004 PO 未曾启动)；SEC004PO 在 5 s 后接收到一个启动信号(开关装置在试验位置)；RRI"系列 B 作为系列 A 备用的记忆开关"(008 TL)复位(OFF)；已经接受到 CS 试验命令，不可能用 TPL 来停运泵或设定系列 B 作为系列 A 的备用记忆开关	是	RRA 连接的双相中停后停止	任何状态	PTXEIE001 等效，由此计时
141	PT RPB 034	用 RPB377CC 进行安喷信号(5)逻辑试验	2M	存在安全壳直接喷淋信号时 EAS014VB 不能用 TPL 开启；1EAS002VB 不能用 TPL 关闭	是	RRA 连接的双相中停后停止	任何状态	PTXEIE001 等效，由此计时
142	PT RPB 035	安全壳喷淋再循环信号(1RPB378CC)	2M	安全壳喷淋再循环信号出现时 1EAS014VB 开启；1EAS 002VB 在 1EAS014VB 开启时关闭	是	RRA 连接的双相中停后停止	任何状态	PTXEIE001 等效，由此计时
143	PT RPB 040	用 RPB629CC 进行安全壳隔离阶段 B(1)组信号逻辑试验	2M	REN103/104/131VP 关闭	是	RRA 连接的双相中停后停止	任何状态	PTXEIE001 等效，由此计时
144	PT RPB 041	用 RPB630CC 进行安全壳隔离阶段 B(2)组信号逻辑试验	2M	RRI020VN 关闭；REN194VL 关闭；REN195VL 关闭	是	RRA 连接的双相中停后停止	任何状态	
145	PT RPB 042	用 RPB 080 CC 进行 B 列旁路给水流量隔离信号逻辑试验	2M	ARE242/243/054/058VL 可操作性和主给水隔离逻辑正确	是	RRA 连接的双相中停后停止	任何状态	PTXRIS001 等效
146	PT RPB 043	用 ASG 005 TL 启动汽动泵 ASG 003 PO	2M	泵组启动正确动作；轴承温度正常；再循环流量 7 m^3/h；泵转速 7 600 r/min；ASG 013 VD 正确动作	是	RRA 连接的双相中停后停止	从正常中间停堆直至功率运行	PTASG019 等效，自此开始(启动至热停堆)

续表

序号	规程代码	规程名称	周期	试验准则/内容	GOR	停止执行	状态要求/特殊说明	开始执行点
147	PT RPB 044	用 ASG 007 TL 启动汽动泵 ASG 004 PO	2M	泵组启动正确动作；轴承温度正常；再循环流量 7 m^3/h；泵转速 7 600 r/min；ASG 014 VD 正确动作	是	RRA 连接的双相中停后停止	从正常中间停堆直至功率运行	PTASG029 等效，自此开始（启动至热停堆）
148	PT RPB 045	用 ASG 556 CC 启动 ASG 002 PO 试验	2M	启动正确；出口压力 122 bar；再循环流量＞7 m^3/h；机械密封泄漏流量＜1 L/h；小流量压力 $1.4<p<1.8$ bar(g)；电机绕组温度≤125 ℃；轴承温度≤90 ℃；电流正常	是	热停堆后停止		与 PTASG006 等效，自此开始（启动至热停堆）
149	PT RPB 050	ETY402EN 高流量试验（RPA660AR）	2M	检验安全壳高压情况下安全壳压力记录仪 ETY 402 EN 的操作速度增加	是	RRA 连接的双相中停后停止	在安全壳内压力低于 1 300 mbar 时的任何状态	离开 RRA 连接的双相中停后开始
150	PT RPB 051	从 RPB660AR 上进行由 P12 闭锁蒸汽排放试验	2M	检验由 P12 信号控制的 GCT 系统蒸汽排放闭锁	是	RRA 连接的双相中停后停止	任何状态	离开 RRA 连接的双相中停后开始
151	PT RPB 052	从 RPB660AR 进行的主蒸汽隔离阀快速关闭信号试验	2M	来自 RPA 660 AR 的 MSIV 快关信号序列正确	是	PTXVVP003 执行后停止（热停堆）	任何状态	PTXVVP003 执行后开始
152	PT RPB 053	在 PRB660AR 上进行安全壳压力高 1 时安全壳净化过程终止并隔离的试验	2M	检验在安全壳高 1 压力时安全壳净化过程中止并隔离	是	RRA 连接的双相中停后停止	任何状态	离开 RRA 连接的双相中停后开始
153	PT RRB 001	动力配电盘和配电柜的检查	1M	现场检查配电盘及就地控制箱	否	连续进行	任何状态	连续进行
154	PT RRI 009	A 系列备用泵启动和出口逆止阀正常工作的检查	2M	RRI 013 AA(A 列低出口压力 01 和 03 SP)	是	连续进行	任何状态	

155	PT RRI 010	B系列备用泵启动和出口逆止阀正常工作的检查	2M	RRI 014 AA(A列低出口压力02和04SP)	是	连续进行	任何状态	
156	PT RRM 001	A系列备用风机自动启动	2M	检验同一系列(系列B)的备用风机良好运行	否	维修冷停堆	再鉴定	D30规程中确认
157	PT RRM 002	B系列备用风机自动启动	2M	检验同一系列(系列A)的备用风机良好运行	否	维修冷停堆	再鉴定	D30规程中确认
158	PT SAP 001	检查应急空气压缩机SAP001/002CO的应急备用能力	1W	“基本负荷”状态验证:在0.78 MPa(a)启动,在0.9 MPa(a)卸载;“备用”状态验证:在0.76 MPa(a)启动,在0.9 MPa(a)卸载	是	连续进行	D28规程,装料前执行	装料前开始执行并作为起点
159	PT SEC 001	泵出口压力低应急切换试验(A系列)	2M	SEC A列备用泵在出口压力低时自动启动正确	是	SEC A列隔离	任何状态	持续进行,仅当一列停运时停止
160	PTX SEC 002	泵出口压力低应急切换试验(B系列)	2M	SEC B列备用泵在出口压力低时自动启动正确	是	SEC B列隔离	任何状态	持续进行,仅当一列停运时停止
161	PTX SEC 005	拦污栅上升/下降按钮试验	3M	确保下降和上升按钮的功能是有效的	否	连续进行	任何状态	
162	PTX SEC 006	拦污栅自动运行控制	3M	动作响应正常	是	连续进行	任何状态	
163	PTX SEC 007	拦污栅压差计水位开关试验	3M	核对差压开关和限位开关运行正常。核对上述开关阈值的调整和核对与被探测水位有关联的逻辑线路	是	连续进行	任何状态	
164	PTX SEC 009	旋转滤网压头损失指示器第一水位切换试验	3M	动作响应正常	是	连续进行	任何状态	
165	PTX SEC 010	旋转滤网压头损失指示器第二水位切换试验	3M	动作响应正常	是	连续进行	任何状态	

续表

序号	规程代码	规程名称	周期	试验准则/内容	GOR	停止执行	状态要求/特殊说明	开始执行点
166	PTX SEN 001	利用母管压力低信号启动备用泵	2M	现场触发 002SP,检验备用辅助冷却水泵根据出口母管压力低信号自动启动,并验证其运行符合要求	否	机组解列	SEN 泵具备再鉴定条件	SEN 系统启动后
167	PTX SEN 002	利用母管压力低信号启动备用泵	2M	现场触发 003SP,检验备用辅助冷却水泵根据出口母管压力低信号自动启动,并验证其运行符合要求	否	机组解列	SEN 泵具备再鉴定条件	SEN 系统启动后
168	PT SRI 001	由母管压力低信号启动备用泵	1M	触发 001 SP 压力低信号,检验备用闭式冷却水泵能根据出口母管压力低信号自动启动	否	机组解列	SRI 泵具备再鉴定条件	SEN 系统启动后
169	PT SRI 002	常规岛闭式冷却水系统膨胀水箱补水阀动作检查试验	2M	在水箱液位变化到各液位开关设定值时动作正常,膨胀水箱补水阀动作正常,各液位开关报警逻辑及相应的声光报警正确		机组解列	试验时如不关闭 SRI 091 VD 可能导致膨胀水箱出现溢流	SRI 系统充水排气期间
170	PT VVP 002	主蒸汽隔离阀部分关闭试验	1M	阀门按要求动作,并且 MSIV 在达到 10%关闭的限位开关后重新开启;验证旁路阀 140 -141 VV 的可操作性	是	PTXVVP004 等效	任何功率情况。MSIV 旁路阀已关闭，MSIV 已开启	从主蒸汽隔离阀开启后计时
171	PT DVN 001	DVN 调整和过滤器灰尘堵塞试验	1W	过滤器压差正常	是	连续进行		连续进行
172	PT DVN 004	排碘设备房间密封的检验	1W	负压正常	是	连续进行		连续进行
173	PT REA 001	反应堆补给水箱水位	1M	如果反应堆带功率运行,在有关的水箱里,一台机组所要求的储水容量为 127 m^3(或 3.54 m 高)如果两台机组带功率运行,并且只有一只水箱可用,所要求的水箱容积为 180 m^3(或 6.55 m 高)	否	日常	任何状态	连续进行
174	PT REA 002	反应堆硼补给箱液位	1M	如果反应堆带功率运行,相关的硼酸箱满足冷停堆工况所需容量是 45.3 m^3(或 4.6 m 高)	否	日常	任何状态	连续进行

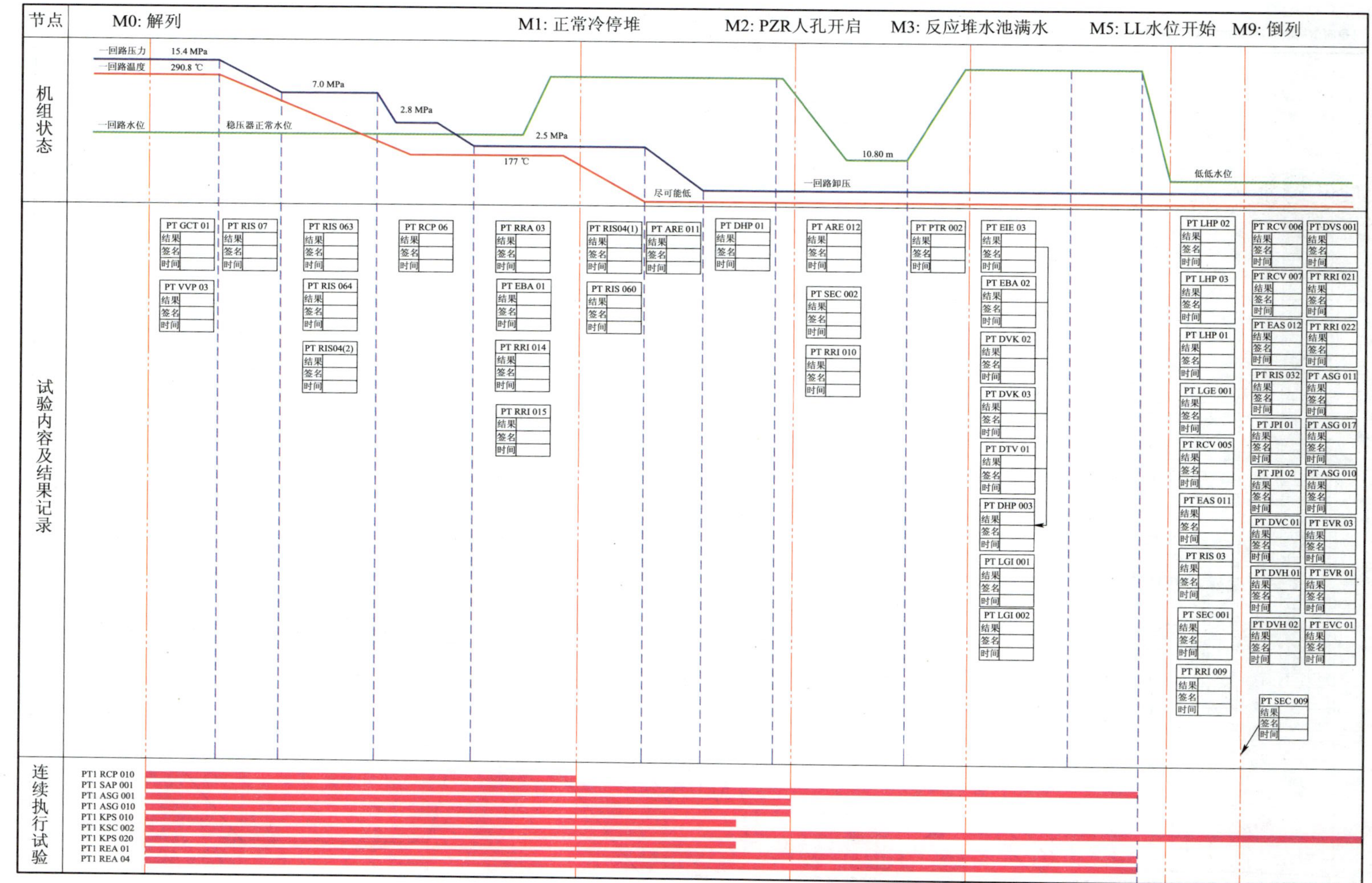

注：通风、消防系统以及PTRRB001、PTPTR001应当按周期连续执行。

图 5-1-1　大修停运过程中定期实验安排计划

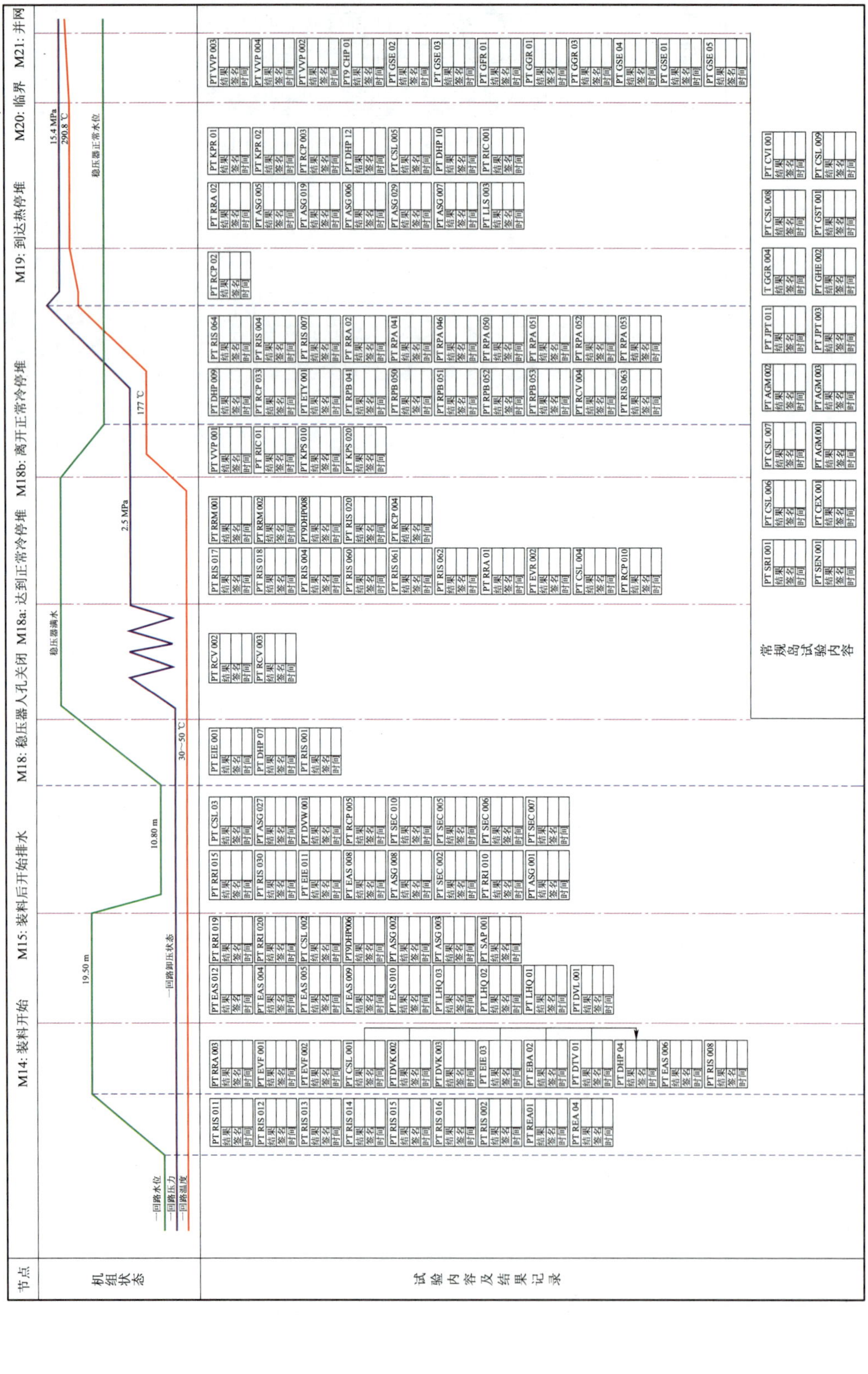

节点	机组状态	试验内容及结果记录
M14: 装料开始	一回路水位、一回路压力、一回路温度	PT RIS 011、PT RIS 012、PT RIS 013、PT RIS 014、PT RIS 015、PT RIS 016、PT RIS 002、PT REA01、PT REA 04；PT RRA 003、PT EVF 001、PT EVF 002、PT CSL 001、PT DVK 002、PT DVK 003、PT EIE 03、PT EBA 02、PT DTV 01、PT DHP 04、PT EAS 006、PT RIS 008
	19.50 m；一回路卸压状态	PT EAS 012、PT EAS 004、PT EAS 005、PT EAS 009、PT EAS 010、PT LHQ 03、PT LHQ 02、PT LHQ 01、PT DVL 001；PT RRI 019、PT RRI 020、PT CSL 002、PT9DHP006、PT ASG 002、PT ASG 003、PT SAP 001
M15: 装料后开始排水	10.80 m	PT RRI 015、PT RIS 030、PT EIE 011、PT EAS 008、PT ASG 008、PT SEC 002、PT RRI 010、PT ASG 001；PT CSL 03、PT ASG 027、PT DVW 001、PT RCP 005、PT SEC 010、PT SEC 005、PT SEC 006、PT SEC 007
M18: 稳压器人孔关闭	30～50 ℃	PT EIE 001、PT DHP 07、PT RIS 001
	稳压器满水	PT RCV 002、PT RCV 003
M18a: 达到正常冷停堆	2.5 MPa	PT RIS 017、PT RIS 018、PT RIS 004、PT RIS 060、PT RIS 061、PT RIS 062、PT RRA 01、PT EVR 002、PT CSL 004、PT RCP 010；PT RRM 001、PT RRM 002、PT9DHP008、PT RIS 020、PT RCP 004
M18b: 离开正常冷停堆		PT VVP 001、PT RIC 01、PT KPS 010、PT KPS 020
	177 ℃	PT DHP 009、PT RCP 033、PT ETY 001、PT RPB 041、PT RPB 050、PT RPB 051、PT RPB 052、PT RPB 053、PT RCV 004、PT RIS 063；PT RIS 064、PT RIS 004、PT RIS 007、PT RRA 02、PT RPA 041、PT RPA 046、PT RPA 050、PT RPA 051、PT RPA 052、PT RPA 053
		PT RCP 02
M19: 到达热停堆	稳压器正常水位	PT RRA 02、PT ASG 005、PT ASG 019、PT ASG 006、PT ASG 029、PT ASG 007、PT LLS 003；PT KPR 01、PT KPR 02、PT RCP 003、PT DHP 12、PT CSL 005、PT DHP 10、PT RIC 001
M20: 临界 / M21: 并网	15.4 MPa；290.8 ℃	PT VVP 003、PT VVP 004、PT VVP 002、PT9 CHP 01、PT GSE 02、PT GSE 03、PT GFR 01、PT GGR 01、PT GGR 03、PT GSE 04、PT GSE 01、PT GSE 05

每项试验记录栏：结果、签名、时间

常规岛试验内容：PT SRI 001、PT CSL 006、PT CSL 007、PT AGM002、PT JPT 011、T GGR 004、PT CSL 008、PT CVI 001；PT SEN 001、PT CEX 001、PT AGM 001、PT AGM 003、PT JPT 003、PT GHE 002、PT GST 001、PT CSL 009

注：通风、消防以及PT RRB 01、PT PTR 01、PT KSC 02应连续按周期进行。

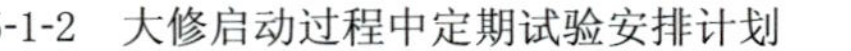

图 5-1-2　大修启动过程中定期试验安排计划

5.1.3 大修定期试验实施过程中的注意事项

有许多试验是要求有关单位配合的(如装测量仪表、记录仪、模拟试验信号等),运行大修组必须事先汇总出来,并发送至计划部门和各执行单位,使其预先做好准备。试验要求的TCA与TSD根据试验操作票执行,不再按TSD与TCA管理办法执行,大修期间需要其他部门配合的试验清单与配合内容参见表5-1-4。

表5-1-4 大修期间需要其他部门配合执行的运行定期试验信息

序号	规程代码	规程名称	周期	配合单位	配合内容
1	PT ARE 011	1号蒸汽发生器"蒸汽发生器宽量程液位低"警报装置检查	1C	仪控	执行TCA ARE 001,闭锁RCP温度小于90 ℃信号(RCP431XU)
2	PT ARE 012	2号蒸汽发生器"蒸汽发生器宽量程液位低"警报装置检查	1C	仪控	执行TCA ARE 001,闭锁RCP温度小于90 ℃信号(RCP431XU)
3	PT ASG 003	用低电压试验检查ASG电动泵的启动	1C	仪控	模拟CEX泵母线的低电压信号(ASG055UB上)
4	PT ASG 005	给蒸汽发生器供水的正常运行工况下电动泵的试验	1C	性能	电动辅助给水泵全流量下的振动测量
5	PT ASG 006	在蒸汽发生器供汽的正常运行工况下A系列汽动泵的试验	1C	性能	汽动辅助给水泵(003PO)全流量下的振动测量
6	PT ASG 007	在蒸汽发生器供汽的正常运行工况下B系列汽动泵的试验	1C	性能	汽动辅助给水泵(004PO)全流量下的振动测量
7	PT ASG 011	ASG077/577AA报警验证	1C	机械	需要拆除ASG143/144VV以及003/004VYP的下游堵头,并利用8 m长软管进行充水
8	PT ASG 017	系列A电动泵再循环流量试验	2M	性能	ASG001PO小流量工况振动测量
9	PT ASG 019	ASG汽动泵(003PO)超速保护试验	1C	性能,仪控	1. ASG003PO小流量工况振动测量; 2. 试验前确认仪控超速逻辑试验已经执行且合格,试验中要将电超速作为机械超速的后备保护
10	PT ASG 027	系列B电动泵再循环流量试验	2M	性能	ASG002PO小流量工况振动测量
11	PT ASG 029	ASG汽动泵(004PO)超速保护试验	1C	性能	1. ASG004PO小流量工况振动测量; 2. 试验前确认仪控超速逻辑试验已经执行且合格,试验中要将电超速作为机械超速的后备保护
12	PT CSL 001	燃料装载前核对各传感器回路准备正确	1C	仪控	确认仪表的可用性
13	PT CSL 002	从换料冷停堆转向维修冷停堆(充分打开)之前核对各传感器回路准备正确	1C	仪控	确认仪表的可用性

续表

序号	规程代码	规程名称	周期	配合单位	配合内容
14	PT DVC 004	DVC 001/002/003 AA 报警动作及 DVC 400 VA 关闭试验	1C	仪控	模拟 006RS/012RS 高高温信号,模拟 400SP 压差高信号,模拟触发 003AA 的相关信号
15	PT DVH 003	由房间温度高启动 DVH 风机(系列 A 和 B)	1C	仪控	模拟 003/004ST/005 高温信号
16	PT DVK 006	KRT013MA 高放动作试验	1C	安防	模拟 KRT013MA 高放动作
17	PT DVK 007	KRT014MA 高放动作试验	1C	安防	模拟 KRT014MA 高放动作
18	PT DVL 004	400/401/402/403/404/405VA 关闭试验	1C	仪控	模拟 400/402/404/405SP 差压高信号
19	PT DVN 006	由保护警水器启动 DVN 加热器和由保护热动开关停运 DVN 加热器	1C	仪控	模拟 1DVN001SZ 湿度高信号以及 001/002ST 温度高信号
20	PT DVR 001	安全厂用水泵房通风系统试验 A	4M	仪控	在就地 ST 上模拟高温信号
21	PT DVR 002	安全厂用水泵房通风系统试验 B	4M	仪控	在就地 ST 上模拟高温信号
22	PT EAS 005	氢氧化钠储箱低液位阈值试验及相关操作	1C	仪控	静重压力表;配合试验
23	PT EAS 006	检查 H4 阀门 EAS 041、042、043、044、045、046 VB 的可运行性	1C	机械	拆装 EAS 008 JP 和 EAS 009 JP
24	PT EAS 011	EAS001PO 零流量试验	1C	性能	测振(001PO)
25	PT EAS 012	EAS002PO 零流量试验	1C	性能	测振(002PO)
26	PT EBA 001	EBA 阀门快速关闭试验	1C	安防	模拟 KRT041MA 放射性高 2 信号
27	PT EBA 002	装卸料前 EBA 阀门的快速关闭试验	1C	安防	模拟 KRT011/012MA 放射性高 2 信号
28	PT EIE 001	安全壳喷淋和隔离阶段 B 的综合试验	1C	仪控	安喷信号的恢复与闭锁;模拟 PTR001BA 水位低 3 信号
29	PT GHE 001	氢/空侧直流密封油泵自启动试验	2M	仪控	短接氢侧交流泵的泵停运触点(004SXT)
30	PT GSE 002	汽轮机保护连锁跳闸试验	6M	仪控、电气	RPR 以及 GPA 相关信号检查
31	PT GSE 005	汽轮机超速保护装置动作试验	1C	仪控	电超速整定值调整
32	PT JPI 001	核岛消防系统	1C	机械、仪控、安防	机械在 028/029VE 下游加装盲板,核清洁人员在电机上铺塑料布,仪控负责拆装 40/42/016/017/018VG 的电磁阀
33	PT JPI 002	水箱水位报警	1C	机械	拆装 JPI001/2/4/5/6BA 的溢流管接头,装拆 JPI011FL
34	PT LHP 001	柴油发电机组低负荷运行性能试验	1M	机械、电气、仪控、安防	安装盘车装置;记录电压、频率的变化(1C 一次),复归 RGL002AA,试验结束重新启动 KRT001PO

续表

序号	规程代码	规程名称	周期	配合单位	配合内容
35	PT LHP 002	柴油发电机组满负荷运行性能试验	1C	机械、电气，性能	轴承振动测量；柴油机运行情况检查，协助并网
36	PT LHP 003	厂用电运行情况下柴油发电机组启动检查	1C	机械、电气	模拟 LHA/B 配电盘低压信号；其他配合
37	PT LHQ 001	柴油发电机组低负荷运行性能试验	1M	机械、电气	安装盘车装置；记录电压、频率的变化（1C 一次），复归 RGL002AA，试验结束重新启动 KRT001PO
38	PT LHQ 002	柴油发电机组满负荷运行性能试验	1C	机械、电气，性能	轴承振动测量；柴油机运行情况检查，协助并网
39	PT LHQ 003	厂用电运行情况下柴油发电机组启动检查	1C	机械、电气	模拟 LHA/B 配电盘低压信号；其他配合
40	PT LLS 003	带负荷启动和运行试验	1C	机械、电气	安装数字式转速表；检查超速保护机构；安装 FLUKE 电压、频率测量仪；测振，协助模拟失去 LHA 及 LHB 电压，协助超速试验
41	PT PTR 003	PTR 009 AA 的可用性试验	1C	仪控	模拟 PTR021ST 温度高高（>37 ℃）信号和 023ST 温度低低（<6 ℃）信号
42	PT RCP 003	稳压器连续喷淋调节	1C	机械	调整喷淋阀的挡块位置
43	PT RCP 033	稳压器 SEBIM 阀保护和隔离动作试验	1C	机械	试验完毕进行先导管线的充水
44	PT RCV 004	RCV201VP SEBIM 阀门压力整定点检查	1C	机械	试验完毕进行先导管线的充水
45	PT RCV 005	RCV 001 PO 小流量试验	1C	性能	测振，泵的运行情况检查
46	PT RCV 006	RCV 002 PO 小流量试验	1C	性能	测振，泵的运行情况检查
47	PT RCV 007	RCV 003 PO 小流量试验	1C	性能	测振，泵的运行情况检查
48	PT RIS 001	安全注入和安全壳隔离阶段 A 的综合试验	1C	仪控	相关信号核对、检查，配合试验执行
49	PT RIS 003	验证 RIS 001/002 PO 在小流量管线上的运行参数	1C	性能	测振
50	PT RIS 032	低压安全注入泵试验	2M	性能	测振
51	PT RIS 060	安注管线隔离止回阀的密封性试验	1C	仪控	在 RPE793WV 下游安装试验用压力表（0～4 MPa）
52	PT RPE 002	KRT 信号自动排序检验	1C	仪控	模拟 KRT051，052，053，054，055 MA 高放以及高高放信号
53	PT RRA 001	RRA 安全阀整定压力校验	1C	仪控	试验中用特殊装置锁住 1 RRA 115 VP，试验结束利用 SED 水为先导管线充水

续表

序号	规程代码	规程名称	周期	配合单位	配合内容
54	PT RRA 003	RRA 001 和 002 PO 运行参数的校验	1C	性能	余热排出泵测振窗口
55	PT RRI 011	在冷却水流量高时隔离热屏蔽	2C	仪控	模拟热屏流量高信号（RRI151/153XU1）
56	PT RRI 023	在 SEC 系列 B 压力低时自动启动备用系列，RRI/SEC001PO 优先	2C	仪控	RRI026SP 的卸压与恢复（要充水排气）
57	PT RRI 024	在 SEC 系列 A 压力低时自动启动备用系列，RRI/SEC002PO 优先	2C	仪控	RRI025SP 的卸压与恢复（要充水排气）
58	PT SEC 003	SEC 系统全部丧失	1C	仪控	模拟热交换器压差高信号（049/050SP），模拟热交换器上压差低信号（051/052SP）
59	PTSEC 006	拦污栅自动运行控制	3M	仪控	用信号发生器模拟水位差信号
60	PT SEC 007	拦污栅压差计水位开关试验	3M	仪控	用信号发生器模拟水位差信号
61	PT SEC 009	SEC301TF 旋转滤网压头损失指示器第一、第二、第三水位切换试验	3M	仪控	用信号发生器模拟水位差信号
62	PT SEC 010	SEC302TF 旋转滤网压头损失指示器第一、第二、第三水位切换试验	3M	仪控	用信号发生器模拟水位差信号
63	PT DHP 004	关键点 No4：换料冷停堆装料前检查	1C	换料经理	填写相应操作单

大修试验开始执行后，执行者应按要求详细记录试验开始时间、结束时间、中途中断时间，试验规程中的缺陷、试验完成情况、不合格或不能进行的原因，并在定期试验统计总表中进行登记，以便试验负责人和技术科管理人员及时跟踪记录，确保大修工作顺利进行，并能够反馈到下次大修中去，使整个大修试验活动不断完善，更趋合理。

根据以往大修经验，对于一些内容较多或复杂，影响关键路径的试验，试验负责人应做好充分准备，执行值操纵员应事先阅读理解，以免临阵匆忙应战，增加出错风险。在执行过程中操纵员需要注意以下问题：

• 树立风险意识。执行试验期间要考虑试验对机组状态的影响，并考虑是否会导致停机停堆、影响水传输、破坏隔离边界或危及人身安全。并且要通过风险分析增强对操作结果、参数变化的预见能力。

• 执行定期试验要认真。试验前应进行研究，对执行人员和各配合人员的分工要明确，确认系统的初始条件符合试验的要求。试验过程中不能跳项，对于试验过程中出现的问题要及时进行分析与评估。执行规程或沟通过程中漏项与跳项也是导致大修定期试验风险大的一个主要原因。某电厂大修在执行 PT RIS 001 时，现场人员在恢复过程中漏项，致使硼表不可用时间超过 8 h。随着规程的不断升版与改进，规程缺陷逐渐减少，在今后试验中必须加强执行规程严肃性，禁止跳项漏项！

对大修期间的部分关键试验将在5.2节中专门介绍。

5.2　大修关键试验介绍

在大修前，运行值必须要熟悉风险大、操作多以及占用关键路径时间长的重要定期试验，为配合运行值事先熟悉关键试验内容，下面将对其中的个别试验进行专题介绍。

5.2.1　安注逻辑试验(PT RIS 001)

5.2.1.1　试验目的

定期试验PT RIS 001的目的是：

(1) 从控制室用"安全注入"和"安全壳隔离阶段A"按钮手动启动安注和CIA来验证整个安全注入顺序(SI)和安全壳隔离阶段A顺序(CIA)运行良好。

(2) 模拟PTR 001 BA罐的低2和低3水位来验证"PTR隔离"和"RIS再循环"顺序正确。

(3) 验证由LHSI高流量信号和SI信号控制的RIS小流量管线执行机构运行良好。

5.2.1.2　试验条件

定期试验PT RIS 001的试验先决条件是：

(1) 在换料后的维修冷停堆下执行本试验，并与RIS相关管线的充水排气操作一并执行。

(2) 在试验前RIS 004 BA须用2 100 ppm硼水充满。

(3) 试验前应解除TCA RPR 02中关于安注的闭锁信号，恢复安注输出。

5.2.1.3　试验准备

在维修冷停堆下，各安注信号涉及系统基本处于不可用状态，同时由于行政隔离与联锁信号的存在使得部分信号无法传递到指定设备。因此，应在试验前调整相关系统的状态，必要时通过TCA等手段使之符合试验状态要求。总的来讲如下系统的状态应进行核对或调整：

(1) 关闭APG手动隔离阀，然后开启APG 004/005VL；

(2) 通过做TCA，使APA泵电源开关在试验位置合闸；

(3) 将ASG泵电源/RIS泵/RCV泵电源拉出至试验位置，使ETY风机电源开关在试验位置合闸；

(4) DVK系统置于正常运行方式，ETY系统安全壳隔离风阀开启；

(5) 开启RCV系统安全壳隔离阀，其中RCV 002/3/7/8/9VP须做TCA，开启RCV 048 VP/050 VP前须手动关闭046 VP；

(6) 中止C类行政隔离，开启RCV 222/223 VP；

(7) 柴油机(LHP/LHQ)置于安注试验方式；

(8) 开启REN安全阀隔离阀(REN123/124VP同时开启，须做TCA以解除二者之间的联锁)；

(9) RPE 系统安全隔离阀开启,安全壳内地坑泵在试验位置合闸;

(10) 合上 RPA/RPB 300JA 及 320JA,开启 ARE 调节阀。

5.2.1.4 试验过程

试验过程见图 5-2-1。

5.2.1.5 试验中的主要风险

(1) 恢复 RPR 安注逻辑输出时触发安注信号(因在恢复信号前必须确认 RIS 泵/RCV 泵电源拉出);

(2) 在试验准备时,操作漏项,导致试验顺序不正确;

(3) 试验前期 RX 内排水功能丧失,必须做好相应的预想,并且保证试验前 RX 内来水量可接受,在 SI 信号核对结束后立即恢复排水功能;

(4) 试验过程中与 RIS 系统充水排气操作的配合操作过程中跳项操作,造成跑水事件;

(5) 试验结束后系统恢复不到位,而引发系统不可用事件,特别是 TCA 一定要恢复到位,不能遗漏。为此操纵员在试验结束后必须对现场操作单及仪控操作单逐项检查确认;

(6) 试验结束后必须恢复安注自动输出闭锁(TCA RPR 02)。

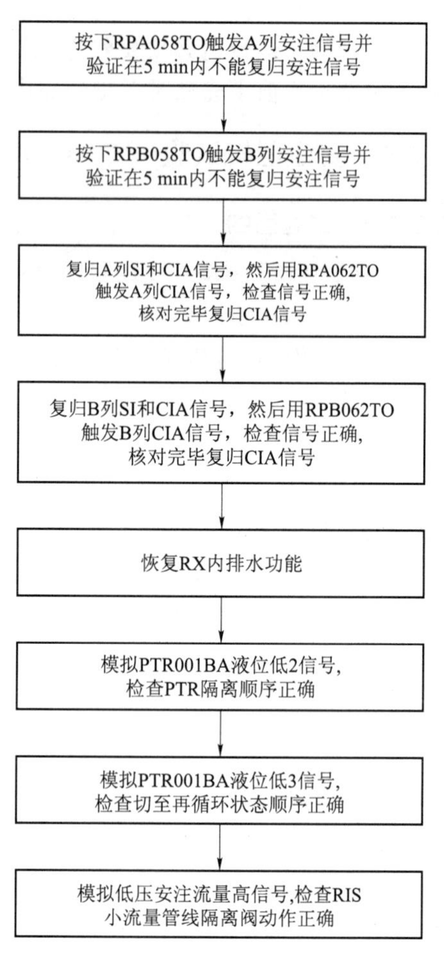

图 5-2-1 PT RIS 001 执行次序

5.2.2 安喷逻辑试验(PT EIE 01)

5.2.2.1 试验目的

定期试验 PT EIE 001 的目的是:

(1) 从控制室手动启动“安全壳喷淋和安全壳隔离阶段 B”,以验证整个安全壳喷淋动作顺序(CS)和安全壳隔离阶段 B 动作顺序(CIB)符合要求;

(2) 模拟 PTR 001 BA 罐低 3 水位,以验证“EAS 再循环”顺序正确。

5.2.2.2 试验条件

(1) 在一回路充水结束,静排气之前执行本规程;

(2) G 类行政隔离实施,EAS 泵电源开关拉出;

(3) RRA 系统投入。

5.2.2.3 试验过程

相对 PTX RIS 001 而言,PTX EIE 01 的试验准备要简单一些;进行次序也有所不同:主要是该试验逐列进行,期间要进行 RRI/SEC/RRA/DEL/DVH 泵系统的倒列工作,详见

图 5-2-2。

5.2.2.4 风险

(1) 恢复安喷输出(TCA RPR 02)时,引发安喷动作使得 RRA 系统失去冷却水,引起泵损坏及一回路温度上升;

(2) 倒列不彻底,导致部分设备丧失冷却水;

(3) 恢复过程中跳项漏项,使得系统不可用或引发其他事故。

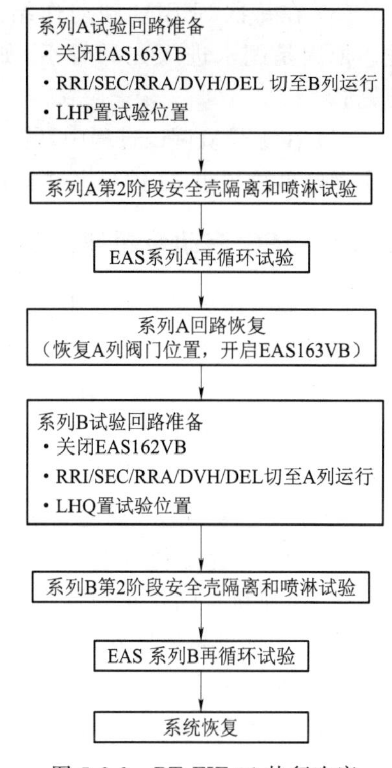

图 5-2-2 PT EIE 01 执行次序

5.2.3 SEBIM 阀动作试验(PT RCP 033 /PT RRA 01 /PT RCV 004)

同为 SEBIM 动作试验,RCP、RRA、RCV 3 个系统的阀门试验却不尽相同,以下作一简单介绍。

5.2.3.1 稳压器安全阀组动作试验(PT RCP 033)

稳压器安全阀动作试验仅对阀门的可动作性进行验证,且在 RRA 投入的双相中停下进行,因而风险较小。其试验过程比较简单,即在隔离阀关闭的情况下手动开关保护阀;在保护阀关闭的情况下手动开关隔离阀,用于验证阀门动作时间和行程符合要求。

5.2.3.2 RRA 安全阀动作试验(PT RRA 01)

与其他两个系统的 SEBIM 阀动作试验相比,RRA 安全阀的动作试验风险较大,原因是试验在正常冷停堆下进行,且通过提高一回路压力的方法使保护阀实际开启(隔离阀关闭的情况下)。这样在试验过程中将使一回路超出标准正常冷停堆状态,而且由于安全阀整定值不同,在 RRA018 VP 开启试验时须闭锁 115VP 的开启,不能满足两条 RRA 先导式安全阀组必须可用的要求。因而本试验必须获得 NNSA 的特许。为防止试验过程中发生任何异常,本试验必须在主泵停运的情况下进行,一回路平均温度低于 70 ℃,并严格控制在 35~60 ℃。本试验涉及的特许申请参见第十章的说明。

5.2.3.3 RCV 201 VP 动作试验(PT RCV 004)

RCV 201 VP 的动作试验在一回路压力大于 5 MPa 后的正常中间停堆下进行,试验中用逐渐提升 RCV 013 VP 整定值的方法来提升 RCV 013 VP 上游压力,直至 RCV 201 VP 开启。

在进行本试验时,必须保证 RCV 082 VP 和 310 VP 关闭,防止引起 RRA 系统超压及安全阀动作。

5.2.3.4 SEBIM 阀动作试验的几点说明

(1) 由于机械队每年将利用专用工具进行 SEBIM 阀的定值验证,因此尽管 PT RCP33 仅进行安全阀动作试验也能满足定期试验大纲的要求;

(2) 目前我厂 SEBIM 阀的限位开关只利用了两付中的一付,其行程已经定死且为逻辑输出，因此无法检查阀门阀瓣的行程，这一点目前的规程已经修改；

(3) 在每次 SEBIM 阀动作结束后，一定要要求机械人员对其先导管线进行充水冲洗。原因是硼水进入先导管后，如果发生结晶，则有可能导致阀门的误开或无法开启问题；

(4) 在1号机调试过程中，曾发生 RCV 201 VP 动作后无法正确回座现象，因此在试验前应做好事故预想，在进行完试验后，一定要确认阀门是否存在泄漏。

5.2.4 ASG 汽动泵超速试验

技术规范中要求在稳压器人孔关闭时，至少一台 ASG 汽动泵可运行，并对这一要求作出下述具体规定：① 汽动泵超速试验完成，② 系统配置正确，③ ASG 001 BA 可用且水容积大于 445 m^3。这就意味着在装料结束后关闭稳压器人孔前必须利用 SVA 进行 ASG 汽动泵超速试验。由于辅助蒸汽压力较低，进行试验时无法利用其冲至额定转速，只好延至热停堆状态下进行超速试验。

ASG 汽动泵超速试验是目前风险极大的一个试验，其原因有以下几点：一是汽轮机超速定值高，电超速定值为 9 226 r/min，机械超速定值为 9 645 r/min，在试验过程中对设备材料，超速机构动作正确性以及人员的操作技能无不提出了过高的要求；二是试验中无法像主汽轮机超速试验那样利用定值调节器，逐步提升转速到要求值，而是通过关闭泵入口阀来减少泵的出力，转速上升近乎失控，超速机构一旦拒动，后果难以想象。同时由于采用关闭泵入口阀来减少泵出力的方法，在试验过程中会对泵叶轮造成不可避免的侵蚀。

针对以上风险，必须严格按照如下次序进行超速试验：

(1) 在泵启动前，必须确认汽动泵转速测量通道校验工作已完成，超速定值设置正确；

(2) 启动汽动泵并运行 0.5～1 h，确认泵运行正常并进行充分暖泵(本部分可等效汽动泵小流量试验)；

(3) 进行主控手动打闸就地电气脱扣及手动机械脱扣试验，以验证打闸回路工作正确(本部分可等效 PT ASG 008)；

(4) 手动缓慢关小泵入口阀，进行第一级电气超速保护试验。在试验中就地必须有一人在控制柜处监测转速上升情况，并准备手动打闸，一人在机械脱扣处，另一人缓慢关闭阀门。当阀门关闭阻力增加时，转速开始上升，此时应根据转速更加缓慢关阀。保护动作后，应在泵完全停转后全开泵入口阀，防止叶轮受水力冲击；

(5) 将第一级电超速保护作为机械超速的后备保护，再按如上原则进行机械超速试验；

(6) 试验完毕恢复系统至正常状态。

5.2.5 安注逆止阀密封性试验

安注逆止阀密封性试验过程并不复杂，但长期以来，由于个别逆止阀密封性试验非一次成功，试验验收准则不清楚，运行试验项目与技术处贯穿件试验项目存在重复等问题，使之关注性提高。大修前运行大修组针对上述问题，对规程进行了升版，现介绍如下。

5.2.5.1 试验窗口安排

图 5-2-3 中为试验回路配置示意图(在线方式以 PT RIS 060 为例)。在与技术处明确

了项目分工后，运行处负责的安注系统逆止阀执行顺序如图 5-2-4 所示，在此有一点值得说明，即在大修时机组停运过程中，要进行 PT RIS 063/064 及 PT RIS 004 第一部分，以检查逆止阀密封性是否合格，获得在低低水位下是否检修阀门的依据。

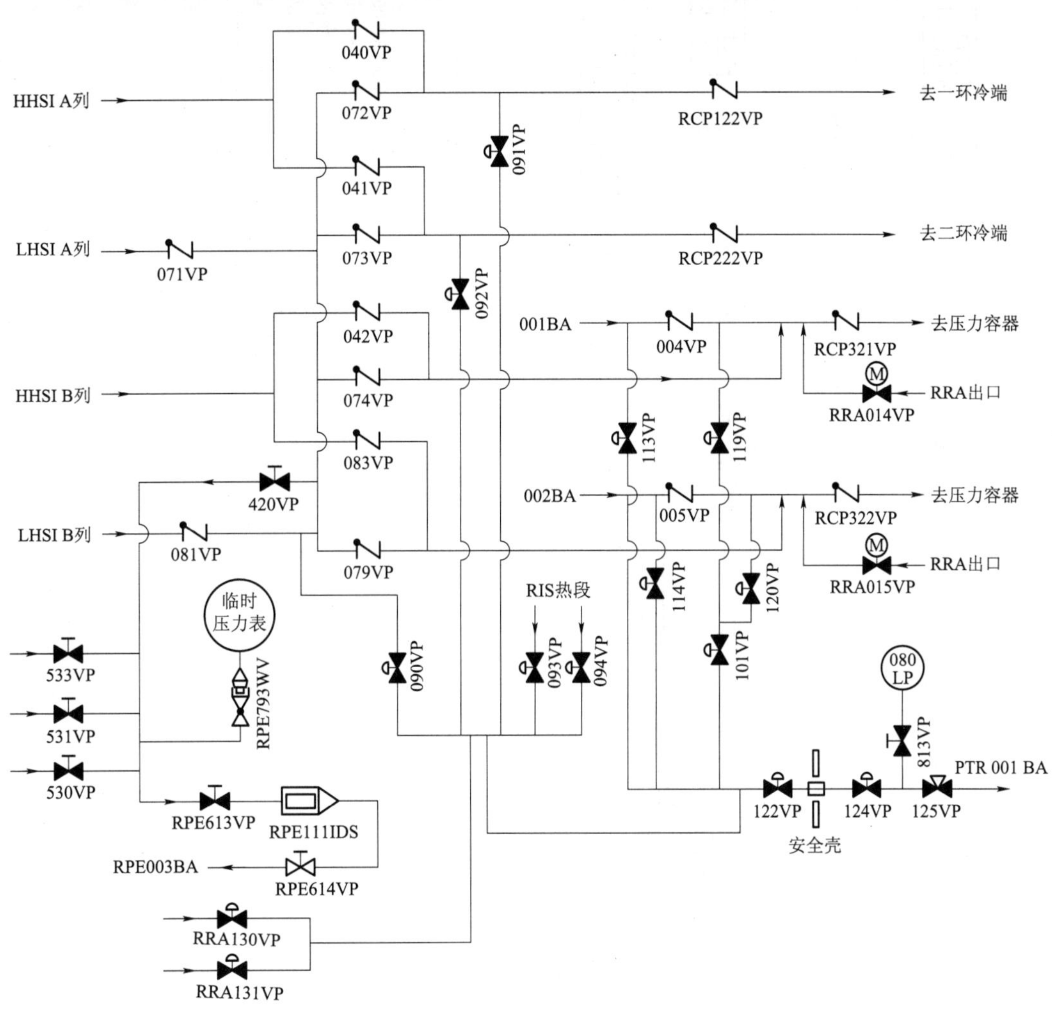

图 5-2-3　安注逆止阀试验配置图

5.2.5.2　验收准则

定期试验大纲中给出的验收标准为额定工况下泄漏流量小于 $60D$ ml/h（D 为阀门名义内径，单位为英寸）。由于这一数据难以测量，且无法在额定工况下进行试验，因此应进一步将其折算为试验工况下可监测参数方具备可操作性：

$$Q_f = Q_t\sqrt{\Delta P_f/\Delta P_t} \leqslant Q_L = 60D_1(\text{ml/h}) = 2.364D_2(\text{ml/h}) \qquad (1)$$

式中：ΔP_t——试验压差；

ΔP_f——运行压差；

Q_t——ΔP_t之下的泄漏率；

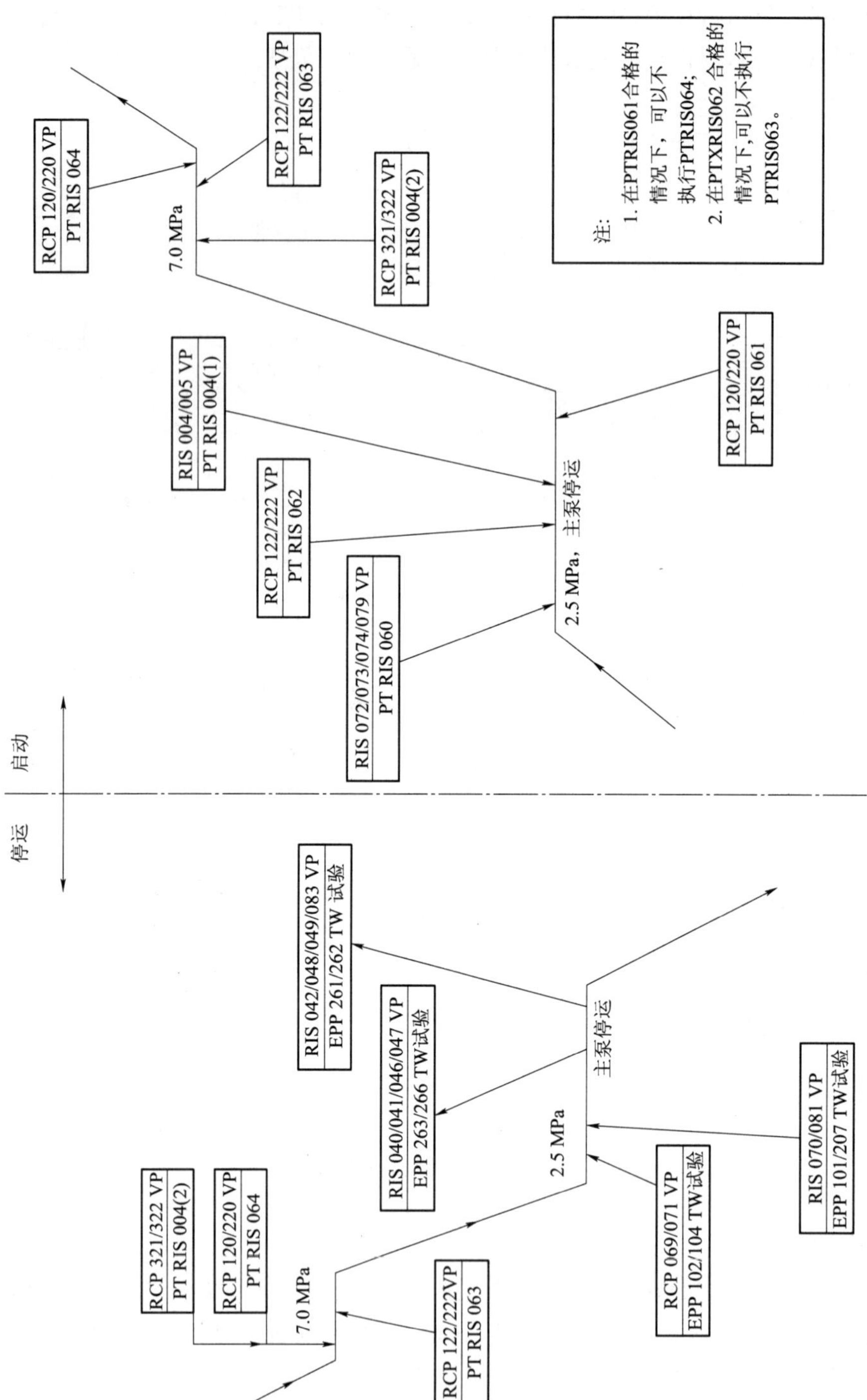

图5-2-4 逆止阀密封性试验顺序图

Q_f——ΔP_f之下的泄漏率；

Q_L——泄漏限值(见表 5-2-1)；

D_1——名义上的阀门尺寸，in；

D_2——名义上的阀门尺寸，mm。

再考虑到在试验过程中，在不同压力水平下相关安注管线的总容积是不变的。而水具有可压缩性，在不同压力下的比容不同，因此可以将相关阀门的泄漏率折算为逆止阀上游管线压力上升速率，计算公式如下：

$$\rho_0 V_0 + \rho_1 V_1 = \rho_2 V_0 \tag{2}$$

式中：ρ_0——逆止阀上游初始压力下对应的密度；

V_0——逆止阀上游管线对应体积；

ρ_1——系统内流体密度；

V_1——单位时间内泄漏流量(试验工况下的泄漏限值)；

ρ_2——单位时间内逆止阀上游流体的最终压力。

各逆止阀之间管段的体积在表 5-2-1 中示出。根据式(1)和式(2)可以得到对应泄漏限值下逆止阀上游最终流体密度限值，并通过查水的物性参数表可求得压力上升极值。

表 5-2-1 RIS 逆止阀密封性试验相关数据

逆止阀	阀前体积/L	名义直径/mm	验收泄漏限值/(ml/h)(额定工况)	2.5 MPa 下泄漏限值/(ml/h)	压力上升速率限值/(bar/h)(2.5 MPa 工况)	压力上升速率限值/(bar/h)(7 MPa 工况)
RIS 072 VP	1 802	87.32	206	83	2.55	—
RIS 073 VP	1 802	87.32	206	83	2.55	—
RIS 074 VP	1 802	87.32	206	83	2.55	—
RIS 079 VP	1 802	87.32	206	83	2.55	—
RIS 004 VP	54.88	222.3	525.52	212	88	97
RIS 005 VP	47.35	222.3	525.52	212	102	112
RCP 120 VP	351.58	131.78	311.53	126	8	8.7
RCP 220 VP	361.74	131.78	311.53	126	7.8	8.4
RCP 122 VP	8.97	87.32	206.42	83	214	191.2
RCP 222 VP	8.19	87.32	206.42	83	234	210
RCP 322 VP	638.96	222.3	525.52	—	—	7.2
RCP 321 VP	642.67	222.3	525.52	—	—	7.1

5.2.6 汽轮机冲转过程中需要进行的试验

在大修结束后的汽轮机冲转过程中，不仅仅要进行暖机等常规操作，而且要完成汽轮机试验模块的逻辑检查、汽轮机手动打闸试验、润滑油泵的备用逻辑、超速装置注油试验、主汽门严密性试验和超速试验等，具体的试验安排如图 5-2-5 所示。

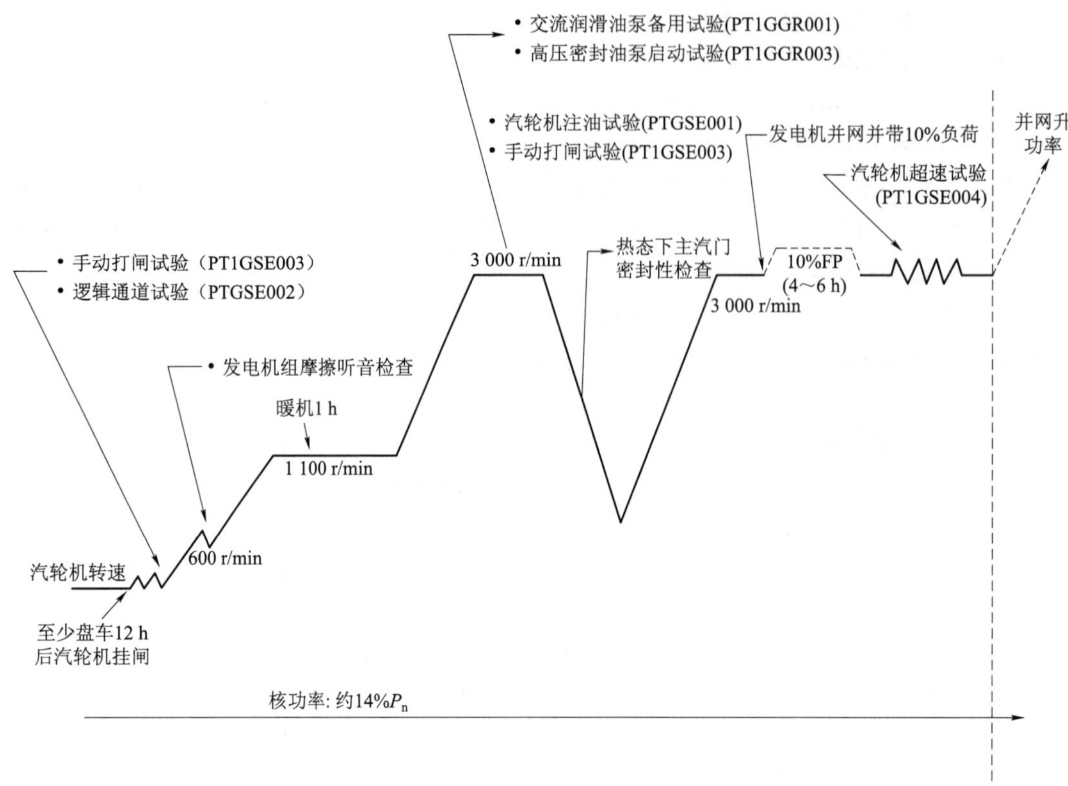

图 5-2-5 大修启动时汽轮机冲转过程

5.2.6.1 主汽门和调速汽门的严密性试验

主汽门和调速汽门严密性试验的目的是检查自动主汽门和调速汽门的严密程度。根据电力行规，试验方法有如下两种：

(1) 在额定汽压，正常真空和汽轮机空转条件下，当主汽门(或调速汽门)全关而调速汽门(或自动主汽门)全开时，最大漏汽量应不致影响汽轮机转速下降至1 000 r/min以下，即为自动主汽门(或调速汽门)严密性合格。

(2) 汽轮机处于连续盘车状态，并做好冲转前的一切准备工作，主汽门前主蒸汽压力处于额定汽压，全关自动主汽门并全开调速汽门，若此时汽轮机未退出盘车，即为自动主汽门严密合格；全关调速汽门全开主汽门，若此时汽轮机虽退出盘车运转，但转速在400～600 r/min以下，即为调汽门严密性合格。

目前二期主汽门和调速汽门严密性试验与汽轮机手动打闸试验结合在一起进行。

5.2.6.2 汽轮机超速试验

为了确保机组运行的安全，下列情况下必须进行超速试验，以检查超速保安器的动作转速是否在规定范围内和动作的可靠性。

- 汽轮机大修后第一次启动；
- 超速保护机构经过解体或调整后；
- 停机一个月以上，再次启动时；

• 甩负荷试验之前。

超速试验必须在超速保护机构跳闸试验和自动主汽门，调节汽门严密性合格后进行。试验前，汽轮机转速必须已经稳定在额定水平上任何一个轴承的振动或瓦块温度在运行限值以下。

根据计算结果，进行试验时，转速增加10%，拉应力增加25%，同时还要叠加热应力，容易导致转子的脆性断裂。因此在进行超速试验前汽轮机应带10%～25%额定负荷运行4 h以上，以使转子中心孔金属温度大于脆性转变温度，增加转子承受离心力和热应力的能力。

试验前必须确认主控制室和汽轮机就地应至少有两套来自不同探头的转速表，指示正确。

机械超速与电气超速试验应分别进行，机械超速试验应连续进行两次，两次动作转速差值不应超过0.6%。如果转速升至3 330 r/min后机械超速仍不动作时，应立即停机检查。超速试验的升速时间不应小于30 s，但是最长不要超过1.5 min。

复习思考题

1. 大修定期试验分哪几种，并简单介绍。
2. 简述大修定期试验的触发，执行，反馈及跟踪。
3. 简述执行PTRIS01规程时的注意事项及风险点。
4. ASG汽动泵超速试验为什么风险很大？

第六章 安全壳机械贯穿件密封性试验

技术规格书规定安全壳密封泄漏试验和检查项目有A类整体密封性试验、B类和C类局部定期试验3类。其中A类整体密封性试验的目的是确定包括安全壳贯穿件和隔离部件在内的安全壳的总泄漏率符合要求，每10年进行一次（见第九章）。B类局部试验是用来鉴别和测量在安全壳内的电气贯穿件和相关机械贯穿件的局部泄漏。C类局部试验的目的是鉴别和测量安全壳隔离部件的泄漏，涉及所有的隔离阀和安全壳管道贯穿件上的逆止阀。考虑到电气贯穿件是连续加压连续监测的，在本节中将仅对B、C类贯穿件中的机械贯穿件试验要求与试验方法进行介绍。

6.1 机械贯穿件试验概述

安全壳机械贯穿件是核电厂安全壳的重要组成部分，特别是它的安全隔离功能，对保证核安全第三道屏障完整性起着至关重要的作用。在每一次的换料大修期间，要对众多的贯穿件隔离阀进行密封性检查，确保它的安全隔离功能得到验证。

6.1.1 B类机械贯穿件密封性试验要求

B类机械贯穿件密封性试验包括以下项目：

（1）人员气闸门密封试验，包括以下项目：

- 双道密封圈的密封性（包括内外门）：每次机组换料停堆后，整个机组再启动前最后关闭时完成。
- 电气贯穿件：在每次机组换料冷停堆时抄录一次压力表读数，并利用试验孔进行加压试验。
- 机械贯穿件：采用与C类机械贯穿件相同的试验方法。
- 整体气密性试验：每次机组换料冷停堆时进行，泄漏率不能超过安全壳容许总泄漏率的1%。

（2）设备闸门密封试验：每次关闭之后或至少每个换料周期进行一次，泄漏率不能超过安全壳容许总泄漏率的1%。

（3）燃料输送管道盲板密封试验：每次关闭之后或至少每个换料周期进行一次，泄漏率不能超过安全壳容许总泄漏率的1%。

6.1.2 C类机械贯穿件试验要求

安全壳机械贯穿件试验的目的是为了检验安全壳隔离阀的密封性，以确认在LOCA事故工况下安全壳隔离阀的密封功能满足设计要求。其要求的频度是：除去那些水或蒸汽系统上的隔离阀及贯穿件和那些只能在进行 A 类整体试验时才能被检查的管道密封件以外，所有的安全壳隔离部件都必须按照相应要求(每 5 年或每次机组停堆换料时)进行试验。根据这一要求，以某典型的压水堆核电厂为例，安全壳共有 87 个机械贯穿件(包括 PMC 燃料运输通道、人员闸门和设备闸门)中有 23 个属于 5 个换料周期的试验项目，10 个换料周期的有 4 个(EAS/RIS 系统安全壳地坑吸入口)，4 个二回路相关贯穿件不用进行密封性检查，另外的 56 个则每个换料周期都要进行试验(包括 1 个作为每年蒸汽发生器在役检查临设使用的备用机械贯穿件，见表 6-3-1)。

根据《安全相关系统定期试验要求》的规定，C 类安全壳贯穿件验收准则是：以空气作为试验介质时要求泄漏率$\leqslant 690\times D_0$ Ncm^3/h；以水作为试验介质时要求泄漏率$\leqslant 4\times D_0$ Ncm^3/h(式中 D_0 为贯穿件公称直径)。

6.2 机械贯穿件试验方法

机械贯穿件的密封性试验，实际上是指贯穿件隔离阀或盲板的密封性试验，需要遵循以下四条原则：

(1) 试验采用局部加压方式，被试验的阀门两端压差为 3.5 bar，模拟 LOCA 条件下该贯穿件的运行工况。

(2) 除非能证明反向加压能够取得相同或更保守的结果，否则施加压力方向与隔离阀在执行安全功能时受压方向一致。即从安全壳内到安全壳外的方向。

(3) 为使试验的准备工作维持在最小量，在贯穿件“原来”的条件下对它们进行试验，就是说通常充水的管道用 SED 水做试验，通常充空气、氮气或二氧化碳的管道用空气做试验，对于平常充空气但可能有液体流通的则用水压或空压法均可以。

(4) 被试验的阀门，如果装备有遥控操作装置，不应使用任何特殊措施关闭，尤其是电动阀门应用它们的遥控驱动机构予以关闭(用自动动作信号去关闭该隔离阀)，不需要任何就地手动操作。

根据这四条基本原则，目前的试验方法有两种，即流量法与压力法，在表 6-2-1 中将以阀门 V1 为被试对象，对流量法进行说明，以阀门 T2 为被试对象，对压力法进行说明。

表 6-2-1 机械贯穿件试验方法

方法		初始条件	步骤	简图
流量法	1A	• 关闭 V1、V3；开启 T1；并将连接加压装置(试验加压罐)或流量计接到 T1 上； • 试验期间 V1 阀门的下游必须保持泄压状态	• 将 V1、V3 之间的管道加压到安全壳设计压力[3.5 bar(g)]，并使之维持恒定以测量泄漏率； • 测量到的泄漏率是 V1 与 V3 的总泄漏率，保守起见，可将此作为被试验阀 V1 的泄漏率	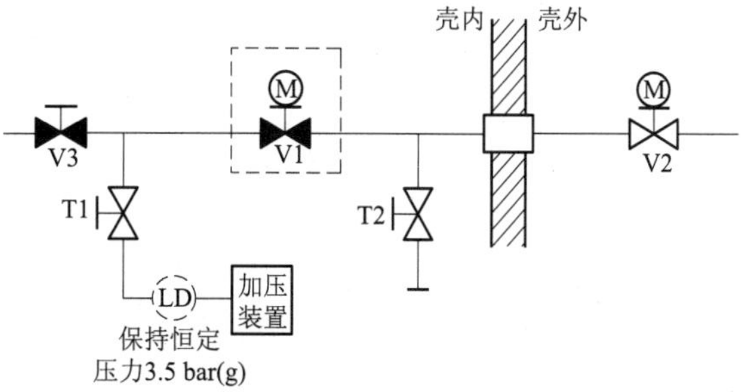 壳内 壳外 M V3 V1 V2 T1 T2 LD 加压装置 保持恒定压力3.5 bar(g)

续表

方法		初始条件	步骤	简图
流量法	1B	• 连接加压装置(试验加压罐)到T1; • 连接流量计(或试验收集罐)到T2; • 关V1、V2、V3;开T1、T2	将V1、V3之间的管道加压至设计压力[3.5 bar(g)],并使之维持恒定,测量T2处的泄漏流量	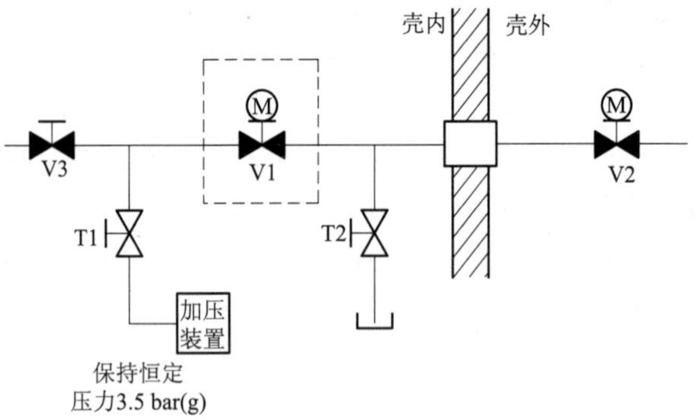 壳内 壳外 V3 V1 V2 T1 T2 加压装置 保持恒定压力3.5 bar(g)
压力法	2	在T2接头处连接缓冲罐,开阀门V1、V2;关T2	缓冲罐及其至T2的管线加压至设计压力[3.5 bar(g)]测量其给定时间间隔内的压降	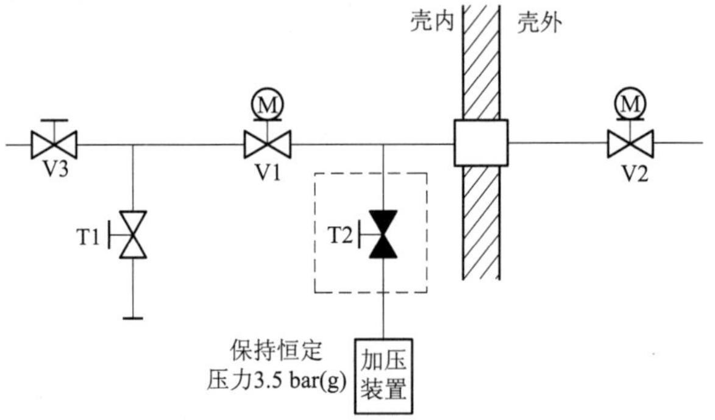 壳内 壳外 V3 V1 V2 T1 T2 保持恒定压力3.5 bar(g) 加压装置

6.3 机械贯穿件试验隔离方案和逻辑计划说明

根据各电厂的部门分工,贯穿件试验过程中隔离的实施、解除和恢复在线一般由生产运行部门负责,具体的试验由性能试验专业人员负责,试验的窗口由大修操作规程(D规程)或大修计划给出。因此在大修期间进行机械贯穿件试验不仅增加了运行的隔离和在线活动,而且由于一些贯穿件(安注系统)的试验在大修关键路径上,影响机组状态的及时转换,因而应当引起运行人员的足够重视。

在换料大修期间安排贯穿件试验时间窗口,是依据每个贯穿件试验的隔离范围,对机组状态的影响的大小,与其他检修项目的冲突等因素来确定的。

• 换料大修期间机械贯穿件的试验窗口安排,必须保证其隔离范围满足机组状态的要求。例如设备冷却水系统的贯穿件试验,直接需要将所有公共用户的设备隔离,造成三废、核取样、乏燃料水池冷却等众多系统不能运行,其影响比一整列设冷水丧失还严重,因此这一试验必须安排在低低水位期间进行,而且需要国家核安全部门的特许。通过这个例子,我们可以看出安排贯穿件试验窗口必须考虑隔离边界。另外,在进行贯穿件试验边界制定过程中,应当根据系统布置和试验要求进行适当的合并与简化,这样可以减少运行人员和试验人员的工作量。例如某电厂103换料大修共需要进行61个贯穿件的密封性试验,通过合并后将这61个贯穿件试验项目由36个试验隔离边界所涵盖。

• 贯穿件试验一般直接造成所试验的系统在安全壳内部分的所有功能丧失，对于机组状态的影响比单台设备检修要严重得多。同时部分贯穿件试验又由于试验方法而成为换料大修的关键路径，因此安排窗口时必须考虑试验对机组状态的影响，如安注系统直接与一回路管道相连，安全壳内只有逆止阀，只有通过一回路的压力反向逆止来建立试验的打压边界，因此只能在一回路降压停运阶段进行试验，而且在进行 EPP 263 TW 的试验过程中，将造成 A 列高压安注和轴封不可用，因此该试验进行时主泵必须停运。当发现存在逆止阀泄漏超标时，应当在一回路低低水位期间进行处理，然后在一回路升压启动阶段再次进行试验确认。

• 大修期间在被试验的阀门和试验边界阀门上可能还有这样和那样的检修活动，因此在换料大修期间需要有一个针对贯穿件试验的专项计划，该计划应当与主线计划和检修计划保持一致。为了防止贯穿件试验与设备检修活动的冲突，在到达相应的检修窗口后应当尽快安排贯穿件的试验。例如某电厂在 104 大修期间，进行 EPP 255 TW(RCV 下泄）贯穿件时，低低水位的检修活动已经结束，RRA 系统的净化已经开始，结果由于进行试验而中断，对一回路水质的净化进程造成了影响。

因此运行人员不仅要负责制定大修贯穿件试验所需要的隔离措施，而且要参与到大修贯穿件试验窗口安排中去，在不断反馈的基础上，制订出标准的贯穿件试验隔离方案标准的贯穿件试验计划。在表 6-3-1 中列出了所有贯穿件项目的安排说明，为了更直观地表达出试验计划，图 6-3-1 以某电厂 103 大修为例来说明具体的试验计划。

表 6-3-1　贯穿件描述

序号	编号	系统	贯穿件描述	隔离阀		周期/年	建议窗口	隔离后果	特殊说明
				壳内	壳外				
1	101	RIS	LHSI 热端注入管线（B 列）	070VP	064VP	1	正常冷停	B 列低压安注不可用	TSD001SAR
2	102	RIS	LHSI 热端注入管线（A 列）	069VP	063VP	1	正常冷停	A 列低压安注不可用	TSD001SAR
3	103	RIS	LHSI 再循环地坑吸入管线（B 列）	—	052VP	10	M12 - M13		套筒也为 10 年一次
4	104	RIS	LHSI 冷端注入管线（A 列）	071VP	030VP 061VP	1	正常冷停	A 列低压安注不可用	TSD001SAR
5	105	RIS	LHSI 再循环地坑吸入管线（A 列）	—	051VP	10	M12 - M13		套筒也为 10 年一次
6	106	EAS	EAS 安全壳地坑隔离管线（B 列）	—	014VB	10	M12 - M13		
7	107	EAS	EAS 安全壳地坑隔离管线（A 列）	—	013VB	10	M12 - M13		
8	108	EAS	安全壳喷淋管线（B 列）	012VB	008VB 010VB	1	M4 - M5	B 列 EAS 不可用	TSD002EAS

续表

序号	编号	系统	贯穿件描述	隔离阀		周期/年	建议窗口	隔离后果	特殊说明
				壳内	壳外				
9	109	EAS	安全壳喷淋管线(A列)	011VB	007VB 009VB	1	M3-M4	A列EAS不可用	TSD001EAS
10	110	RIS	LHSI至安全壳小流量管线(B列)	178VP	168VP	1	M4-M5	B列RIS不可用	TSD002RIS
11	111	RIS	LHSI至安全壳小流量管线(A列)	177VP	167VP	1	M3-M4	A列RIS不可用	TSD003RIS
12	201A	RRI	RCP001PO设备冷却供水管线	213VN	210VN	1	M3-M4	公共管线上的用户(041/058VN,040/059VN到465/466VN之间)被隔离	需要NNSA特许,另一机组RRI向PTR热交换器供水
13	201B	RRI	RCP002PO设备冷却供水管线	214VN	211VN	1	M3-M4		
14	202A	RRI	RCP001PO设冷水下游管线	476VN 280VN	283VN	1	M3-M4		
15	202B	RRI	RCP002PO设冷水下游管线	477VN 281VN	284VN	1	M3-M4		
16	203A	SAR	SAR仪用压缩空气供应管线	433VA	432VA	5	M5-M6	RX内仪用压空全停	
17	203B	SAT	SAT压缩空气供应管线	053VA	052VA	5	M1-M2		维修冷停时进行
18	203C	JPI	JPI反应堆厂房消防供水管线	071VE	070VE	5	M1-M2	RX厂房供消防水功能丧失	TSD002JPI
19	207	RIS	LHSI冷端注入管线(B列)	081VP	031VP 062VP	1	正常冷停	B列低压安注不可用	TSD001SAR
20	208A	RRI	RCV 021 RF和RCP 002 BA供水管线	320VN	300VN	1	M3-M4	公共管线上的用户(041/058VN,040/059VN到465/466VN之间)被隔离	需要NNSA特许,另一机组RRI向PTR热交换器供水
21	208B	RRI	RCP 002 BA下游管线	479VN 318VN	304VN	1	M3-M4		
22	208C	RRI	RCV 021 RF下游管线	480VN 319VN	313VN	1	M3-M4		
23	211	RRI	RRM热交换器下游管线	481VN 189VN	177VN	5	M3-M4		
24	212	RRI	RRM热交换器上游管线	188VN	170VN	5	M3-M4		
25	213	PTR	PTR-RRA-PTR管线	022VB 023VB	021VB	5	M5-M6	PTR002PO备用功能丧失	需NNSA特许
26	214	RCV	RCV-RRA管线	383VP	367VP	1	M3-M4	净化回流丧失	

续表

<table>
<tr><th rowspan="2">序号</th><th rowspan="2">编号</th><th rowspan="2">系统</th><th rowspan="2">贯穿件描述</th><th colspan="2">隔离阀</th><th rowspan="2">周期/年</th><th rowspan="2">建议窗口</th><th rowspan="2">隔离后果</th><th rowspan="2">特殊说明</th></tr>
<tr><th>壳内</th><th>壳外</th></tr>
<tr><td>27</td><td>215</td><td>RRI</td><td>RRA 001 RF 下游管线</td><td>539VN
019VN</td><td>021VN</td><td>1</td><td>M3 - M4</td><td>RRA A 列热交换器不可用</td><td>RRA 001PO 冷却水切到 B 列</td></tr>
<tr><td rowspan="2">28</td><td rowspan="2">216</td><td rowspan="2">RRI</td><td rowspan="2">RRA 002 RF 下游管线</td><td>540VN</td><td rowspan="2">022VN</td><td rowspan="2">1</td><td rowspan="2">M3 - M4</td><td rowspan="2">RRA B 列热交换器不可用</td><td rowspan="2">RRA 002PO 冷却水切到 B 列</td></tr>
<tr><td>020VN</td></tr>
<tr><td>29</td><td>217</td><td>RRI</td><td>RRA 001 RF 供水管线</td><td>013VN</td><td>011VN</td><td>1</td><td>M3 - M4</td><td>RRA B 列热交换器不可用</td><td>RRA 001PO 冷却水切到 B 列</td></tr>
<tr><td>30</td><td>218</td><td>RRI</td><td>RRA 002 RF 供水管线</td><td>014VN</td><td>012VN</td><td>1</td><td>M4 - M5</td><td>RRA B 列热交换器不可用</td><td>RRA 002PO 冷却水切到 B 列</td></tr>
<tr><td>31</td><td>219A</td><td>PTR</td><td>RRA 到 PTR 管线</td><td>140VB
171VB</td><td>141VB</td><td>5</td><td>M5 - M6</td><td>PTR 不能给 RRA 备用</td><td></td></tr>
<tr><td>32</td><td>219B</td><td>SED</td><td>SED 除盐水管线</td><td>201VD</td><td>200VD</td><td>5</td><td>M3 - M4</td><td></td><td>TSD001SED</td></tr>
<tr><td>33</td><td>220A</td><td>PTR</td><td>反应堆水池过滤（入口）管线</td><td>130VB</td><td>129VB</td><td>5</td><td>M5 - M6</td><td>反应堆水池充水、过滤功能丧失</td><td></td></tr>
<tr><td>34</td><td>220B</td><td>PTR</td><td>反应堆水池过滤（出口）管线</td><td>145VB
170VB</td><td>146VB</td><td>5</td><td>M5 - M6</td><td>反应堆水池排水过滤功能丧失</td><td></td></tr>
<tr><td>35</td><td>220C</td><td>REA</td><td>REA 主泵轴封供水管线</td><td>131VD</td><td>130VD</td><td>1</td><td>M3 - M4</td><td>主泵立管排空</td><td></td></tr>
<tr><td>36</td><td>220D</td><td>RIS</td><td>RIS 止回阀密封试验管线</td><td>122VP</td><td>124VP</td><td>5</td><td>M3 - M4</td><td></td><td></td></tr>
<tr><td>37</td><td>221</td><td>ETY</td><td>ETY 小风量扫气、混合和复合管线</td><td>—</td><td>003VA</td><td>1</td><td>M9 - M6</td><td>A 列动态包容功能丧失</td><td>TSD001ETY</td></tr>
<tr><td>38</td><td>222</td><td>ETY</td><td>ETY 小风量清扫、混合和复合管线</td><td>—</td><td>004VA</td><td>1</td><td>M9 - M6</td><td>B 列动态包容功能丧失</td><td>TSD002ETY</td></tr>
<tr><td>39</td><td>223</td><td>EPP</td><td>在役检查用临时</td><td>盲板</td><td>盲板</td><td>1</td><td>M6 - M14</td><td></td><td></td></tr>
<tr><td>40</td><td>224A</td><td>RCP</td><td>RCP 主泵注油管线</td><td>379VH</td><td>盲板</td><td>1</td><td>M9 - M6</td><td>主泵无法从安全壳外充油</td><td></td></tr>
<tr><td>41</td><td>224B</td><td>RCP</td><td>RCP 主泵排油管线</td><td>380VH</td><td>盲板</td><td>1</td><td>M9 - M6</td><td>主泵无法排油到安全壳外</td><td></td></tr>
<tr><td>42</td><td>225</td><td>EPP</td><td>0 m 应急闸门</td><td></td><td></td><td>1</td><td>M9 - M18A</td><td></td><td>见 6.1.1 节</td></tr>
<tr><td>43</td><td>226</td><td>ETY</td><td>ETY 安全壳充压管线</td><td>073VA</td><td>盲板</td><td>1</td><td>M2 - M3</td><td></td><td></td></tr>
<tr><td>44</td><td>230A</td><td>ETY</td><td>ETY - KRT 系统入口管线</td><td>043VA</td><td>042VA</td><td>1</td><td>M3 - M4</td><td rowspan="2">KRT008/009/028MA 丧失，可能造成误发放射性高报警</td><td rowspan="2">TSD005ETY</td></tr>
<tr><td>45</td><td>230B</td><td>ETY</td><td>ETY - KRT 系统出口管线</td><td>044VA</td><td>045VA</td><td>1</td><td>M3 - M4</td></tr>
</table>

续表

序号	编号	系统	贯穿件描述	隔离阀		周期/年	建议窗口	隔离后果	特殊说明
				壳内	壳外				
46	231A	RAZ	稳压器卸压箱氮气供应管线	034VZ	032VZ	5	M5 - M6	卸压箱、RPE 001 BA 氮气供应停止	
47	231B	RAZ	中压氮气进入安全壳管线	128VZ	009VZ	1	M2 - M3	中压安注箱补氮丧失	
48	250A	REN	反应堆冷却剂疏水箱取样管线	235VY	236VY	5	M5 - M6		
49	250B	REN	稳压器卸压箱取样管线	231VY	232VY	5	M5 - M6		
50	250C	REN	RIS 001 BA 取样管线	161VB	164VB	5	M5 - M6		
51	254A	RIS	RIS 中压安注箱补水管线	137VB	136VB	5	M2 - M3		
52	254B	RPE	反应堆冷却剂疏水箱排氢管线	002VY	003VY	5	M5 - M6		
53	255	RCV	RCV 化容系统下泄管	003VP 082VP	010VP	1	M3 - M4	下泄管线丧失，无法净化	
54	256	RCV	RCP 002 PO 轴封水注入管线	071VP	077VP	5	M5 - M6	轴封注入管线丧失	
55	257	RCV	RCP 001 PO 轴封水注入管线	070VP	076VP	5	M5 - M6	轴封注入管线丧失	
56	258	RCV	过剩下泄及主泵轴封回水管线	088VP 253VP	089VP	5	M5 - M6		
57	260	RCV	RCV 上充管线	049VP	048VP	5	M4 - M6		
58	261	RIS	HHSI 热端注入管线(B 列)	049VP 048VP	023VP	1	正常冷停	B 列高压安注丧失，RIS029 VP、轴封不可用	NNSA 特许，TSD001SAR
59	262	RIS	HHSI 浓硼箱旁路冷端注入管线	083VP 042VP	019VP 020VP 029VP	1	正常冷停		
60	263	RIS	HHSI 热端注入管线(A 列)	047VP 046VP	021VP	1	正常冷停	A 列高压安注和轴封不可用	TSD001SAR
61	264	RPE	RPE 反应堆冷却剂管线	017VP	018VP	5	M9 - M6		
62	266	RIS	RIS - HHSI 高压安注冷端	041VP 040VP	034VP 035VP 036VP	1	正常冷停		TSD001SAR
63	268	RPE	RPE 工艺疏水	027VP	028VP	1	M9 - M6	RX 厂房废水不能排放	
64	269	RPE	RPE 化学疏水	055VE 061VE	056VE	1	M9 - M6		
65	270A	REN	PZR 汽相和 RRA 取样	122VP 121VP	131VP	1	M5 - M6	硼表不可用	

续表

序号	编号	系统	贯穿件描述	隔离阀		周期/年	建议窗口	隔离后果	特殊说明
				壳内	壳外				
66	270B	REN	PZR 液相和 RRA 取样	124VB 123VB	132VP	1	M5 - M6		
67	270C	REN	RIS 002 BA 取样管线	162VB	165VB	5	M5 - M6		
68	271A	REN	一回路 SG 2 上游取样管线	102VP	104VP	1	M5 - M6	硼表不可用	
69	271B	REN	一回路 SG1 上游取样管线	101VP	103VP	1	M5 - M6		
70	301A	REN	1 号蒸汽发生器二次侧取样管线	185VL 191VL	194VL				不进行密封性试验
71	301B	REN	2 号蒸汽发生器二次侧取样管线	186VL 192VL	195VL				不进行密封性试验
72	304	ETY	ETY 小风量清扫、混合和复合管线(抽气)	—	009VA	1	M9 - M6	ETY001ZV 功能丧失	TSD003ETY
73	342	ETY	ETY 高压排放管线	074VA	盲板	1	M2 - M3		
74	352	ETY	ETY 小风量清扫、混合和复合管线(抽气)		010VA	1	M9 - M6	ETY002ZV 功能丧失	TSD004ETY
75	401	APG	1 号蒸汽发生器排污管线	—	004VL				不进行密封性试验
76	402	APG	2 号蒸汽发生器排污管线	—	005VL				不进行密封性试验
77	404	PTR	燃料运输通道	盲板	728VB	1	M15 - M18		
78	405	EPP	8 m 人员闸门			1	M9 - M18A		见 6.1.1 节
79	406	EUF	安全壳过滤器排气管线	—	001/3VA	1	M2 - M3		TSD001EUF
80	407	ETY	ETY 安全壳试验仪表	090VA	092VA	1	M2 - M3		
81	501	EBA	安全壳换气通风入口管线	003VA	004VA	1	M5 - M6	安全壳通风丧失	TSD001EBA
82	502	EBA	安全壳换气通风出口管线	013VA	014VA	1	M5 - M6	安全壳通风丧失	TSD002EBA
83	503	EBA	安全壳换气通风入口管线	001VA	002VA	1	M5 - M6	安全壳通风丧失	TSD003EBA
84	504	EBA	安全壳换气通风出口管线	015VA	016VA	1	M5 - M6	安全壳通风丧失	TSD004EBA
85	537	DEG	冷冻水进入安全壳管线	014VD	013VD	1	M2 - M3	DEG 全停	
86	538	DEG	冷冻水出安全壳管线	043VD 044VD	045VD	1	M2 - M3	DEG 全停	
87	701	EPP	20 m 设备闸门			1	M15 - M18		见 6.1.1 节

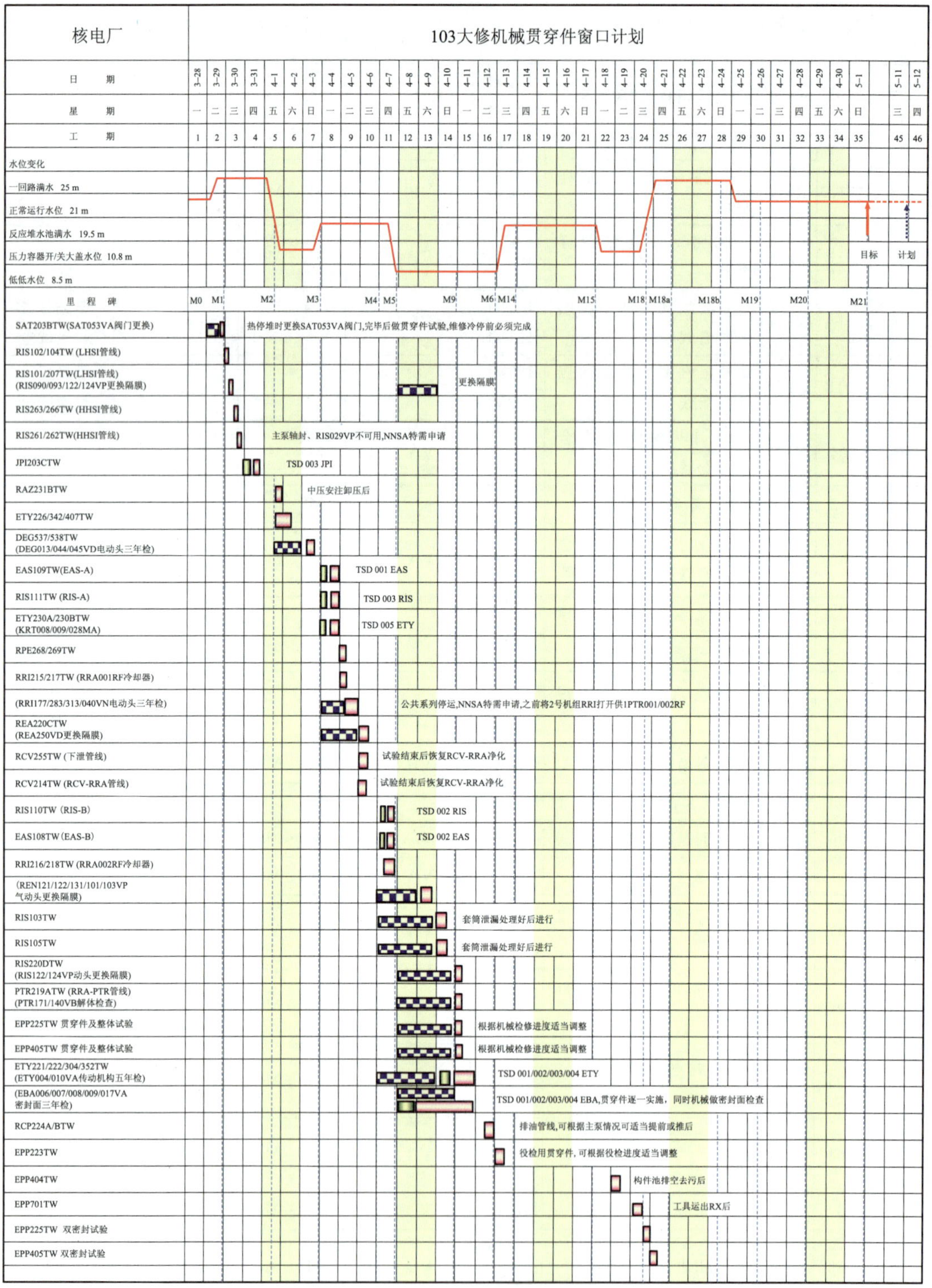

核电厂	103大修机械贯穿件窗口计划																																					
日期	3-28	3-29	3-30	3-31	4-1	4-2	4-3	4-4	4-5	4-6	4-7	4-8	4-9	4-10	4-11	4-12	4-13	4-14	4-15	4-16	4-17	4-18	4-19	4-20	4-21	4-22	4-23	4-24	4-25	4-26	4-27	4-28	4-29	4-30	5-1		5-11	5-12
星期	一	二	三	四	五	六	日	一	二	三	四	五	六	日	一	二	三	四	五	六	日	一	二	三	四	五	六	日	一	二	三	四	五	六	日		三	四
工期	1	2	3	4	5	6	7	8	9	10	11	12	13	14	15	16	17	18	19	20	21	22	23	24	25	26	27	28	29	30	31	32	33	34	35		45	46
水位变化																																						
一回路满水 25 m																																						
正常运行水位 21 m																																						
反应堆水池满水 19.5 m																																						
压力容器开/关大盖水位 10.8 m																																				目标		计划	
低低水位 8.5 m																																						
里程碑	M0	M1			M2		M3			M4	M5			M9		M6	M14				M15			M18	M18a			M18b	M19				M20		M21			

项目	说明
SAT203BTW(SAT053VA阀门更换)	热停堆时更换SAT053VA阀门,完毕后做贯穿件试验,维修冷停前必须完成
RIS102/104TW (LHSI管线)	
RIS101/207TW(LHSI管线) (RIS090/093/122/124VP更换隔膜)	更换隔膜
RIS263/266TW (HHSI管线)	
RIS261/262TW(HHSI管线)	主泵轴封、RIS029VP不可用,NNSA特需申请
JPI203CTW	TSD 003 JPI
RAZ231BTW	中压安注卸压后
ETY226/342/407TW	
DEG537/538TW (DEG013/044/045VD电动头三年检)	
EAS109TW(EAS-A)	TSD 001 EAS
RIS111TW (RIS-A)	TSD 003 RIS
ETY230A/230BTW (KRT008/009/028MA)	TSD 005 ETY
RPE268/269TW	
RRI215/217TW (RRA001RF冷却器)	
(RRI177/283/313/040VN电动头三年检)	公共系列停运,NNSA特需申请,之前将2号机组RRI打开供1PTR001/002RF
REA220CTW (REA250VD更换隔膜)	
RCV255TW (下泄管线)	试验结束后恢复RCV-RRA净化
RCV214TW (RCV-RRA管线)	试验结束后恢复RCV-RRA净化
RIS110TW (RIS-B)	TSD 002 RIS
EAS108TW(EAS-B)	TSD 002 EAS
RRI216/218TW (RRA002RF冷却器)	
(REN121/122/131/101/103VP 气动头更换隔膜)	
RIS103TW	套筒泄漏处理好后进行
RIS105TW	套筒泄漏处理好后进行
RIS220DTW (RIS122/124VP动头更换隔膜)	
PTR219ATW (RRA-PTR管线) (PTR171/140VB解体检查)	
EPP225TW 贯穿件及整体试验	根据机械检修进度适当调整
EPP405TW 贯穿件及整体试验	根据机械检修进度适当调整
ETY221/222/304/352TW (ETY004/010VA传动机构五年检)	TSD 001/002/003/004 ETY
(EBA006/007/008/009/017VA 密封面三年检)	TSD 001/002/003/004 EBA,贯穿件逐一实施，同时机械做密封面检查
RCP224A/BTW	排油管线,可根据主泵情况可适当提前或推后
EPP223TW	役检用贯穿件,可根据役检进度适当调整
EPP404TW	构件池排空去污后
EPP701TW	工具运出RX后
EPP225TW 双密封试验	
EPP405TW 双密封试验	

图 6-3-1 某电厂 103 大修贯穿件试验计划

复习思考题

1. 安全壳密封泄漏试验的分类及各种分类试验的主要目的。
2. 简述B类机械贯穿件密封性试验包括哪些项目。
3. 机械贯穿件试验方法应遵守哪几个原则?
4. 简述机械贯穿件试验逻辑说明。

第七章　大修期间的 TSD 与 TCA 管理

TSD 与 TCA 是指在系统、电气或控制回路上安装的临时设施或进行的临时修改。在大修期间将有大量的 TSD 或 TCA 由于检修或系统状态改变而需要实施，这些临时改变必须在大修后系统投运前予以恢复，否则可能会影响设备运行和核安全。从这个意义上讲，加强对 TSD 及 TCA 的管理对保证系统与设备的正常启动，保障运行核安全具有十分重要的意义。

7.1　大修 TSD

TSD 是英文 Temporary Special Devices 的缩写形式，通常人们译成“临时特殊装置”，在大修中根据运行、检修、试验等需要在系统上加装或拆除特殊装置，从而破坏了系统和设备的完整性或使其中部分功能丧失。因此 TSD 的及时恢复直接关系到机组大修后的正常运行安全，同时对于运行人员来说，TSD 的实施改变了系统或设备的正常运行方式，因此运行人员在大修过程中必须清楚地掌握并控制 TSD 的状态。

7.1.1　大修 TSD 的管理

换料大修期间的 TSD 管理应严格按照相关管理程序的规定执行，由于大修活动的特殊性，有必要对 TSD 的申请、实施及取消等各个环节进行说明。

(1) TSD 的申请

在大修前两个月，由运行、维修、性能试验等各单位根据机组状态要求，检修工作及试验需要，提出本单位所用的 TSD 清单，并注明所使用 TSD 的目的，安装位置及所需的安装条件。经运行大修组与生产计划科讨论汇总后，予以发布。

在 TSD 清单确定后，由运行大修组负责编写相应的 TSD 执行文件，并给出相应的 TSD 设备编号。此外在大修前，运行大修组负责制做大修期间的 TSD 标识牌，大修前送至隔离办。目前标准 TSD 的设置在 D45 规程中进行了详细的描述。

在大修前，由工作负责人制订 TSD 执行方案(工器具、林料、检修规程以及适量计划等)，并利用运行给出的设备编号通过 CMS 向大修计划组提出工作申请。由大修计划人员纳入大修计划中。

(2) TSD 的实施

在大修开始前三天，由当班隔离经理建立一张主隔离许可证，此主隔离没有任何隔离措施，只起管理作用。大修期间所有的 TSD 隔离许可证均作为这张主票的子票。

在到达实施 TSD 的窗口后，由隔离办实施相应的隔离并制作工作许可证。

工作负责人在隔离办取到工作许可证后，到现场实施 TSD，实施完成后到隔离办将工作许可证临时中止。TSD 中止不需要中止申请单。并且在中止前，当班值必须到现场确认临时设施安装正确，并将相应 TSD 标识牌挂在临时装置上。TSD 中止后放在隔离办专用文件夹内。

TSD 安装完毕后其工作票必须中止，在临时装置拆除前，禁止解除这一子隔离，并且大修期间中止 TSD 票边界的释放由运行大修组控制。

大修期间运行大修组由相应隔离经理对 TSD 隔离票的执行情况进行检查，并对重要临设的实施与解除情况进行抽查。

(3) TSD 的解除

当需要恢复 TSD 时，工作负责人需先到隔离办室取回临时中止的工作许可证，完成工作后将工作许可证送回隔离办室消除。由隔离经理到现场核实 TSD 恢复后，解除隔离，在 CBA 中消除该工作许可证，并将 TSD 许可证黄票从隔离办专用文件夹中取掉，放入已解除 TSD 的文件夹中，大修后由运行技术科存档。

必须说明的是在工作负责人消除了 TSD 后，必须将现场 TSD 标志牌取回订在红票上，否则隔离经理应拒绝还票。

在大修结束前，机组运工应审查 TSD 主隔离许可证是否仍覆盖有 TSD 子隔离许可证，在所有 TSD 子隔离许可证全部消除后，下令消除 TSD 主隔离许可证。

7.1.2 大修标准 TSD 清单(机械类)

在 D45 规程中，对在大修中所涉及的标准 TSD(机械类)进行了说明，并详细介绍了这些 TSD 的实施/解除窗口，实施风险及安装位置，运行值应在大修前予以熟悉。为方便理解，在表 7-1-1 中列出了具体的 TSD 清单。

表 7-1-1 大修标准 TSD 清单

序号	设备编码	工作内容
1	TSD 001 CEX	凝汽器排水/充水需要拆除/回装 CEX130/131/132VL 下游的盲板
2	TSD 001 DWG	从 DWG 023 VD 下游连接软管，向 SG 二次侧提供 SED 水
3	TSD 001 EAS	将 EAS 001 JP“8”字形回转盲板的盲端装入管道
4	TSD 002 EAS	将 EAS 002 JP“8”字形回转盲板的盲端装入管道
5	TSD 003 EAS	为回收 EAS 硼水，需用压缩空气将 EAS 的存水挤压到 PTR 001 BA，所以要求将 EAS 179 VB 阀后的盲板拆除，安装带有快速接头的软管，将软管通过快速接头与 SAT 690 WV 相连
6	TSD 004 EAS	为回收 EAS 硼水，需用压缩空气将 EAS 的存水挤压到 PTR 001 BA，所以要求将 EAS 178 VB 阀后的盲板拆除，安装带有快速接头的软管，将软管通过快速接头与 SAT 690 WV 相连
7	TSD 005 EAS	拆除 EAS 001 BA 的 NaOH 注入口管段或排空管线(EAS 144 VR 下游)法兰盲板并用软管连接到运输槽车
8	TSD 001 EBA	在贯穿件试验时拆除 1EBA 003 VA 阀上游短管加装试验盲板
9	TSD 002 EBA	在贯穿件试验时拆除 1EBA 013 VA 阀上游短管加装试验盲板
10	TSD 003 EBA	在贯穿件试验时拆除 1EBA 001 VA 阀下游短管加装试验盲板
11	TSD 004 EBA	在贯穿件试验时拆除 1EBA 015 VA 阀上游短管加装试验盲板
12	TSD 005 EBA	在 EAS 001 BA 入口加一盲板；并将 EBA 001 ZV 拆除

续表

序号	设备编码	工 作 内 容
13	TSD 001 ETY	拆除1ETY 001 BZ并装盲板,以进行EPP 221 TW的密封性试验
14	TSD 002 ETY	拆除1ETY 001 BZ并装盲板,以进行EPP 222 TW的密封性试验
15	TSD 003 ETY	进行ETY 304 TW试验期间,拆除1ETY 009 VA上游短管(安全壳内)并装盲板
16	TSD 004 ETY	进行ETY 352 TW试验期间,拆除1ETY 010 VA上游短管(安全壳内)并装盲板
17	TSD 005 ETY	进行EPP 230a TW贯穿件试验时,需在ETY 043 VA下游管线加装盲板
18	TSD 001 EPP	打开贯穿件223 TW,以安装蒸汽发生器冲洗装置,冲洗结束后回装
19	TSD 001 EUF	进行EPP 406 TW的密封性试验期间,在壳内加装试验盲板
20	TSD 001 GRV	发电机气体置换拆除/回装H_2管线上短管
21	TSD 001 JPI	为防止进行主泵消防试验(PT JPI 01)过程中发生误喷,特在一、二级消防喷淋管线交汇点(025/026 VE)下游加装盲板(每台主泵一块)
22	TSD 002 JPI	进行EPP 203c TW贯穿件试验时,将JPI 001 JP盲端装装入管道
23	TSD 001 PTR	在向反应堆水池充水前安装PTR 601 VB阀前的大小转换头及011 FI,在装料后反应堆水池排空并去污结束后恢复
24	TSD 002 PTR	在向堆内构件池充水前安装PTR 602 VB阀前的大小头及012 FI,在装料后堆内构件池排空并去污结束后恢复
25	TSD 003 PTR	拆除404 TW法兰盲板
26	TSD 003 PTR	拆除PTR 1000 JP和1006 JP两块盲板
27	TSD 001 RAZ	在到达维修冷停堆前将RAZ系统向安全壳内的供应N_2的供气弯管转接到SAR管线上,N_2管线加装盲板。在氢氧分离第三步解除前恢复
28	TSD 001 RCP	在停堆阶段一回路排水到达反应堆顶部后或启动阶段一回路充水前,将RCP 640 VP与RPE 110 VP用软管连接
29	TSD 002 RCP	在打开压力容器顶盖前拆除RCP 893 VP和RIC 092 MN间的短管并加盲板,在装料后压力容器顶盖安装完毕后恢复
30	TSD 011 RCP	1号蒸汽发生器堵板
31	TSD 022 RCP	2号蒸汽发生器堵板
32	TSD 001 RCV	在一回路氧化前,将RCV 002 BA的氮气供气弯头转接到SAR管线上,N_2管线加装盲板
33	TSD 001 RIS	当中压安注箱需要与大气连通时,需要拆卸RIS 601/602 VZ阀后盲板
34	TSD 002 RIS	进行EPP 110 TW贯穿件试验时在RIS 178 VP下游倒"U"形管出口装盲板
35	TSD 003 RIS	进行EPP 111 TW贯穿件试验时在RIS 177 VP下游倒"U"形管出口装盲板
36	TSD 001 SAR	正常冷停进行RIS101/102/104/207/263/266/261/262TW贯穿件试验时,由于技术规范要求SAT贯穿件只能在维修冷停后才能开启,因此需要拆除SAR 578 VA下游盲板,为试验提供压空
37	TSD 002 SAR	为排空SAR 002 BA(进行安全阀定值校验),拆除SAR 301 VA下游盲板
38	TSD 003 SAR	当检修或试验需要SAR 003 BA卸压时,需要拆除SAR 310 VA下游盲板
39	TSD×××SAR	进行SAR各储气罐的安全阀校验时,罐子卸压过程中需要拆除相应排空阀下游盲板(×××为各罐子的编号)

续表

序号	设备编码	工　作　内　容
40	TSD 001 SAT	用软管 SAT 001 FL 连接 SAT 052 VA 和 SAT 639 VA
41	TSD 001 SED	进行贯穿件试验时，需拆除 SED 402 VD 下游盲板
42	TSD 001 VVP	SG1 管线上主蒸汽安全阀拆下后装盲板
43	TSD 002 VVP	SG2 管线上主蒸汽安全阀拆下后装盲板
44	TSD 003 VVP	拆除 RAZ 017/018 FL，在 RAZ 119/121 VZ 上加装盲板；然后在 VVP 174/175 VV 与 SAT 660 WV 之间装带快速接头的软管，以加快蒸汽发生器二次侧排水速度（两台蒸汽发生器分别进行）

7.1.3　电气再供电 TSD

大修中部分电气盘检修将可能导致部分核安全相关设备不可用或影响其他检修工作顺利进行。为此在电气盘检时，需要对某些设备和系统提供临时供电电源以保证其正常功能，由于此类再供电破坏了原系统的正常运行方式，其管理属于 TSD 管理范围。但是在检修过程中使用现场检修配电盘上的插座为检修工具提供电源不属于 TSD 管理，这种行为必须遵守相关电气安全管理规定的要求。

通常在以下三种情况下需要设置大修电气 TSD：

• 为技术规范要求可用的设备提供再供电，如 LLO 母线停电期间，为 PTR 002 PO 提供临时再供电。

• 为检修过程中涉及的相关电源提供再供电，例如检修过程中需要使用的吊车电源、影响大修进度设备的检修电源等。

• 为公用系统提供再供电，例如 LMA 停电期间为 C1/C2 门提供的再供电措施等。

在确定大修再供电项目过程中需注意以下事项：

• 考虑到 A/B 列电气盘原则上不同时停电检修，因此大修计划人员应当合理安排配电盘检修窗口，尽量减少一次大修中的再供电项目。运行大修隔离经理应结合每次大修的不同情况，根据相应的电气停复役文件制定出相应的大修再供电清单。

• 再鉴定清单确定后，应当立即提交大修计划、电气与核安全部门进行审核，确认内容无误后由电气人员进行方案准备。

• 在执行和恢复再供电 TSD 过程中将造成设备两次停电，因此必须考虑配电盘停运检修造成设备停用的时间和执行再供电 TSD 造成设备停用的时间差额是否足够，决定是否采取再供电措施。

在表 7-1-2 中罗列出了各配电盘检修期间的再供电清单，具体的实施要求与实施细则见 D45 规程。

表 7-1-2　电气再供电清单

序号	设备编码	工　作　内　容
1	TSD 001 LKC	LKC 母线停电期间，为 DNR 001 AR 临时再供电
2	TSD 001 LKE	LKE 母线停电期间，为 DNL 001 AR 临时再供电

续表

序号	设备编码	工　作　内　容
3	TSD 002 LKE	LKE母线停电期间，为ADS 901 AR临时再供电(蒸汽发生器冲洗装置临时电源)
4	TSD 001 LKF	LKF母线停电期间，为MX行车滑线电源临时再供电
5	TSD 001 LKI	9LKI母线停电期间，为9RRB 005 TB临时再供电
6	TSD 001 LKP	LKP母线停电期间，为蓄电池新风机组临时再供电
7	TSD 001 LLB	LLB母线停电期间，为LLH母线临时再供电
8	TSD 001 LLD	1LLD母线停电期间，为0KKK 102 AR临时再供电
9	TSD 001 LLI	LLI母线停电期间，为PTR 001 PO临时再供电
10	TSD 001 LLE	LLE母线停电期间，为LMA母线临时再供电
11	TSD 001 LLO	LLO母线停电期间，为PTR 002 PO临时再供电
12	TSD 001 LLN	LLN母线停电期间，为NX电梯临时再供电
13	TSD 002 LLN	LLN母线停电期间，为RX电梯临时再供电
14	TSD 001 LMA	LMA母线停电期间，为CBA交换机、KZC的C1、C2门临时再供电
15	TSD 001 LNE	LNE母线停电期间，为LCA/LCB/LBA/LBB绝缘监测仪临时再供电

7.2 大修TCA的管理

TCA是英文“Temporary Control Alteration”的缩写形式，它是指所有涉及保护、控制方面的临时修改。

7.2.1 TCA的管理

大修期间TCA的管理应严格按照相关管理程序的要求来执行。鉴于大修的特殊性，在此将结合大修实际情况重申部分规定：

(1) TCA的申请

在大修前，由运行大修组汇总在大修期间要执行的TCA，并发送至各相关执行单位，由后者负责在CMS中进行申请。运行大修组负责填写好TCA申请单，并由运行处长批准后交机组运工管理。

(2) TCA的实施

在大修中，由操纵员根据机组状态按已批准的TCA申请单召相关人员实施TCA。安装人准备完毕后，持CBA中建立的《控制线路临时变更单详细信息》和《TCA申请单》至现场执行变更操作。执行后在TCA处挂牌，标明机组号、TCA号、执行人姓名、日期等。操作完毕在“安装人”栏中签字，并返还隔离办。隔离经理在“变更结论”一栏内记录执行情况并签字，然后在CBA中确认。《控制线路临时变更单详细信息》、《TCA申请单》放在主控专用文件夹内。

(3) TCA的取消

在需要取消TCA时，由操纵员根据机组状态要求相关人员取消TCA。相应工作负责人至主控取出所要取消的TCA变更单，经过准备、检查、批准等手续后，实施解除操作，并取回 TCA 标识牌，签字后将 TCA 变更单还回隔离办。隔离经理在 CBA 中执行解除 TCA 的操作。取回的 TCA 标识牌必须订在 TCA 变更单上。

7.2.2 大修中要实施的标准 TCA 清单

大修中要执行的 TCA 如表 7-2-1 所示，关于这些 TCA 的具体描述见 D45 规程。

表 7-2-1 大修期间要执行的 TCA 清单

序号	TCA 编号	内 容
1	TCA YYYYMMDD ARE 01	在 SG 排空前，闭锁 RCP 温度小于 92 ℃信号，以验证报警 ARE 407 AA/408 AA
2	TCA YYYYMMDD ASG 01	在 SG 排空前，闭锁 SG 低低水位启动 ASG 泵信号
3	TCA YYYYMMDD ASG 02	在主给水泵停运后闭锁三台 APA 泵全部跳闸后自动启动 ASG 泵信号
4	TCA YYYYMMDD JPI 01	在主泵检修期间拆下 JPI 040 VG/042 VG 电磁阀的阀芯
5	TCA YYYYMMDD JPI 02	在上充泵检修期间拆下 JPI016 VG/017 VG/018 VG 电磁阀的阀芯
6	TCA YYYYMMDD KRT 01	在反应堆装卸料期间，闭锁 KRT 009/017 MA 部分二级输出信号，防止引起 RPE/ETY 隔离
7	TCA YYYYMMDD KRT 02	吊装反应堆大盖和堆内构件时，闭锁 KRT 011/012 MA 部分二级输出信号，防止引起 EBA 隔离
8	TCA YYYYMMDD KRT 03	机组停运后需在 1KRT 004 AR 机柜内闭锁 1KRT 007 MA 产生的报警信号
9	TCA YYYYMMDD KRT 04	在蒸汽发生器排空后 APG 排污水停止，KRT 002/003 MA 将显示流量失效报警，为此在 KRT003 AR 上将 KRT002/003 MA 通道禁止
10	TCA YYYYMMDD RCP 01	主泵惰走试验时需两台主泵同时停，将 RCP 051 TL 的 4 号端子和 RCP052TL 的 4 号端子短接
11	TCA YYYYMMDD RIC 01	在一回路压力低于 111 MPa 时，闭锁 RIC011/012 AR 的监测失效报警信号，防止 RIC713/714 AA 频繁闪发
12	TCA YYYYMMDD RPN 01	在 RPR 停运前为 RPN 源量程建立临时高压，防止源量程高压丧失
13	TCA YYYYMMDD RPN 02	在大修后初始临界和零功率无理式眼期间，将 RPN 010 MA 六段电流信号接到物理组反应性仪。并将功率量程停堆高定值调到 50%FP，C1 信号调到 6% FP，C2 信号调到 20%FP，中间量程停堆定值调到 8%FP
14	TCA YYYYMMDD RPN 03	当反应堆零功率物理试验结束后向 50%功率平台提升前，根据物理人员的要求对以下参数进行调整：功率量程高定值停堆定值调到 70%FP，C2 信号调到 65%FP
15	TCA YYYYMMDD RPN 04	大修结束后反应堆功率离开 50%平功率台向 75%功率平台提升前，根据物理人员的要求对以下参数进行调整：功率量程高定值停堆定值调到 95%FP，C2 信号调到 90%FP
16	TCA YYYYMMDD RPR 01	为了避免在 RRA 投运后专设系统自动启动，闭锁 RPR 专设输出柜
17	TCA YYYYMMDD RPR 01	控制棒插入堆芯后，RPR 全部停运
18	TCA YYYYMMDD RRI 01	在大修期间为防止 RRI 一列排空造成 DEG 跳闸，在排空前闭锁波动箱液位低关闭 RRI 146/551VN VN 信号
19	TCA YYYYMMDD TEP 01	防止 TEP 001 PO 因为入口压力低无法启动，闭锁 TEP 001 BA 压力低停运 TEP 001 PO 信号

在表7-2-1中有以下几点需要说明：

(1) TCA编号中的“YYYYMMDD”表示实际申请TCA时的年月日，如2004年2月10日申请则为20040210。

(2) 大修定期试验中的TCA考虑规程中有说明，且规程结束就要解除，因此没有覆盖。但是TCA YYYYMMDD ARE 01由于跨越PT ARE 011/012两本规程，且SG排水有先后，时间较长，因此列举防止遗忘。

(3) TCA YYYYMMDD JPI 01以及TCA YYYYMMDD JPI 02随着相应的主隔离实施各阀门的TCA，而非一并实施完毕。

(4) TCA YYYYMMDD KRT 04根据相应排水的SG分别闭锁各自的传感器输出信号。

(5) TCA YYYYMMDD RRI 01根据相应排水的系列闭锁相应的传感器输出信号。

7.3 经验反馈

在电厂前几次大修中，由于没有正确实施或取消TSD及TCA导致发生了一些运行事件，在此罗列部分事件以供大家学习。

(1) 某厂101大修期间在执行PT JPI 002时，由于未实施TSD 001 JPI，导致JPI环管至028VE管段内的残水喷至主泵电机上。所幸由于残水量较少，未对主泵电机绝缘造成影响。

(2) 某厂102大修期间，由于在GRV空气管线至发电机管段线短管处装了盲板，在进行发电机充压密封性试验时未及时拆除，导致压空无法充入，使密封性试验延时。

(3) 某厂102大修中机组并网后发现发电机漏氢量高达100 m^3/d，严重威胁到机组的安全稳定运行。为此，在2004年5月4日机组开始降功率，重点处理发电机漏氢问题。5月5日23时在解开发电机汽/励端密封瓦推力油管法兰时发现各有一块盲板未拆除，使得推力油无法供到空侧密封瓦。在缺少该推力油的情况下空侧密封瓦无法自由浮动，也就无法达到良好的密封效果。从机组投产以来没有改变过这两对法兰的状况，因此可能是安装阶段遗留的。该盲板的存在无疑是机组商运前几年发电机漏氢居高不下，密封瓦容易变形的主要原因。尽管造成这一事件的原因不是发生在商运阶段，但也从另一方面说明了加强TSD管理的重要性。

(4) 2004年4月5日，某厂进行DVC碘过滤器性能试验，该试验需要用风阀堵板堵住碘回路到正常通风回路的管线，以防碘-131进入正常通风管线。在做试验前，运行人员和试验负责人进行在线确认，发现碘回路到正常通风管线没有被堵板完全封堵住，所有紧固螺栓没有拧紧，且碘回路通到大气的试验阀门1DVC 119 VA也未完全堵死，这一问题的及时发现直接避免了一起工作人员尤其是主控人员被误照射的严重事件。

复习思考题

1. 简述TCA的实施流程。
2. 何谓TCA和TSD?
3. 简述TSD的解除流程。

第八章 大修期间的设备再鉴定

在大修前 4 个月运行大修组成立的同时，成立再鉴定小组，再鉴定小组在大修中的工作主要依据管理程序来进行。

8.1 再鉴定工作的准备

8.1.1 再鉴定小组

大修期间很多工作互相交叉，同一系统的设备再鉴定也有先有后，尤其对转动设备，系统状态不一定具备设备启动条件，因此大修期间的再鉴定往往需要做一些临时措施，并由多方配合，以保证人身和设备安全。同时由于大修期间气动阀、电动阀和转动设备的品质再鉴定通常无法由工作负责人单独完成，为此，大修期间成立专门的再鉴定小组来组织和实施大修的再鉴定工作。再鉴定小组组成如图 8-1-1 所示。

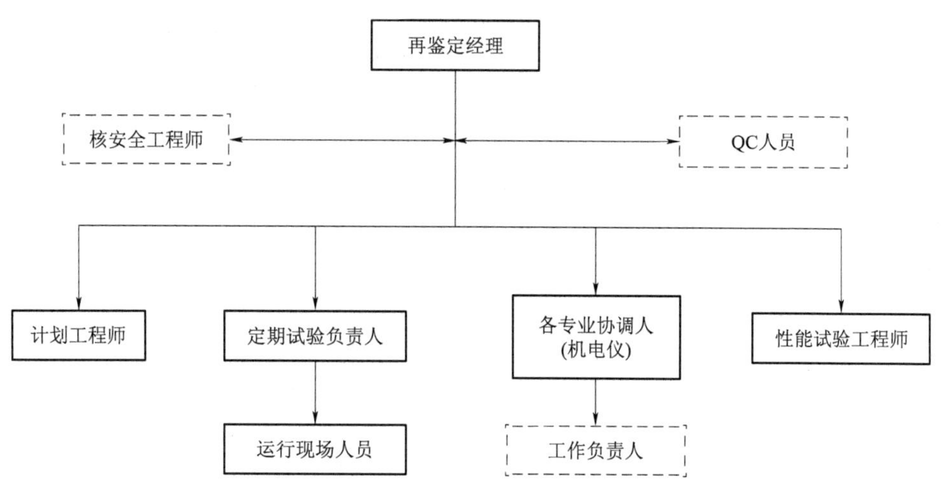

图 8-1-1 再鉴定小组组成

成立再鉴定小组的出发点是简化工作流程，减少工作接口，也就是说在再鉴定小组的协调下，一部分需要利用 PT 票进行的试验与验证活动转而由再鉴定小组来完成，这样可以有效提高效率，但是也由于 CBA 被旁路而带来附加的风险，因此再鉴定小组的成员，尤其是再鉴定经理，一定要熟悉运行的系统状态和设备的工作原理，在具备丰富的专业知识的同时要具备丰富的工作经验、良好的协调能力和主动的工作心态。

8.1.2 制定再鉴定清单及实施计划

在大修前，工作负责人根据检修内容在工作包中提出再鉴定要求，再鉴定小组在准备审查工作文件包的同时，制定出大修再鉴定清单。具体的流程如图 8-1-2 所示。

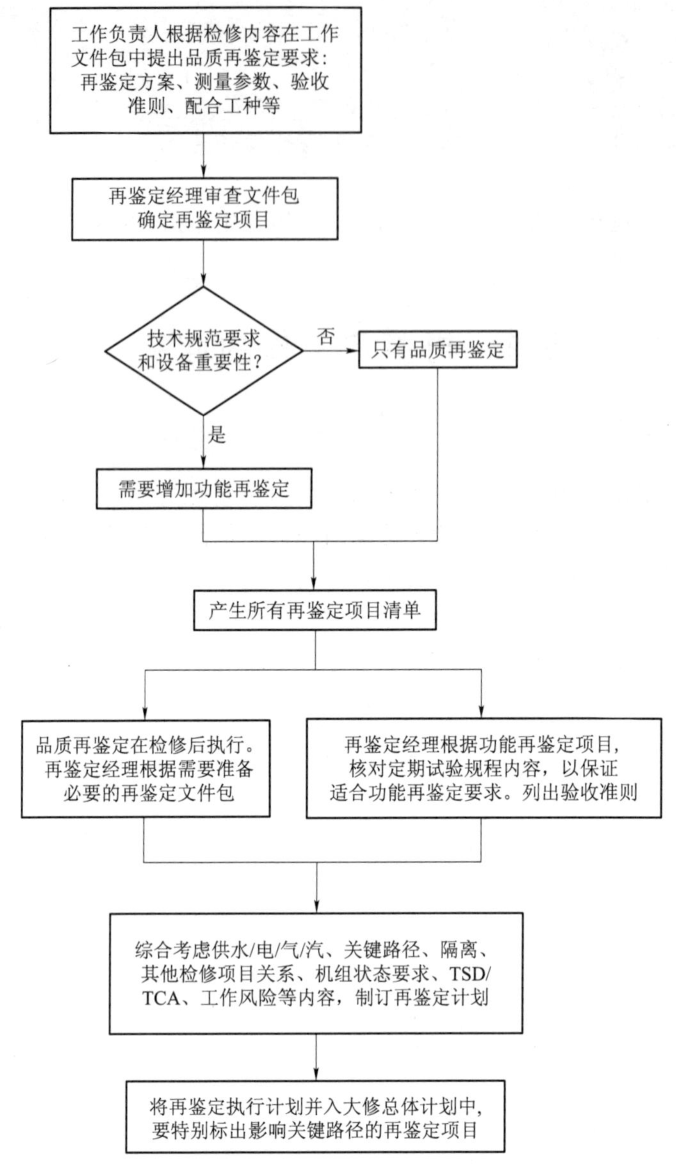

图 8-1-2 再鉴定工作的准备流程

再鉴定清单确定后，再鉴定小组在大修前要完成以下三项工作：审查和确定设备的再鉴定验收准则、审查再鉴定活动的实施文件与实施窗口，制订再鉴定实施计划。当前随着大修次数的增加，再鉴定验收准则、再鉴定实施文件和实施窗口已经基本标准化。

8.1.2.1 再鉴定清单的确定依据

对于运行设备而言，在进行维修活动以后，为了保证设备能够正确发挥其运行功能，在设备正式投运之前，首先要进行品质再鉴定工作，这样才能在设备试运行过程中，及时发现设备维修后可能出现的缺陷，确保设备的运行可靠性。

对于与核安全相关设备，还应遵守定期试验大纲的要求，进行设备的功能再鉴定，以保证核安全相关设备的功能正确发挥。对于常规岛、外围的非核安全相关设备，虽然定期试验大纲未要求对其进行功能再鉴定,但考虑到有些设备对电厂运行具有重要性,所以我们根据维修情况,有选择地在启动时对其各种参数进行检查,或利用定期试验以检查其功能符合要求。

结合以上原则,根据再鉴定小组的工作任务要求,再鉴定清单的确定依据如下:

(1) 需要解体检修的设备才能够纳入到再鉴定清单中,这中间包括设备部件局部解体,例如泵松开靠背轮进行对中、更换密封等。对于对设备性能的检查,例如电机绝缘水平和直流电阻的测量、气动阀动作检查等,无须进行再鉴定。

(2) 对于工作负责人无法单独完成的再鉴定工作才纳入到再鉴定清单中,例如转动设备(泵、电机、风机、柴油机、冷冻机组等)的试车,电动阀、气动阀的校验以及需要创造运行条件的改造活动等。对于工作负责人能够独自完成的项目,如手动阀的解体检修、热交换器的解体检修等项目无须由再鉴定小组组织再鉴定活动,设备质量的把握由工作负责人和 QC 人员来实现。

(3) 根据设备的重要性和上一循环中遗留的疑难项目,在大修中应当制定重要项目的再鉴定跟踪清单,防止重要缺陷带入下一循环,带来安全隐患。

8.1.2.2　验收准则

在制定出再鉴定清单后,再鉴定小组应当确定各设备的验收准则。设备的验收准则来自于设备运行维修手册中的要求和技术规格书的要求。由于泵与风机的运行验收准则在相关的规程中有详细的描述,因此不再冗述(运行参数见附录),下面仅就电动阀、气动阀及电动机的验收准则作一概括性描述。

(1) 电动阀

电动阀试验结果应符合以下标准(具体准则见 RT VAL 01):

- 外观无异常,标牌整齐;
- 远方就地操作灵活,手动电动切换灵活,指示均正确;
- 开、关运动均匀;
- 行程由工艺确定,原则不超过 95%;
- 开阀、关阀时间符合技术规范要求(常规岛阀门不作要求)。

此外核安全相关阀门还对阀门动作时间有具体要求,例如表 8-1-1 为某电厂 1 号机组电动阀动作时间的验收准则和实测数据。

表 8-1-1　某电厂 1 号机组电动阀动作时间要求

序号	设备代码	验收准则	实测时间	序号	设备代码	验收准则	实测时间
1	DEG 013 VD	关闭时间<25 s		9	EAS 010 VB	行程时间<21 s	19.3 s
2	DEG 044 VD	关闭时间<25 s		10	EAS 013 VB	行程时间<25 s	24 s
3	DEG 045 VD	关闭时间<25 s		11	EAS 014 VB	行程时间<25 s	21.8 s
4	EAS 001 VB	行程时间<50 s	47.6 s	12	RCV 033 VP	关闭时间≤11 s	9.9 s
5	EAS 002 VB	行程时间<50 s	46 s	13	RCV 034 VP	关闭时间≤11 s	9.9 s
6	EAS 007 VB	行程时间<21 s	18 s	14	RCV 048 VP	关闭时间<12 s	10.14 s
7	EAS 008 VB	行程时间<21 s	18.6 s	15	RCV 050 VP	关闭时间<12 s	10.5 s
8	EAS 009 VB	行程时间<21 s	20.2 s	16	RCV 088 VP	关闭时间<15 s	7.8 s

续表

序号	设备代码	验收准则	实测时间	序号	设备代码	验收准则	实测时间
17	RCV 089 VP	关闭时间<15 s	7 s	40	RIS 167 VP	行程时间≤25 s	16 s
18	RCV 222 VP	关闭时间≤11 s	9.9 s	41	RIS 168 VP	行程时间≤25 s	15 s
19	RCV 223 VP	关闭时间≤11 s	10.0 s	42	RRI 019 VN	关闭时间<22 s	19.2 s
20	RCV 367 VP	关闭时间<10 s	16 s	43	RRI 020 VN	关闭时间<22 s	19 s
21	RIS 001 VP	行程时间≤20 s	19.5 s	44	RRI 040 VN	关闭时间<80 s	
22	RIS 002 VP	行程时间≤20 s	18 s	45	RRI 041 VN	关闭时间<80 s	59 s
23	RIS 012 VP	行程时间≤14 s	12.7 s	46	RRI 058 VN	关闭时间<80 s	59 s
24	RIS 013 VP	行程时间≤14 s	13 s	47	RRI 059 VN	关闭时间<80 s	58 s
25	RIS 032 VP	行程时间≤11 s	10.6 s	48	RRI 170 VN	关闭时间<25 s	17.4 s
26	RIS 033 VP	行程时间≤11 s	10.8 s	49	RRI 177 VN	关闭时间<25 s	
27	RIS 034 VP	行程时间≤11 s	10.6 s	50	RRI 189 VN	关闭时间<25 s	17.2 s
28	RIS 035 VP	行程时间≤11 s	9.6 s	51	RRI 210 VN	关闭时间<25 s	22.5 s
29	RIS 036 VP	行程时间≤11 s	10.2 s	52	RRI 211 VN	关闭时间<25 s	23 s
30	RIS 051 VP	行程时间≤120 s	66 s	53	RRI 280 VN	关闭时间<25 s	23.4 s
31	RIS 052 VP	行程时间≤120 s	63 s	54	RRI 281 VN	关闭时间<25 s	23 s
32	RIS 075 VP	行程时间≤120 s	96 s	55	RRI 283 VN	关闭时间<25 s	23 s
33	RIS 077 VP	行程时间≤50 s	35 s	56	RRI 284 VN	关闭时间<25 s	23 s
34	RIS 078 VP	行程时间≤50 s	36 s	57	RRI 300 VN	关闭时间<21 s	16.7 s
35	RIS 085 VB	行程时间≤120 s	68 s	58	RRI 304 VN	关闭时间<21 s	5 s
36	RIS 132 VP	行程时间≤25 s		59	RRI 313 VN	关闭时间<21 s	5 s
37	RIS 133 VP	行程时间≤25 s	16.4 s	60	RRI 318 VN	关闭时间<25 s	6 s
38	RIS 144 VP	行程时间≤25 s	14 s	61	RRI 319 VN	关闭时间<21 s	16.7 s
39	RIS 145 VP	行程时间≤25 s	14.8 s	62	SAR 432 VA	关闭时间<20 s	14 s

(2) 气动阀

气动阀试验结果应符合以下标准(具体准则见 RT VAL 02):

- 现场检查:脚手架已拆除,现场已清扫干净;设备标牌及相关指示完整;
- 阀门行程检查:行程调整恰当,阀门能达到额定行程;
- 远方控制操作检查:阀门对远方控制信号反应及时;阀门正常动作;开关信号指示正确;阀门无噪声和振动;
- 阀门投运后检查:阀门无内漏。

针对核安全相关阀门,对阀门动作时间有具体要求,例如表 8-1-2 为某电厂 1 号机组气动阀动作时间的验收准则和实测数据。

表 8-1-2 某电厂 1 号机组气动阀再鉴定时间准则

序号	设备代码	验收准则	实测时间	序号	设备代码	验收准则	实测时间
1	APG 004 VL	关闭时间≤15 s		44	RCV 003 VP	13 s<T_c<15 s	
2	APG 005 VL	关闭时间≤15 s		45	RCV 010 VP	13 s<T_c<15 s	12 s
3	ARE 031 VL	关闭时间≤5 s		46	RCV 094 VP	开启时间<20 s	
4	ARE 032 VL	关闭时间≤5 s		47	REA 130 VD	关闭时间<15 s	
5	ARE 242 VL	关闭时间≤5 s		48	REN 101 VP	关闭时间<10 s	
6	ARE 243 VL	关闭时间≤5 s		49	REN 102 VP	关闭时间<10 s	2 s
7	ASG 137 VV	开启时间≤20 s		50	REN 103 VP	关闭时间<10 s	
8	ASG 138 VV	开启时间≤20 s	2 s	51	REN 104 VP	关闭时间<10 s	2 s
9	ASG 105 VV	开启时间≤20 s		52	REN 121 VP	关闭时间<10 s	
10	ASG 106 VV	开启时间≤20 s	3 s	53	REN 122 VP	关闭时间<10 s	
11	DVK 001 VA	关闭时间<3 s		54	REN 123 VP	关闭时间<10 s	
12	DVK 002 VA	关闭时间<3 s		55	REN 124 VP	关闭时间<10 s	
13	DVK 013 VA	关闭时间<3 s		56	REN 131 VP	关闭时间<10 s	
14	DVK 014 VA	关闭时间<3 s		57	REN 132 VP	关闭时间<10 s	
15	EBA 001 VA	关闭时间<3 s		58	REN 161 VB	关闭时间<10 s	2 s
16	EBA 002 VA	关闭时间<3 s		59	REN 162 VB	关闭时间<10 s	
17	EBA 003 VA	关闭时间<3 s		60	REN 164 VL	关闭时间<10 s	2 s
18	EBA 004 VA	关闭时间<3 s		61	REN 165 VB	关闭时间<10 s	
19	EBA 013 VA	关闭时间<3 s		62	REN 194 VL	关闭时间<10 s	
20	EBA 014 VA	关闭时间<3 s		63	REN 195 VL	关闭时间<10 s	
21	EBA 015 VA	关闭时间<3 s		64	REN 231 VY	关闭时间<10 s	
22	EBA 016 VA	关闭时间<3 s		65	REN 232 VY	关闭时间<10 s	
23	ETY 003 VA	关闭时间<1 s	0.8 s	66	REN 235 VY	关闭时间<10 s	8 s
24	ETY 004 VA	关闭时间<1 s		67	REN 236 VY	关闭时间<10 s	8 s
25	ETY 005 VA	关闭时间<1 s		68	RIS 122 VB	关闭时间<10 s	
26	ETY 006 VA	关闭时间<1 s		69	RIS 124 VB	关闭时间<10 s	
27	ETY 007 VA	关闭时间<1 s		70	RIS 136 VB	关闭时间<10 s	
28	ETY 008 VA	关闭时间<1 s		71	RIS 206 VP	行程时间≤5 s	
29	ETY 009 VA	关闭时间<1 s		72	RIS 208 VP	行程时间≤5 s	2 s
30	ETY 010 VA	关闭时间<1 s		73	RIS 209 VP	行程时间≤5 s	
31	ETY 042 VA	关闭时间<20 s	12 s	74	RPE 002 VY	关闭时间<10 s	2 s
32	ETY 043 VA	关闭时间<20 s		75	RPE 003 VY	关闭时间<10 s	2 s
33	ETY 044 VA	关闭时间<20 s		76	RPE 017 VP	关闭时间<10 s	3 s
34	ETY 045 VA	关闭时间<20 s		77	RPE 018 VP	关闭时间<15 s	2 s
35	RAZ 009 VZ	关闭时间<10 s		78	RPE 027 VP	关闭时间<10 s	
36	RAZ 032 VZ	关闭时间<15 s	3 s	79	RPE 028 VP	关闭时间<15 s	
37	RAZ 128 VZ	关闭时间<10 s	2 s	80	RPE 055 VE	关闭时间<15 s	3 s
38	RCP 001 VP	T_c≤5 s;T_o≤3 s		81	RPE 056 VE	关闭时间<15 s	
39	RCP 002 VP	T_c≤5 s;T_o≤3 s		82	RRI 146 VN	关闭时间<5 s	
40	RCP 016 VP	关闭时间≤10 s		83	RRI 551 VN	关闭时间<5 s	
41	RCP 131 VP	关闭时间≤10 s		84	VVP 140 VV	关闭时间<15 s	
42	RCP 231 VP	关闭时间≤10 s		85	VVP 141 VV	关闭时间<15 s	
43	RCV 002 VP	13 s<T_c<15 s					

(3) 中低压异步电动机

试验结果应符合以下标准：

- 外观无异常，标牌整齐；
- 电机绕组绝缘符合要求：具体数值由工作包内要求确定；
- 转子转向正确；
- 若是新更换电机，测量启动电流和启动时间正常；
- 空载三相电流应基本平衡；
- 空转1 h，温升不超过产品技术规定；
- 轴承温度：滑动轴承温度低于80 ℃，滚动轴承温度低于95 ℃；
- 运行声音正常；
- 振动符合要求(性能试验人员提供标准)。

(4) 低压直流电动机

试验结果应符合以下标准：

- 外观无异常，标牌整齐；
- 电机定、转子绕组绝缘要求大于1 MΩ；
- 通电前，转子转动灵活，无卡涩现象，通电后转子转向正确；
- 转子转速符合铭牌参数；
- 空转1 h，温升不超过产品技术规定；
- 轴承温度：滑动轴承温度低于80 ℃，滚动轴承温度低于95 ℃；
- 整流子火花正常；
- 运行声音正常；
- 振动符合要求(性能试验人员提供标准)。

8.2 再鉴定工作的实施

8.2.1 再鉴定活动的实施

在整个大修活动中，随着大修进程的推进，特别是在大修中后期低低水位结束前后，再鉴定活动逐渐增多。为了防止对大修进度造成影响，再鉴定经理应根据大修进度及时安排再鉴定活动。

8.2.1.1 再鉴定活动的准备

设备检修活动完工成，再鉴定活动的实施通常按照以下三类方式来进行：

(1) 阀门类的再鉴定

对于阀门类的再鉴定活动，工作负责人在检修工作结束后对于要进行试验的阀门向再鉴定小组提出申请，由再鉴定小组统一安排试验窗口及配合试验进行；对于主隔离边界上阀门的试验必须在大修隔离经理同意的前提下执行。出于提高效率的目的，对于此类试验，除了在关键路径或主线上的工作以外，通常是根据系统或工作负责人负责的项目分批集中处理。

（2）电机的试车与验收

电机试转往往是转动设备整机再鉴定前的一项工作，由于其他检修工作尚未结束，因此在电机的维修工作完工后需要单独试车时，工作负责人除了要确认本专业的维修活动已经正确完成外，还必须确认各配合性工作已经完成（例如拆除的测温仪表已经回装等），电机的绝缘水平合格，电机与驱动机械的靠背轮脱开，然后向再鉴定经理提出书面申请。再鉴定经理在接到书面申请后应立即着手检查试验的初始条件是否满足，如果满足则临时解除隔离进行试车。在试运转结束后，应及时恢复原有隔离并拆除试验期间所做的临时设置。

（3）风机与泵的再鉴定

考虑到大修期间工作负责人尤其是承包商工作负责人的协调能力与再鉴定小组存在差异、目前的再鉴定一次合格率比较高以及再鉴定的实施条件比较复杂等原因，转动机械整机的检修工作完成以后，工作负责人即可以结票，并向再鉴定经理提出再鉴定申请。再鉴定经理应在 CBA 中确认是否已没有隔离票，对应专业的协调人应清查本专业的维修活动已经正确完成，如进行 ASG 电动泵的维修活动，除了转动机械工作完成以后，仪表专业应确认对应仪表回装，电气专业应确认电机绝缘正常等，然后开始安排隔离解除与相关系统在线等工作。这样通过 CBA 的管理功能，提高了工作效率，减少了再鉴定工作的实施风险。

8.2.1.2　再鉴定活动的实施

在维修活动完工以后，再鉴定经理同大修计划人员讨论后，在适当时机安排解除有关需进行再鉴定设备的主隔离，并且按运行规程要求进行在线。考虑到运行值的人力不足及快速推进关键路径等目的，该工作通常在大修运行组的统一安排下，由现场小分队完成。对于再鉴定过程中要使用的 TCA 与 TSD 等临时手段，如果在运行规程中有要求，则不用办理专门的手续，否则的话必须按照 TCA 与 TSD 的管理规定严格履行 CBA 的工作程序。

对于阀门类设备的再鉴定过程，实际上是一个协助试验与调整过程。在检修过程中由于阀门的电源或气源被隔离，工作负责人无法进行行程的调整，因此再鉴定的首要任务是协助工作负责人进行行程调整，调整完成后再进行参数的测量。

对于泵及风机等设备，一般均有专门的再鉴定程序或定期试验用于再鉴定活动，相关人员应在大修前予以熟悉，例如表 8-2-1 中列出了某电厂 1 号机组一些泵（包括柴油机）的再鉴定相关文件。

表 8-2-1　某电厂 1 号机组大修再鉴定主要设备再鉴定使用的试验文件

再鉴定设备	电机试车	在线文件（包）	再循环流量试验	全流量试验
ADG 001 PO	—	D30A－12/D30A－16	—	PT ADG 003
APA 202 PO	RT APA 102	D30A－21	RT APA 102	—
APA 302 PO	RT APA 202	D30A－22	RT APA 202	—
APA 102 PO	RT APA 302	D30A－23	RT APA 302	—
ASG 001 PO	—	D29－03	PT ASG 017	PT ASG 005
ASG 002 PO	—	D29－04	PT ASG 027	PT ASG 005
ASG 003 PO	—	D29－05	PT ASG 019	PT ASG 006
ASG 004 PO	—	D29－06	PT ASG 029	PT ASG 007

续表

再鉴定设备	电机试车	在线文件(包)	再循环流量试验	全流量试验
CEX 001 PO	RT CEX 001	D30A-10/D30A-11 D30A-12/D30A-13	RT CEX 001	PT CEX 001
CEX 002 PO	RT CEX 002	D30A-10/D30A-11 D30A-12/D30A-13	RT CEX 002	PT CEX 001
CEX 003 PO	RT CEX 003	D30A-10/D30A-11 D30A-12/D30A-13	RT CEX 003	PT CEX 001
CRF 001 PO	RT CRF 001	RT CRF 001	—	RT CRF 001
CRF 002 PO	RT CRF 002	RT CRF 002	—	RT CRF 002
CVI 101 PO	RT CVI 101	RT CVI 101	RT CVI 101	—
CVI 201 PO	RT CVI 201	RT CVI 201	RT CVI 201	—
CVI 101 PO	RT CVI 101	RT CVI 101	RT CVI 101	—
EAS 001 PO	—	D28-14	PT EAS 011	—
EAS 002 PO	—	D28-15	PT EAS 012	—
EAS 003 PO	—	D28-16	PT EAS 004	—
GST 101 PO	RT GST 101	D30A-34	RT GST 101	PT GST 001
GST 201 PO	RT GST 201	D30A-34	RT GST 201	PT GST 001
GST 301 PO	RT GST 301	D30A-34	RT GST 301	PT GST 001
LHP 001 GE	—	S LH * 001	PT LHP 001/3	PT LHP 002
LHQ 001 GE	—	S LH * 001	PT LHQ 001/3	PT LHQ 002
RCP 001 PO	RT RCP 001	D29-11	—	D30-08
RCP 001 PO	RT RCP 002	D29-12	—	D30-08
RCV 001 PO	—	D28-05	PT RCV 005	PT 9RIS 010(2C)
RCV 002 PO	—	D28-05	PT RCV 006	PT 9RIS 010(2C)
RCV 003 PO	—	D28-05	PT RCV 007	PT 9RIS 010(2C)
REA 001 PO	RT REA 001	RT REA 001	RT REA 001	—
REA 002 PO	RT REA 002	RT REA 002	RT REA 002	—
REA 003 PO	RT REA 003	RT REA 003	RT REA 003	—
REA 004 PO	RT REA 004	RT REA 004	RT REA 004	—
RIS 001 PO	—	D28-12	PT RIS 032	PT 9RIS 010(5C)
RIS 002 PO	—	D28-12	PT RIS 033	PT 9RIS 010(5C)
RRA 001 PO RRA 002 PO	—	D28-03 D28-30	—	PT RRA 003
SEN 101 PO	RT SEN 101	D30A-07	—	RT SEN 101
SEN 201 PO	RT SEN 201	D30A-07	—	RT SEN 201
SEN 301 PO	RT SEN 301	D30A-07	—	RT SEN 301
SRI 101 PO SRI 201 PO SRI 301 PO	—	D30A-02	—	PT SRI 001

8.2.2　再鉴定活动的风险与注意事项

在大修期间，有的设备在运行，有的设备停运，系统之间的连接也不正常，再加上设备首次启动带来的不确定因素，使得设备再鉴定过程给整个再鉴定小组尤其是再鉴定经理带来非常大的决策风险。

8.2.2.1　再鉴定时机控制中的风险

在检修的设备完工等待再鉴定时，可能会由于系统中其他设备处于检修状态而不允许立即实施。如何选择一个适当的时机实施再鉴定活动，既不会对关键路径或主线工作的进展造成影响，也不会由于系统条件不具备而引发运行事件，是摆在再鉴定经理面前的一个首要难题。因此在大修中要求工作负责人在检修完工后应当立即提出再鉴定要求，对于延期完成的工作，也应及时通知再鉴定小组大约的完工时间。另外，再鉴定小组的成员，包括计划人员、专业协调人和再鉴定经理应对重要检修活动与系统的状态进行跟踪，保证及时安全的开展各项工作。此外要求大修隔离经理在批票过程中尽量采用主票、补充主票和子票的方式，减少单独的普通票，这将大大有利于对系统状态的跟踪。

8.2.2.2　系统状态控制中的风险

在开展再鉴定活动过程中，需要进行(临时)解除隔离、在线与充水排气、TCA 与 TSD 设置、设备的首次启动以及再鉴定结束后的恢复等工作，这些环节中任何一个环节出现失误，将可能导致跑水、设备在无保护状态启动或无法启动、设备损坏、人身伤害甚至是核安全要求无法满足。因此在再鉴定过程中应当注意：

边界控制是再鉴定过程中的一个关键点。在再鉴定过程中应当尽量避免临时解除隔离边界进行试验，如果边界上的设备检修完成后需要再鉴定时一定要确认保证检修正常开展的必要条件依旧存在。在系统在线中尤其要注意试验边界已经完整建立，并且在再鉴定开始后要关注边界的完整性。例如某电厂在 103 大修中进行 1RIS 002 PO 检修后再鉴定时，主控启动 RIS 002 PO 约 20 min 后，再鉴定人员发现由于 EAS 044 VB 内漏导致 PTR 001 BA 跑水。

在再鉴定结束后，对于在进行再鉴定活动时采取的特殊在线或为了临时启动设备所做的 TCA 与 TSD，在进行完再鉴定活动后要及时恢复。在向主控移交过程中必须明确交接系统的在线状态与边界，不能及时恢复正常状态的要特别注明，以加强对系统状态的管理。

8.2.2.3　设备检修后首次启动时的不确定性

设备检修后的首次启动具有较大的风险，检修过程中的出现的缺陷与遗漏、系统状态不满足要求等问题都将在设备启动后暴露出来。例如某电厂在 103 大修中进行 LHP 柴油机的再鉴定时，就有一个继电器没有安装到位，而其后的柴油机启动也由于低温水压力表排气不充分而失败。因此在设备启动前应当做到：一些重要设备，如主泵，柴油机等，在试验之前应先召集有关专业人员会议，进一步明确各项安全措施及各部门之间责任分工，讨论再鉴定所需的试验及其风险，在满足试验条件下将再鉴定活动对机组的影响减至最小。对于再鉴定过程中严重偏离正常运行参数的要及时停止再鉴定活动，调查原因，确保将设备损失降低到最小水平。此外，除少数设备可以就地进行启动停止外，大多数设备只能在主控室进行启停。因此在进行设备再鉴定时，必须保持与主控室或设备停运地的不间断通讯联系，以便发生问题时能及时停运设备,避免发生损坏。

8.2.2.4 工作现场的风险

在大修期间,有的设备在运行,有的设备停运,工作现场错综复杂。对于维修过设备的启动,首先要保证人身和设备安全,因此设备启动前必须检查工作现场已经清理,脚手架已经拆除设备外观与标识完整,并在可能的情况下划出试验区域,保证将整个活动对再鉴定人员和附近工作人员的损害风险降到最低。

8.2.2.5 再鉴定信息的跟踪

大修期间运行工作繁杂,运行值倒班的工作特点使之在对系统状态的连续跟踪问题上存在明显的弱点。因此再鉴定小组应及时编制再鉴定活动跟踪表,注明已进行过再鉴定的设备及其结果,便于运行值了解运行设备状况,能够及时按需要投运相关设备。

大修后要对进行过的再鉴定活动进行总结,检查试验规程的遗留项,确保下次大修核安全相关设备的功能再鉴定工作顺利完成;对于不能一次通过再鉴定的项目进行汇总,便于今后大修中进行经验反馈,提高一次再鉴定合格率。对已进行再鉴定的设备和定期试验进行整理,以利于下次大修时参考,并逐步建立和丰富再鉴定资料。

8.2.2.6 检修质量的控制与把握

根据某电厂的实际情况,目前再鉴定小组除了担当实施活动的组织者外,还具有验收的功能,因此在实施再鉴定过程中,各单位的配合人员不仅要积极参与到再鉴定实施条件的创造、再鉴定实施过程中的参数记录等活动中去,而且要充分发挥自己的专业特长,正确的评估设备的运行状态,为提高设备的健康水平出谋划策。在此有一点需要说明,再鉴定小组是一个为了减少各部门的接口与协调的协调与验收机构,再鉴定小组的成员应当利用本专业的知识共同为设备状态的检验活动做出努力,而不是站在本部门的立场上来看待整个过程,否则再鉴定小组的成立就失去了意义,可能干脆利用日常的工作流程反而效率更高,接口更流畅。

8.3 柴油机检修后的首次启动与再鉴定

由于柴油机机械设备复杂,附属系统多,因而其风险较大,必须严格按照规程来完成好整个启动工作。

8.3.1 柴油机的启动条件

柴油机子系统的检修结束后,应着手安排恢复,以节约启动时间。注意在此阶段,由于本体的工作尚未结束,主隔离尚未解除,因此辅助子系统的投入应注意以下问题:

- 在柴油机全部还票解除主隔离前,压空系统的隔离不能解除;
- 在汽缸解体工作恢复前,润滑油回路不能投入;
- 由于润滑油系统启动时,油温较低,会使油泵的运行电流、噪音、振动值等参数明显高于正常值。

8.3.2 柴油机启动次序

为了有效地发现机械故障,防止柴油机直接启动带来的风险,柴油机再鉴定工作通常由以下环节来完成:

(1) 由机械人员对柴油机进行吹车,即在不供燃油的情况下利用压空启动柴油机。柴油机仅由于压空吹动而转动了一下(达不到额定转速)。这样的启动可以检查各机械转动件的运转情况。

(2) 利用就地启动按钮启动柴油机。利用这一方式启动柴油机的目的是检查各辅助系统运行正常。由于就地启动柴油机时柴油机的所有保护均投入运行,因而可以保证柴油机的运行安全,在确定柴油机运行正常后,投入发电机励磁,确认励磁回路运行正常。

(3) 执行厂用电运行情况下柴油机组启动检查。检查甩厂用电情况下应急母线低电压启动柴油机信号的正确性,本次启动为应急启动,必须在柴油机就地启动无异常后才能进行。

(4) 进行柴油机满负荷试验,本试验一年进行一次,是对柴油机和发电机工作能力的一次考验,具有较大风险。

(5) 进行柴油机的逻辑带载试验。

8.3.3 柴油机再鉴定期间的运行事件

某电厂在柴油机再鉴定过程中发生过一些运行事件,整理出来以资大家共享。

(1) 0LHF 满负荷试验过程中无法投入励磁

2006 年 3 月 31 日(104 大修期间)夜班在进行 0LHF 满负荷试验过程中(PT0LHF004),发现 LHF 无法投入励磁。经过检查确认 0LHF 存在以下联锁:如果 0LHF 行使辅助电源功能时,LHA003JA 必须在拉出断开位置方允许手动投入励磁。在行使替代功能时,无论 003JA 在什么位置,励磁均会自动投入。

(2) 1LHP 满负荷试验期间无法合上 002JA

2006 年 3 月 31 日(104 大修期间)夜班进行 1LHP 满负荷试验期间,发现励磁网络未自动投入。在执行并网操作时无法合上 002JA。检查发现原因如下:

柴油机利用 013TO 手动启动后,当转速达到额定转速 80%(大约 10 s)时自动投入励磁开关。在此过程中如果操纵员按下 014TO,柴油机将由应急状况转为正常状况,励磁开关无法自动投入,必须手动投入。

并网时 002JA 无法合上的原因是由于开关上“同期并网闭锁钥匙”1P 位置放到了“闭锁”位置。由于 1P 钥匙的标签在大修中重新进行了整理,标签贴错导致并网时由于 1P 钥匙在闭锁位置无法合上 002JA。

(3) 1LHP 满负荷试验期间, A 列自由端发出异常声响

2004 年 4 月 15 日(102 大修期间),1LHP001GE 应急柴油发电机组进行满负荷试验期间,当加载至 4 800 kW 时,柴油机 A 列自由端(A 列增压器和 A8 缸附近)发出异常声响(近似旋转机械的转子与壳体相摩擦的声音)。紧急停机后对柴油机各运动件进行检查。并发现 A 列增压器叶轮轴转动困难。遂对 A 列增压器进行拆检,更换叶轮轴前后轴承。4 月

18 日，重新进行试验，当加载至 3 600 kW 时，柴油机 A 列自由端仍有异常声响，解体检查未发现异常。4 月 19 日，再次启机试验。确认异常声响来自空气分配器及凸轮轴附加轴承部分。分解后发现空气分配器分配盘严重拉伤，驱动轴有较大磨损。凸轮轴自由端附加轴承油隙偏大且左右间隙不均匀。修复后重新试验，一切正常。

复习思考题

1. 再鉴定小组一般包括哪些成员？
2. 再鉴定小组大修前要完成哪三项工作？
3. 再鉴定清单确定的依据是什么？
4. 如何确定再鉴定的验收准则？
5. 如何进行再鉴定过程中的风险控制？
6. 简述柴油机的再鉴定过程。

第九章　十年大修的主要项目

根据技术规格书的要求，电站每十年要进行一次反应堆冷却剂系统的水压试验和安全壳整体密封性试验，此外在水压试验结束后要进行压力容器的在役检查。

9.1　水压试验

9.1.1　概述

水压试验的目的是以一个合适的试验压力，对 RCP 系统及其有关辅助系统的高压部分进行强度性水压试验，以检查一回路系统的设备、管道的密封和焊接质量，验证其承压运行时的密封性和安全性。从而也证明从本次试验结束到下次试验实施之前的这段时间里反应堆一回路系统在正常运行和设计的事故工况下是安全的，是满足核安全法规的。

9.1.1.1　水压试验的周期

根据 RSEM 规范要求，一回路主系统的初始水压试验，按照制造规则应在制造、安装完成后和装料之前进行。以后的水压试验，也叫“重复试验”，应由营运单位负责进行。第一次重复试验应在初始装料结束之后 30 个月以内进行。以后相邻两次重复试验之间的时间间隔不应超过 10 年。

9.1.1.2　水压试验的边界

根据 RSEM 规范要求，一回路主系统水压试验的回路由以下部件构成：

(1) 压力容器及其顶盖。

(2) 热电偶套管的导向管(耐压管)。

(3) 控制棒驱动机构的套管。

(4) 一回路主管道，即两个环路的冷段、过渡段和热段。

(5) SG 的一次侧。

(6) 承压情况下主泵的泵壳。

(7) 稳压器及其波动管线。

(8) PZR 安全阀管线。

(9) 内径大于 25 mm 的辅助管道及相关的阀门和附件：环路的测温旁路管线、PZR 喷淋管线；连接 RCP 到辅助系统直到第二个隔离机构的管线。

鉴于施工方便和便于试验操作的理由，承压边界可以扩展到超出 RCP 边界外的高压辅助管线的管段。这些系统是：

(1) 主泵 1 号轴封的注入管线。

(2) 直到减压阀的过剩下泄管线。

(3) RIS 止回阀的试验管线。

(4) RCV001EX 管侧。

在图 9-1-1 中以某电厂 201 大修为例，示出了水压试验的具体边界。

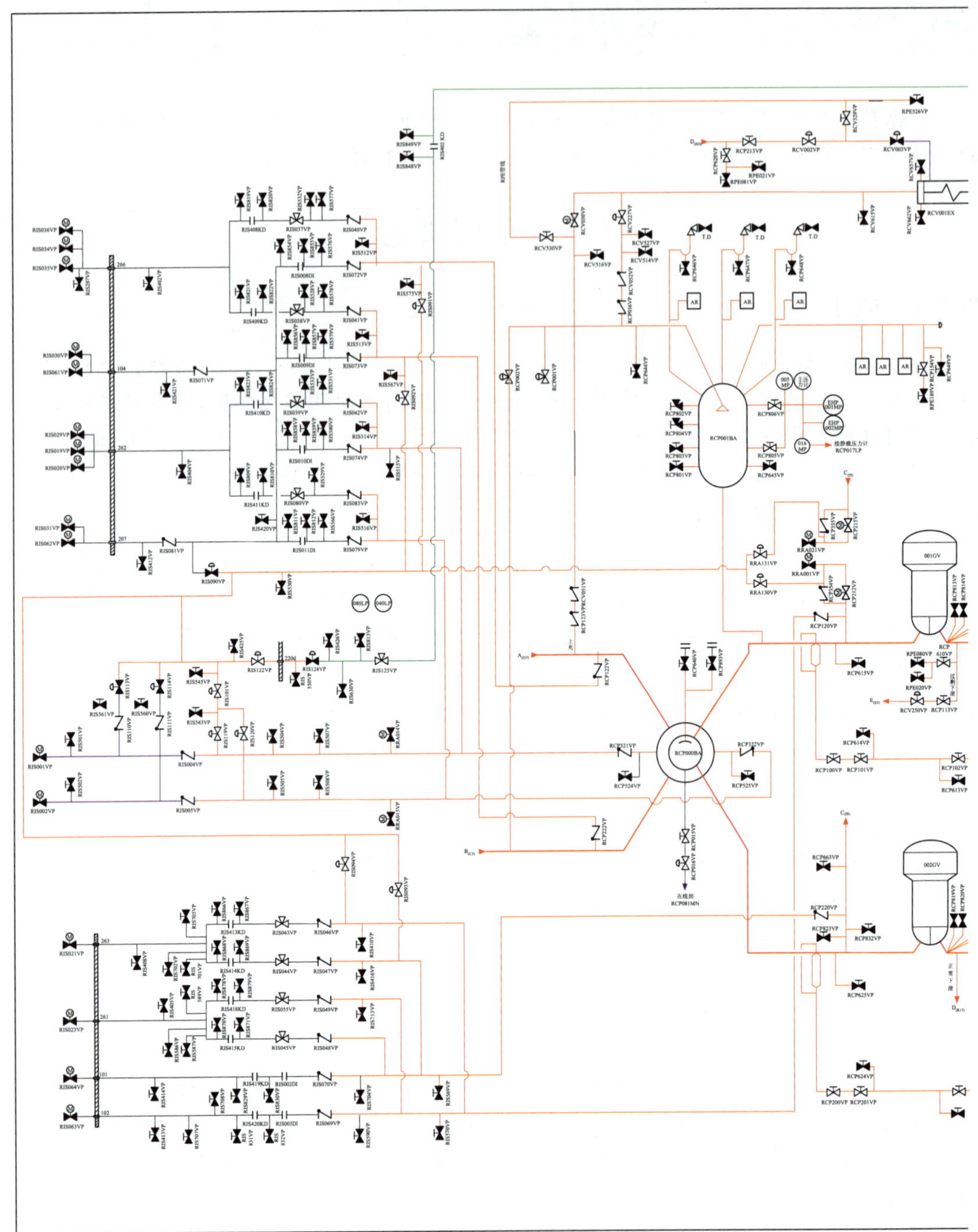

图 9-1-1 大修水

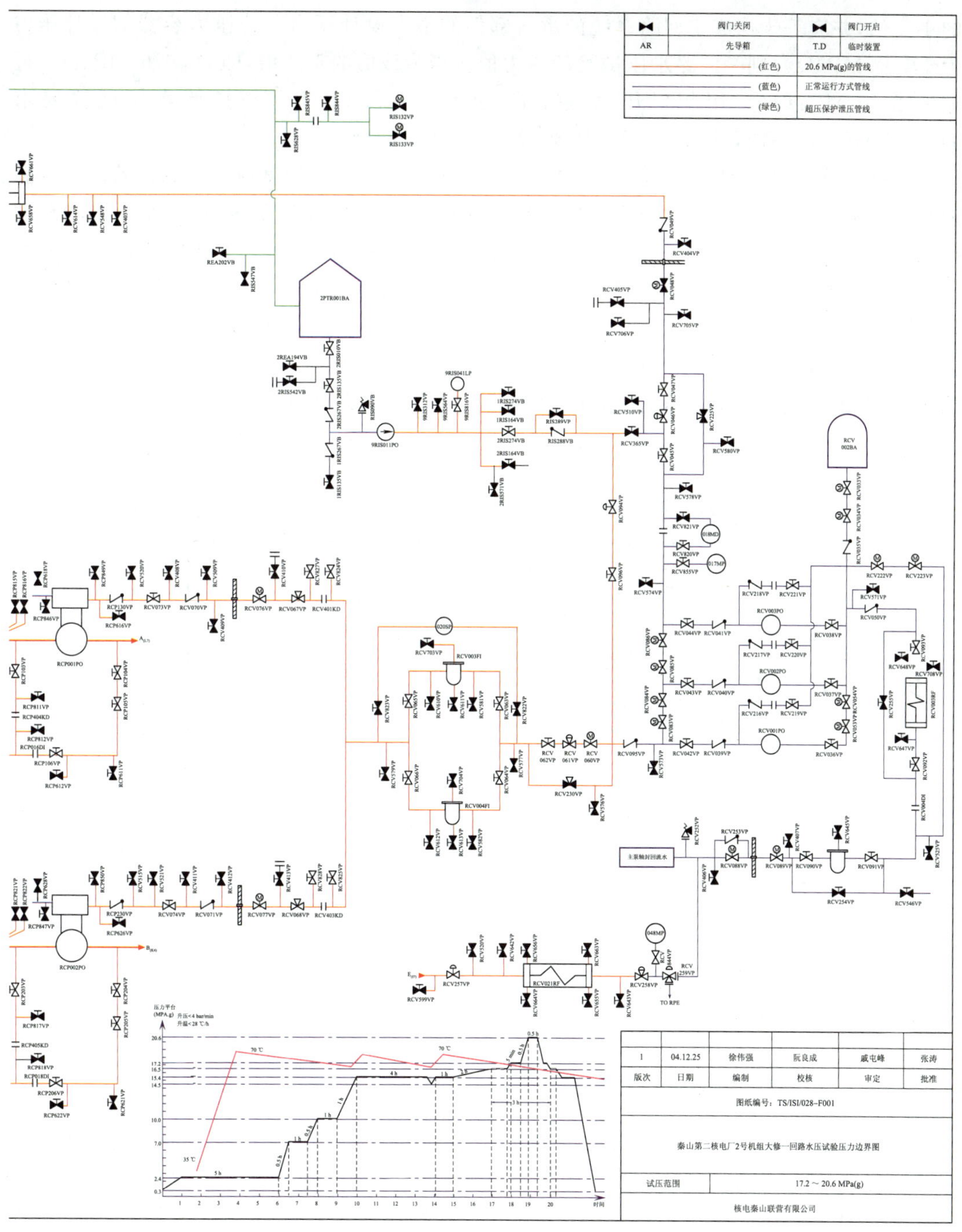

压试验边界

9.1.1.3 水压试验期间的压力与温度要求

根据RSEM B2000中相关章节的规定，水压试验的压力应至少等于压力容器设计压力的1.2倍，并应等于构成主回路系统的承压部件的最大设计压力。若压力容器的设计压力为17.23 MPa(a)，则一回路水压试验的压力值应当为该值的1.2倍，即20.676 MPa(a)，近似为20.7 MPa(a)。用相对压力表示即为20.6 MPa(g)[这与初始水压试验要求的22.8 MPa(g)不同，见RCC－M中B5120与B5112的规定]。

根据RSEM中B2140的规定，重复水压试验期间的主系统温度应取初始试验的规定温度与反应堆压力容器的RT_{NDT}＋30 ℃二者中的最大值，因此在现阶段RCP水压试验温度范围一般确定在35～80 ℃。其中35 ℃是某电厂1号机组首次冷态水压试验温度的下限(考虑到停运主泵后主系统存在散热降温问题以及试验过程中主泵轴封注水的温度较主系统温度低等因素，留有一定的裕度)，80 ℃是防止RCP试验回路温度过高而造成检查人员烫伤。

为了便于操作并防止水压试验期间压力容器突然破裂所带来的风险，根据上面两小节的规定，要求试验期间试验压力、温度必须在图9-1-2所示的允许范围内。

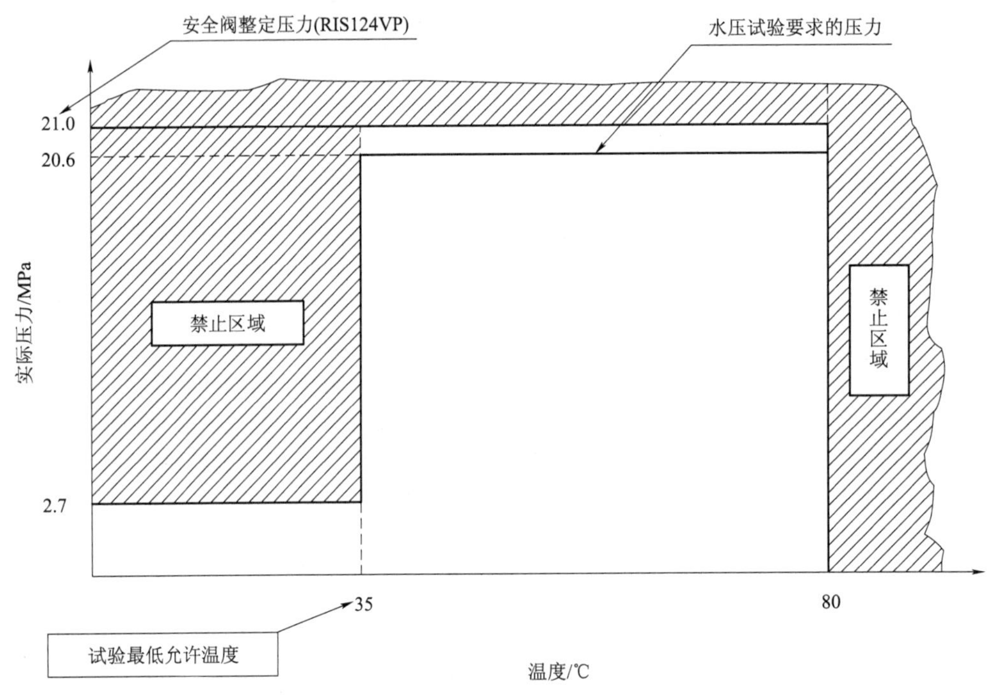

图9-1-2 水压试验要求的温度-压力范围

但是即使在此允许范围之内，也必须保证升压和降压过程中温度和压力的变化速率满足下列要求，以避免对一回路造成大的热冲击或压力冲击：

• 升压和降压的最大速率为：0.4 MPa/min(为方便操作，低于RCC－M的B5140规定："在温度稳定以后，无特殊要求时，容量大于1 m^3的部件以低于10 bar/min的速度升压。")

• 温度的最大梯度为：14 ℃/h，如果水温≤50 ℃；
28 ℃/h，如果水温＞50 ℃。

9.1.2　水压试验的实施过程

水压试验的实施过程参见图 9-1-3。水压试验各压力平台的试验操作见表 9-1-1。

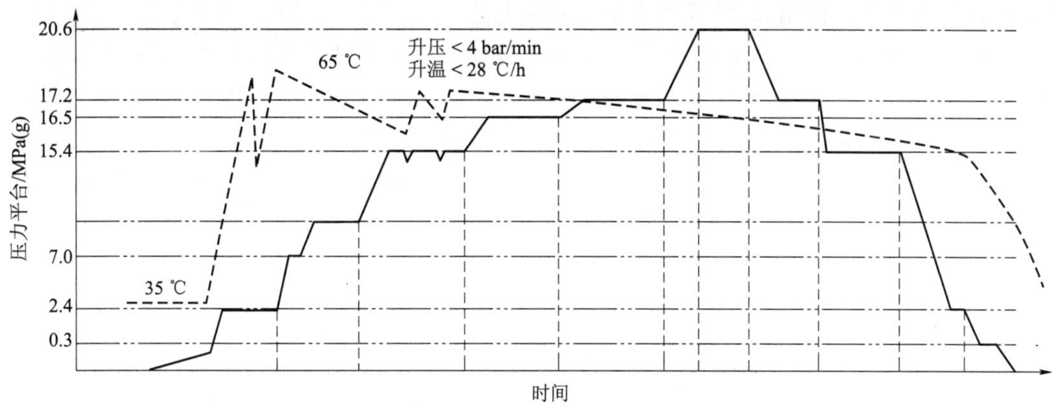

图 9-1-3　水压试验的基本过程

表 9-1-1　水压试验各压力平台的试验操作

平台	准备	2.7 MPa(g)	10.0 MPa(g)	15.4 MPa(g)	16.5 MPa(g)	17.2 MPa(g)
相关系统	RCP RRA RCV RIS	RCV RRA RCP	RCV RCP	RCP RCV	RCP RCV	RIS RCP RCV
主要试验操作	— 系统充水、排气 — 连接软管(TSD RCP 04) — RCP 动态排气 — 启动超压保护装置及其功能试验 — 升压到正常冷停堆状态	— 仪表隔离 — 主泵再鉴定 — 泄漏率计算 — DPT 升压至 16.5 MPa(g) — RRA 系统隔离	— 在 7.0 MPa(g)时，进行 RIC 检查 — 8.0 MPa 时隔离一个下泄孔板 — 一回路压力边界检查 — 10 MPa(g)时隔离第二个下泄孔板	— 升压至 15.4 MPa(g) — 一回路压力边界检查 — 一回路泄漏率计算 — RCP 005 MP 隔离 — DPT 升压至 17.2 MPa(g)	— 投入过剩下泄 — 隔离下泄管线和上充管线 — 升压至 16.5 MPa(g) — 进行水压试验泵在线 — 启动水压试验泵 — 仪表隔离	— DPT 升压至 20.6 MPa(g) — 升压至 17.2 MPa(g) — 仪表隔离 — 一回路压力边界检查 — 解除保护阀强制开启信号

平台	20.6 MPa(g)	17.2 MPa(g)	15.4 MPa(g)	2.5 MPa(g)	泄压疏水
相关系统	RIS RCP RCV	RIS RCP RCV	RIS RCP RCV	RCP RCV	RCP RCV RRA
主要试验操作	— 增压至 20.6 MPa(g) — 反应堆冷却剂边界检查	— 降压至 17.2 MPa(g) — 仪表投运 — 降压至 16.5 MPa(g)停运水压试验泵	— 降压至 15.4 MPa(g) — DPT 降压至 16.5 MPa(g) — 恢复RCP005MP — 启动下泄和上充管线 — 隔离过剩下泄	— 降压至 2.5 MPa(g) — 启动 RRA 系统 — 降温至 30 ℃以下	— 降压至 0.3 MPa(g) — 停上充泵 — RCP 排水至 LLL 水位

9.1.2.1　操作

水压试验的操作过程主要分为以下几个阶段：

在对 RIS-RCV-RRA 和 RCP 系统充水、静态排气以及 RCP 系统的动排气后，投运主泵对一回路打循环以使水温处于试验允许的范围之内。随后利用上充泵通过正常上充/下泄回路以及主泵 1 号轴封的注入回路来进行升压。升压过程中将在 2.7 MPa、10.0 MPa、15.4 MPa 压力平台停留，以便实施查漏和规定的检查。

在 2.7 MPa 和 15.4 MPa 两个压力平台上要实施一回路泄漏率的计算，在 2.7 MPa 平台停留 2 h，在 15.4 MPa 平台至少要停留 4 h 以上，15.4 MPa 平台下的泄漏率计算的结果要报给 NNSA 现场代表，以便后者决定是否升压至 20.6 MPa。

在升压到 17.2 MPa 后隔离所有仪表，以升压至试验压力平台（20.6 MPa），在 20.6 MPa 压力平台停留的时间取决于现场检查所需的时间。

试验完成后按照规程要求进行 RCP 的卸压操作。

9.1.2.2 检查

现场检查的目的是检查系统在不同压力平台下焊缝是否有泄漏或渗漏，或者检查出阀门、法兰等部位的泄漏并收集。检查在 2.7 MPa、10.0 MPa、15.4 MPa 和 20.6 MPa 压力平台进行（见表 9-1-2）。

表 9-1-2 检查及所处压力平台一览表

操　作	相对压力/MPa			
	2.7	10.0	15.4	20.6
NNSA 对 RCP 一回路的检查				▲
RCP 泄漏计算	△(1)		▲	
RCP 一回路可能泄漏的评估和定位	△(1)	△	△	△
焊缝目视检查			▲(2)	

注：1. △ 表示检查和监督；▲ 表示规定的正式检查或强制的泄漏计算。

2. (1) 表示升压过程中；(2) 表示降压过程中。

检查期间必须做好相关的检查记录，如果发现法兰密封垫、阀门盘根等密封装置处有泄漏，在升压到更高压力平台之前，应进行重新紧固或重新恢复这些装置的状态。在这些泄漏无法消除时，应当在 15.4 MPa 压力平台做泄漏率计算时加以考虑。在审查完每一压力平台的检查记录报告后，才能决定是否继续升压至下一压力平台。

RCP 一回路焊缝的目视检查在降压过程中的 15.4 MPa 压力平台进行。

9.1.2.3 试验验收准则

水压试验的验收准则是：在设计压力时，确认内侧“O”形环无泄漏，确认泵、阀门、管道、焊缝、法兰面、人孔、手孔盖板及其他连接处无渗漏，压力表指示基本不变。在最高试验压力时，确认焊缝无渗漏，各种密封面的连接处无异常。

如果密封装置在水压试验时所处的条件与其在正常运行所处的状态不一样，而且其轻微泄漏不妨碍表面检查，那么密封装置（或隔离装置）的轻微泄漏不损害水压试验的有效性。

对于重复试验，RSEM B2140 要求“试验过程中评价泄漏的方法以及可接受的限值，均应在试验程序中作出规定”，例如某电厂具体限值是要求在 15.4 MPa 下总泄漏率小于 230 L/h。

9.1.3　水压试验期间的保护手段

9.1.3.1　人员的保护

为了进行水压试验期间的焊缝检查，一回路系统可拆卸的保温必须全部拆除。一回路系统上设备、构件的温度应保持低于 80 ℃，以避免人员意外烫伤。

9.1.3.2　超压保护

在水压试验期间一回路的超压保护在不同的阶段通过如下手段实现：

• 在 3.0 MPa 压力以下，RRA 处于投运状态，RCP 的保护将通过 RRA 系统的 SEBIM 安全阀组来保证；

• 在 3.0 MPa 和 15.4 MPa 之间，超压保护是由中压安注罐的试验管线构成(RIS 124 VP 由 RCP 005 MP 控制)；

• 在 15.4 MPa 和 20.6 MPa 试验压力之间，超压保护是由试验压力变送器(EHP 002 MP 和静载压力计)来实现。

注意：稳压器上的安全阀如果在水压试验期间没有拆走，由于原设定值与水压试验压力不相容，其控制柜的先导机构必须实施闭锁操作。如果一个或多个稳压器的安全阀被拆走，应当在原位置安装一个模拟件。水压试验期间一回路压力监测与保护装置参见图 9-1-4。

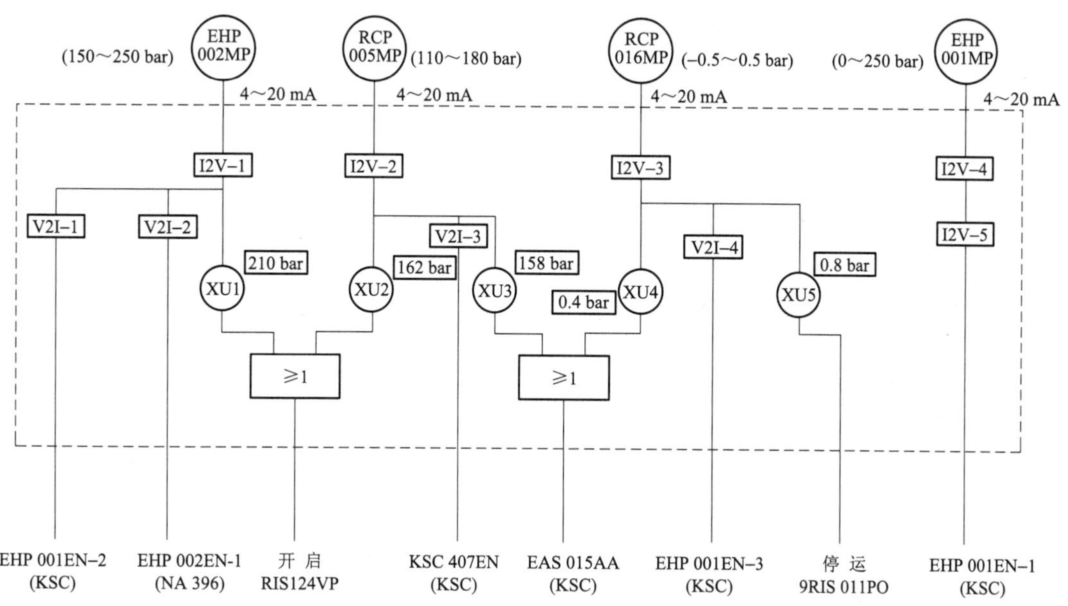

图 9-1-4　水压试验期间一回路压力监测与保护逻辑

9.1.3.3　高压下破裂或意外卸压

水压试验时，一回路处于水实体低温高压下，SG 一、二次侧压差超过设计值 11 MPa，存在局部破裂的可能性，因此，一方面要确保试验边界内各点温度一直满足试验温度要求；另一方面，要尽可能缩短一回路处于高压下的时间。可以从以下几方面缩短时间：

- 缩短现场检查与操作时间：现场检查人员与操作人员，提前对现场进行充分熟悉，提高检查操作的快速有效性；多安排几个检查、操作小组；
- 合理控制升降压速率，一般在 20.0 MPa（首次试验 22.0 MPa）以前，升压速率控制在 0.15～0.2 MPa/min，在 20.0～20.4 MPa（首次试验 22.0～22.6 MPa），控制在 0.1 MPa/min，最后以 0.05～0.1 MPa/min 升至试验压力；降压时控制在 0.15～0.2 MPa/min。

水压试验时一回路意外卸压的风险要远大于超压的风险，因为在水压试验压力平台，一回路无热源，不会因膨胀超压，仅可能由于过剩下泄排放能力不足或关闭而超压，此时只要减少轴封注水流量或停止水压试验泵，一回路压力便会停止上升。从 2.5 MPa 升压到 15.4 MPa 向一回路注水约 2.0 m^3（包括泄漏和降温所需补水），因此在高压下，随时都有可能出现局部破口或泄漏导致迅速卸压，特别是稳压器安全阀的隔离阀意外开启风险最大。国内某核电站水压试验因为安全阀开启导致一回路压力在几十秒内卸压；另一核电厂热态试验时，稳压器安全阀也曾因为先导管线泄漏而开启；国外也曾经出过类似情况，因此应引起我们足够的重视。为防止意外卸压我们应采取下列预防措施：

- 试验前将稳压器安全阀的隔离阀电磁线圈断电，安装卡子闭锁隔离阀开启；试验期间有专人检查安全阀的泄漏情况；稳压器安全阀的保护阀电磁线圈带电，当一回路压力高于保护阀的开启定值后，解除保护阀的强制开启信号，以便当隔离阀意外开启卸压后，保护阀能够关闭阻止压力进一步下降，当一回路压力正常卸压到 17.2 MPa 时，重新强制开启保护阀；
- 水压试验泵供水时，上充泵保持运行，以便意外卸压时能通过上充管线进行补水。

9.1.3.4 主泵的投运与停运

主泵在 2.5 MPa 时首次投运，注意投运时一回路可能出现压力波动，并且投运主泵前应验证：

- KIR 系统已经投入运行；
- RCP 001－002VP 已打开；
- 主泵热屏的冷却系统 RRI 已投运；
- REA 130 VD 已打开（泄漏率计算期间，该阀门是关闭的）。

如果需要在 15.4 MPa 投运主泵以使温度恢复到最初状态，应该先将一回路压力降到 14.5 MPa 以避免主泵启动时超压保护装置动作。

停运主泵 15 min 后，隔离热屏的 RRI 冷却水以避免一回路冷却。

9.1.3.5 水压试验期间的其他注意事项

由于蒸汽发生器二次侧无水以及 RIS 管线已经隔离和闭锁的原因，在水压试验期间无需考虑温度突然下降的情况。但是考虑到约 1.5～2 ℃/h 的自然冷却，试验开始时水温必须达到足够高的温度，以保证在压力大于 15.4 MPa(g) 的整个试验期间（在此区间禁止启动主泵）温度不会低于水压试验所要求的最低温度。

在试验期间还应当遵守或注意如下事项：

(1) 试验温度由压力容器下封头外壁的温度探头测得，只有在确保了压力容器下封头的冷却速率小于 2 ℃/h 之后，才可将压力升到 15.4 MPa(g)以上。

（2）使反应堆厂房的通风降到最小以减少热量的损失。

（3）在开始升压前(RRA 投运中)，应当将温度稳定在比试验温度更高的某一温度上足够长的时间，以使整个试验回路中设备、构件的温度均一化。最好遵循如下标准：

- 顶盖法兰面温度≥50 ℃；
- 不同设备/构件的整体温度差值在 5～7 ℃之内。

（4）在压力上升和稳定阶段应确保包括稳压器在内的 RCP 系统充分循环，以便于使整个 RCP 系统中金属和流体的温度一致及避免过冷区域的存在。

9.1.4　水压试验期间的风险分析

9.1.4.1　标牌回装不正确风险

水压试验前拆保温层后，如标牌回装不正确，则无法进行在线和系统设置，一个标牌错误可能造成跑水、设备损坏。因此，要求服务队在拆保温前，先装好临时标牌，拆保温时核实，保证标牌不会出现错误。

9.1.4.2　跑水风险

水压试验前的一回路充水、静排气和联合排气，与常规机组启动一样，有跑水风险。为避免跑水，要求在线到位，仔细操作。排气时，严格执行程序，例如某电厂必须有专人在 RPE 002 BA(含氧疏水箱)处，避免 EBA 001 ZV 被淹，定期检查 RPE 疏水排气漏斗，避免漏斗返水。

9.1.4.3　压力波动风险

水压试验因一回路为水实体，压力波动是最大的风险，在以下的几个操作中都有压力大幅波动风险。

- RRA 隔离时下泄流量波动引起压力波动操作时慢慢地关闭 RCV 310 VP，减少 RCV 046 VP 开度，避免一回路压力上升；
- 水压试验期间退出和投运 RCV 下泄孔板为防止一回路超压，不能在主控遥控操作，必须在现场操作手动阀。操作时，主控和现场建立通讯，在现场缓慢操作手动阀(RCV004/005/006VP)，主控调节上充流量(RCV 046 VP)，保持一回路压力不变；
- 投入过剩下泄时为防止引起压力波动，操作过程中应缓慢开启 RCV 258 VP，通过调节上充使一回路压力稳定，并调节上充流量等于下泄流量，轴封注入流量等于过剩下泄流量，为隔离上充下泄作准备；
- 隔离上充下泄回路过程中，主控和现场应建立通讯，逐步关闭运行中的 RCV 的最后泄压孔板的手动隔离阀门，同时调节上充流量以尽可能保持压力恒定；
- 试验结束后投运上充下泄，隔离过剩下泄的操作必须等 RCV 仪表解除隔离并投入后进行，操作时主控和现场建议通讯，逐步开启 RCV 泄压孔板的隔离手动阀门，主控调节上充流量以尽可能保持压力恒定。上充下泄投运后，缓慢关闭 RCV 258 VP，通过调节上充或轴封注入流量使一回路压力稳定，完成隔离过剩下泄；
- 投运 RRA 时，必须先将 RRA 加压，由于泄压孔板的存在，RRA 不可能被加压到与一回路相等的压力，只能通过减少下泄流量，使 RRA 尽可能接近一回路压力，避免 RRA 接入一回路时，使一回路压力下降。

9.1.4.4 一回路压力异常时的操作

(1) RCV 下泄异常隔离导致一回路压力上升时需要进行的操作：

- 关闭 RCV 046 VP、RCV 048 VP 隔离上充；
- 减少 RCV 061 VP 开度以减少主泵轴封水流量；
- 投入过剩下泄回路并重新建立轴封水；
- 故障排除后重新投入上充、下泄回路，隔离过剩下泄回路。

(2) RCV 上充异常开启、下泄异常隔离导致一回路压力上升时需要进行的操作：

- 关闭 RCV 048 VP 或 RCV 050 VP；
- 调节 RCV 061 VP 减少轴封水流量；
- 确认下泄隔离：关闭 RCV 002/003/007/008/009VP；
- 投运过剩下泄回路；
- 诊断故障；
- 故障排除后重新投运上充、下泄，隔离过剩下泄回路。

(3) 一回路异常快速泄压时需要进行的操作：

- 调节 RCV 046 VP 补偿泄漏，稳定一回路压力；
- 如果一回路压力突降至 100 bar 以下，停运所有主泵；

(4) 水压试验泵 9RIS 011 PO 异常停运导致一回路压力下降时需要进行的操作：

- 操作 RCV 258 VP 关闭过剩下泄；
- 重新投运水压试验泵 9RIS 011 PO。

9.1.4.5 水压试验泵的使用

根据水压试验泵设备资料，水压试验泵在“水压试验模式”下，共可运行 15 次，每次 3 h，因此在水压试验时，要尽可能保证水压试验泵在“水压试验模式”下运行时间不超过 3 h。在 16.5 MPa 平台仪表隔离时间较长(约 50 min)，因此，应等仪表隔离基本完毕再启动水压试验泵，避免水压试验泵不必要的运行。升降压速率合理控制亦可缩短水压试验泵的运行时间。另外，在试验前确认水压试验泵可用性或超压保护装置功能试验时注意避免水压试验泵运行在“水压试验模式”。

水压试验泵启动前需要进行预热(在 15.4 MPa 压力平台用“安注箱补水模式”)，否则油温低时，主泵轴封注水流量波动较大。在 16.5 MPa 启动水压试验泵前，主泵轴封注水流量为 1.8 m^3/h 较合适，水压试验泵启动后主泵轴封注水流量约为 3.0 m^3/h，若轴封注水流量再大，过剩下泄排放能力将不足，会导致压力上升。

水压试验泵活塞次数与流量的关系参见表 9-1-3，此表可用内插法。

表 9-1-3 水压试验泵活塞次数与流量的关系

每分钟行程数/次	流量/(m^3/h)	每 40 次行程的时间/s	流量/(m^3/h)
1	0.14	50	6.71
40	5.60	60(1 min)	5.60
50	6.99	100	3.36
		128	2.26

水压试验泵的使用将导致另一运行机组产生一个第二组IO，因此试验前必须控制另一运行机组的IO数目，避免违反技术规范或机组状态后撤。

9.1.4.6　失去主电源的事故预想

水压试验期间失电事故是可能发生的，事故发生后，设备状态都会或多或少的发生变化，但最关键的仍是维持压力稳定，如主泵在运行，将其停运。下面以失去主电源为例说明掉电操作关键点。

失去主电源后，确认厂用变切换到辅变，确认一台上充泵在运行，确认上充-下泄管线仍在运行，用上充-下泄稳定一回路压力。确认上充泵及上充-下泄管线仍在运行是最关键的，它们保证主泵轴封注入，是一回路压力控制的基础。稳定一回路压力后，再参照I2.1失去主厂外电源事故处理规程进行电源控制，在电源切换时，如有需要，启动第二台上充泵，避免上充流量中断，引起不必要的压力波动。在电源控制期间，稳定一回路压力仍是最关键的。在控制机组同时，值长应召集相关人员，决定机组去向。

9.1.5　水压试验的组织机构

水压试验是十年大修中一个过程最复杂、风险最大的专项运行活动，为了保证试验的顺利进行，试验期间需要各个专业共同参与，协同进行。因此运行人员有必要了解水压试验的组织运作方式以及自身在整个试验过程中所担当的角色任务。

在大修期间专门成立了水压试验专项组，按项目制管理，由专项试验负责人负责，中间设立专项监督层，下面设置由各专业处室人员组成的专业组。典型的重复水压试验组织机构参见图9-1-5。组织机构的职责分别在管理程序CMM-601和IP/TST/035规定。

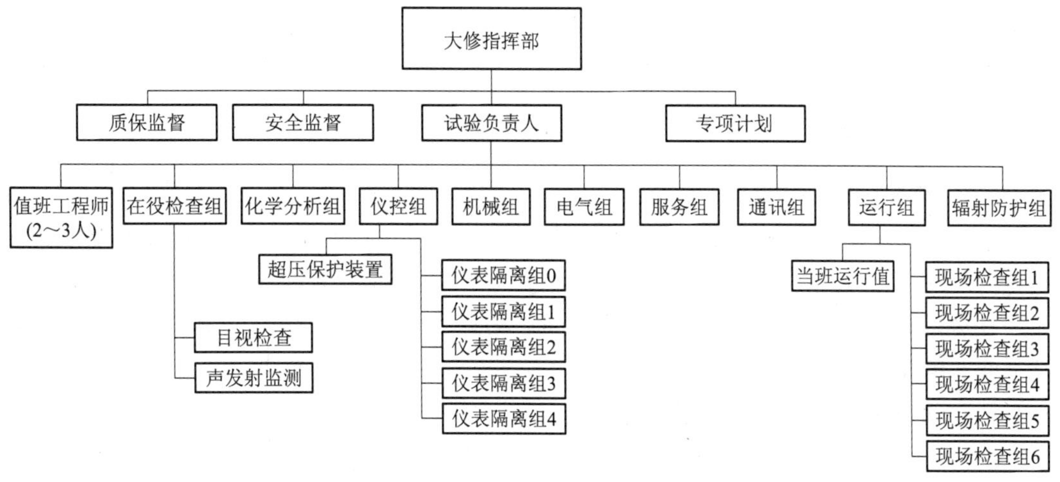

图9-1-5　大修期间水压试验的组织机构

9.2　水压试验结束后的压力容器在役检查

根据在役检查大纲的要求，水压试验结束后需要进行压力容器的在役检查。因此在一回路卸压后，需要重新打开压力容器顶盖，对反应堆水池充水后将堆内构件吊出，然后反应堆水池排水到在役检查水位(约 11.60 m)。在役检查结束后,反应堆水池重新充水,吊入堆内构件准备进行安全壳整体密封性试验或装料,具体的过程见图 9-2-1。

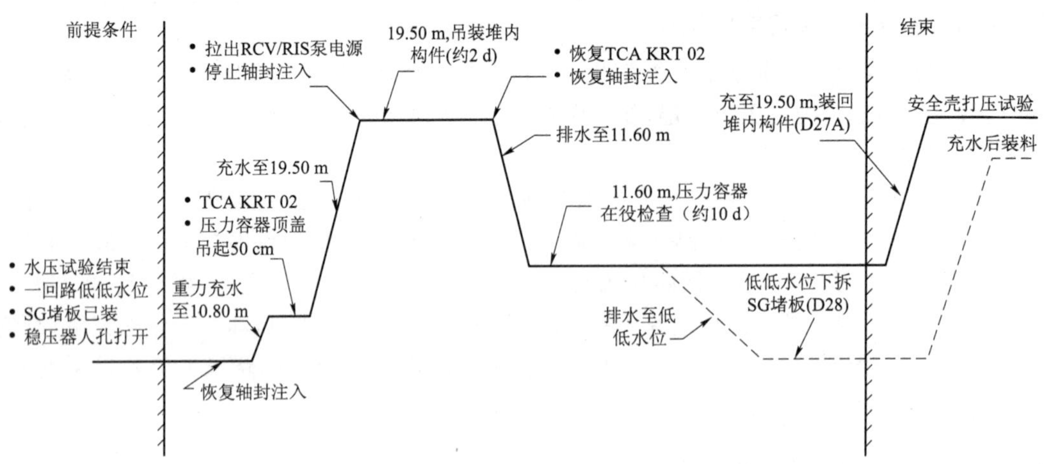

图 9-2-1 压力容器在役检查工作的准备、实施与恢复

9.3 安全壳整体密封性试验

9.3.1 目的

技术规格书规定安全壳 A 类整体密封性试验每十年进行一次,其目的是:

- 模拟 LOCA 事故工况下,验证安全壳的整体密封性能符合要求;
- 验证安全壳的结构性能与强度抗力;
- 验证安全壳压力测量通道的准确性。

9.3.2 验收准则

9.3.2.1 密封性能安全准则

安全壳整体密封性试验的试验条件[3.5 bar(g),20 ℃空气]与 LOCA 事故工况下安全壳内的状况[压力峰值为 3.5 bar(g),温度峰值为 136 ℃,介质为汽气混合物]有区别,因此无法直接得到 LOCA 事故工况下的验收准则。为此需要进行推导计算,推导后得到试验条件下的安全准则为:0.164%安全壳内干空气质量/天,即 14.5 Nm^3/h。

9.3.2.2 机械性能与强度抗力验收准则

对于安全壳的机械性能与强度抗力,没有定量的验收准则,但定性上要基本满足:

- 强度抗力(局部应力、预应力钢束张力)随压力呈线性可逆变化;
- 静态形变(安全壳直径、安全壳局部应变)随压力呈线性可逆变化;
- 安全壳外观无损伤,裂缝宽度随压力呈可逆变化。

9.3.2.3 试验的基本过程

与水压试验一样,安全壳整体密封性试验也是十年大修中一个复杂的专项活动,也是通过专项组的组织与管理来实现的。在试验期间,运行人员承担着执行安全壳打压试验边界隔离、充压和卸压操作、RX外部和内部的外观检查、1.05 bar(g)下的听音检查、打压期间安全壳内相关参数的监视和保证安全壳打压试验需要的电源、气源等系统的安全运行以及打压试验结束后的隔离解除和系统恢复等任务。

9.3.2.4　试验条件

安全壳整体密封性试验期间需要遵守下述的通用规定与要求：

- 打压试验期间，RX内的所有工作必须停止，人员必须撤离；
- 进入RX进行检查期间，RX四周的噪音源（如电机、电焊、风机等）必须停止（PTR002PO、RRI泵需申请特殊许可）；
- 切断RX内的所有气源，避免影响泄漏率测量结果；
- 安全壳隔离阀用正常控制方式关闭。对于远距离自动控制的阀门，不能手动或现场操作（如果不能自动关闭，且无法短期修复时，可手动）；
- RX内的密闭空间（房间、容器）要与RX大气连通。

安全壳整体密封性试验期间一回路相关系统应当处于下述状态（模拟LOCA状态）：

- 一回路处于低低水位状态，反应堆堆芯中没有燃料元件，燃料全部在K厂房；
- 堆内上部构件复位，压力容器假封头就位，反应堆水池排空；
- 切断RX内的所有气源，避免影响泄漏率测量结果；
- RCP、RRA/RCV热交换器充满水（处于保护目的）；
- RRI停运但充满水，RRI必须有一列完全可用（必要时才停运）；
- RIS、EAS地坑充满水；
- 其他工艺系统如无特别要求则一般进行疏排，保持无水。

安全壳整体密封性试验期间二回路相关系统应当处于下述状态：

- SG二次侧充水至淹没第一级汽水分离器；
- VVP壳外管线加装两块就地压力表（0～0.6 MPa），监视泄漏。

安全壳隔离阀用正常控制方式关闭。对于远距离自动控制的阀门，不能手动或现场操作（如果不能自动关闭，且无法短期修复时，可手动关闭）：

- 气动安全壳隔离阀置于中性点位置。保证远控关闭时其严密性；
- 电动安全壳隔离阀必须在远控关闭后断电以防止误动；
- 安全壳内外隔离阀之间的手动试验阀要关闭。

针对以上系统状态要求，考虑到打压试验准备工作与前后相关工作的配合，运行大修组共设置了7个在线文件包和27份隔离操作单，以进行试验条件的准备，其执行的前后次序和逻辑关系见图9-3-1。

9.3.2.5　试验过程

安全壳整体密封性试验的打压曲线及其主要工作内容见图9-3-2。试验期间通过贯穿件ETY 226 TW进行充压，充压速率最大不得超过12 kPa/h（通过L747的计算机采集系统监测）。

通过贯穿件ETY 342 TW进行卸压；再通过DVW排DVN。卸压速率不得超过10 kPa/h（通过L747的计算机采集系统监测）。

试验期间主控应重点监视压空管网压力，保证ZC空压机运行正常；并注意主变运行情况。

图 9-3-1 安全壳密封性试验系统状态准备逻辑

9.3.2.6 系统状态恢复

安全壳卸压后，应当按照图 9-3-3 的逻辑次序进行隔离的解除与在线，其中 RX 内部分系统在线应按照 D28 规程文件包内容执行，在安全壳外的部分，可以提前在线已缩短启动恢复时间。

恢复过程中应注意：

- 试验后，首次进入 RX 进行操作时必须保证 0 m 或 8 m 气闸门双侧开启，由安防陪同进行含氧量和放射性测量，尽快将 EBA 投运；

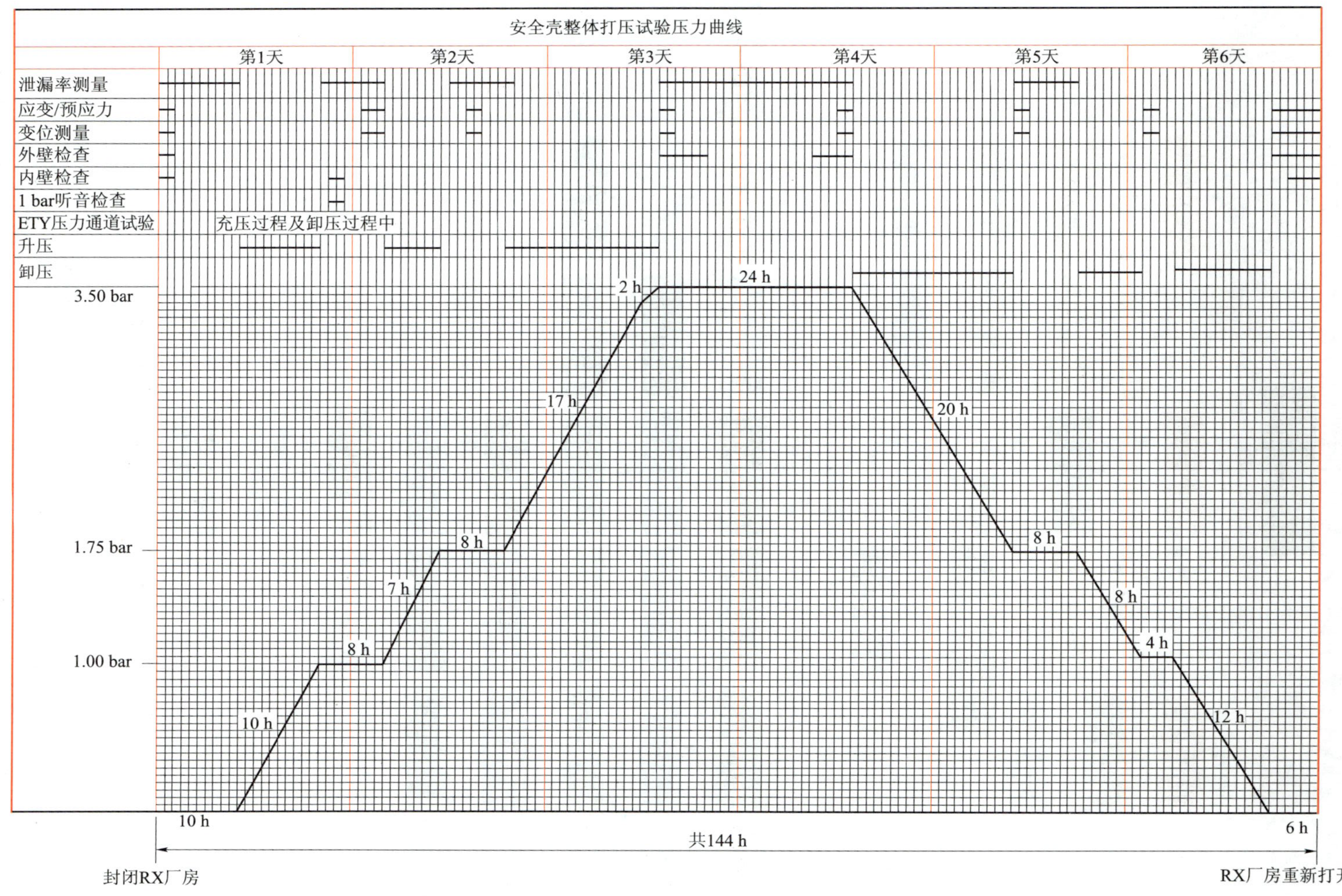

图 9-3-2　安全壳整体密封性试验的打压曲线及其主要工作内容

图 9-3-3 安全壳卸压后的恢复逻辑

- RPE/SAR 投运前,不要进行可能造成排水的任何操作(包括消防立管充水);
- 开启 SED、SAR、SAT、JPI、RRI、DEG 贯穿件隔离阀时,防止跑水;
- 优先恢复 RCP 082 LN,进行水位检测。连通 RCP、RCV、RRA、RIS 时,注意防止造成一回路水位过高。

9.3.3 试验期间的风险描述

9.3.3.1 火灾风险与运行防范对策

安全壳内有大量的可燃性物质，如电缆，检修废物，油脂等。在试验期间安全壳内的固体可燃物及油类的自燃点随着试验压力的增大而降低，当环境大气相对压力为 3.5 bar 时，自燃点约降低 5%～15%。同时由于在高压试验阶段，反应堆厂房(RX)内火灾探测系统(JDT)已经停用，火灾扑救工作极为困难，因此要求我们不仅把消防重点应放在预防上，同时需要准备适当可行的灭火手段以防万一。

为防止火灾发生，在试验前应当完成下列措施：

(1) 为防止火灾的产生及火势蔓延，安全壳内不能有油迹、塑料、尼龙、布、木材及有机溶剂等易燃易爆物品，尤其是主泵附近。

(2) 移出 EVF/EVR 的过滤器。

(3) 切断安全壳内的所有动力电(6.6 kV、380/220 kV)，但 0 m、8 m 气闸门除外。

(4) 除了必须供电的设备，其他壳内的动力电缆必须断电，对于高压的 6 kV 电机还需要进行接地保护，杜绝可能的点火源。

(5) 对主泵房间的消防作为重点来进行考虑：

• 最好将主泵润滑油箱排空，并将箱内油面以上空间与外部直接连接，形成均压，避免压力作用下箱破漏出；

• 对主泵的一级消防进行隔离：在继电器机架上拆下 JPI028/029VE、JPI040/042VG 的电磁阀供电电缆，打开 JPI001BA、JPI002BA 的排气口管帽和溢流管管帽；

• 二阶段消防用水干管备用，在 RX 进水竖管隔离后(070VE 和 101VE 处于关闭位置)，将气动二级喷淋阀 028VE、029VE 锁止在开启状态，以备主泵室发生中、大型火灾时的扑救；

• 利用 EVR008/009MT 的温度指示作为判断主泵间是否需要启动消防的依据进行监控。在需要时，由试验总协调人决定投入后，运行开启 JPI 070 VE 和 101 VE 进行管道充水和喷洒。

(6) 同样，考虑到壳内可能发生的大火灾，在线 EAS 的一列作为消防的手段(泵电源拉出，安全壳隔离阀关闭)，通过连续监视安全壳内 53 个取样温度点和 10 个湿度表的数值变化，分析判断是否需要应急启动消防。通过手动供电和启动 EAS 泵及开启隔离阀可以实现消防动作。

9.3.3.2 高压下对安全壳内部设备的保护

在正常运行情况下，安全壳内部的工艺设备工作在内压比安全壳大气压力高的情况下，而在打压实验时，为模拟所在点状态需要把系统疏水排空，使得大多系统可能处于外压高于内压的状态，将使设备处于于正常运行相反的应力作用下，大大增加了设备损坏的概率。为此必须采取设备保护措施，减少不必要的设备伤害。

(1) 系统的疏水和排空

所在点下有可能与 RX 空间连通的系统，必须疏水且与 RX 大气连通。除了特殊需要，大部分系统在试验前需要排空以减少核岛地面污染的风险。安全壳升/降压的过程中，对系统管道内残余的水将有“扰动”和“推波助澜”的作用，从而把它们带出管道。如果疏排路径不当将可能造成地面的污染，给以后的恢复清理工作造成极大困难，给后面的工作在环境剂量上造成麻烦。运行在试验前准备工作中必须合理安排系统隔离在线计划，并考虑先把系统疏排到 RPE 系统，然后由 RPE 系统排出安全壳，最后实现 RPE 系统的隔离。需要注意的是：在此阶段有诸多系统需要疏排而且有的点只能用 TSD 增加临时疏排管线。因此必须管理好每一个 TSD 临时疏排点防止恢复时忘记。

(2) 压力平衡保护(与 RX 大气连通)

为防止设备损坏，需要对以下系统的一些重要设备进行压力平衡保护，或在必要时把它们从安全壳内移出：

• RCP 系统：为平衡轴封两侧气体压力而打开第 1 道轴封水进口管旁路阀 RCP616VP，626VP 及泄漏管旁路阀 RCP618VP，628VP。RCP082LN 是玻璃管水位计，为避免安全壳打压期间玻璃管承压发生破裂，须打开以下阀门：RAZ127VZ，RAZ125VZ，RPE068VP，RPE066VP，RPE661VP 把玻璃管内部与安全壳大气连通。RCP004BA/005BA 拆除顶部排气盲板。打开主泵电机轴承润滑油箱通风塞以与安全壳大气连通防止压扁。RCP 002 BA 拆除爆破膜及其盖板。

• RPE 系统：打开 RPE001，002PO 电机轴承润滑油箱通风塞以及本体疏水阀防止压扁。为保护泵机械密封，将泵 RPE 003，004PO 整体拆除后运出 RX 厂房。打开 RPE 601 VY，拆除 RPE 601 VY 下游法兰盲板对 RPE 001 BA 保护。

• RRA 系统：关闭余排泵 RRA001PO、002PO 的轴封冷却器疏水阀门 RRA 605、606 VP；RRA001、002、003、004RF 需要两侧保持充水状态。

• RIS 系统：RIS 001BA/RIS 002BA 打开顶部排气阀通大气以平衡压力。

• SAR 系统：SAR003BA 顶部排气阀打开，通过拆除 SAR008/009BA 的出口阀阀芯方法使之压力平衡。

• JPI 系统：拆下 JPI 001/002 BA 容器顶部排气管上的堵头进行压力平衡保护。将本体的玻璃水位管拆出 RX 厂房。

• RIC 系统：需要对整套机构的多个设备进行压力平衡保护。

• PTR 系统：反应堆水池排水后，移走排水口的滤网，装上栅格网罩。拆除法兰 PTR 601VB、602VB。打开 PTR 004PO 油箱注油塞平衡泵轴承润滑油箱内、外侧压力。

• PMC 系统：所有伞齿轮箱内、外侧压力必须拔掉齿轮箱上的注油塞。包括其他吊车等卷扬设备。

• DTV 系统：主泵间及 20 m 平台的摄像装置必须拆除出 R 厂房。

• 仪控仪表：对于有玻璃表头的仪表必须拆下密封圈和密封塞，表头，表盘或将仪表整个拆除。堆芯水位压差变送器及压力表需要使隔离膜盒工作端后盖与本体之间有空隙，RIC 补偿用 25 bar 氮气瓶也需要进行压力平衡保护。

• 辐射防护：试验前拆除辐射监测设备 KRT011MA、012MA 探头，以免仪表损坏。将 R140 入口门打开至 10～15 cm 门缝，并挂上锁链，防止 R140 房间失控造成人员异常照射。

• 电气系统：密封的电气设备盘柜，接线箱应全部拧松打开。各种灯具的灯罩应拧松，照明用日光灯，设备盘柜用的日光灯，核岛厂房＋20 m 平台堆腔水池中的核用水下照明灯都应取下并带出核岛厂房，待试验结束后，再装回。确认核岛各层的检修插座电源箱内外相通。RPE003PO,RPE004PO 潜水泵应拆除接线,泵体带出核岛厂房。确定 RCP001、002MO 及其油系统、RRA001、002MO、RPE001、002MO 接线端子盒与 RX 大气相通。并要求电机接地。除了打压试验相关的 LNE 仪表电源和 DSR/DNR 照明电源根据试验要求进行控制外,其他核岛内的动力电缆必须断电。

9.3.3.3 打压试验期间需要保证可用的系统

安全壳打压试验期间以下系统的运行必须重视:

• 仪表系统:当安全壳压力上升到 0.45 MPa 时,为使安注和安喷系统不动作,需在试验前将 RPR 内的联锁动作信号解除,以防止保护系统误动。

• 确保 RPE003BA,011PS 的 008MN,015MN 已经投运,并在 KRG 机柜进行交叉比较,以确认其功能正常并且装备中指示正常。确保 JPI007BA 的 007MN 已经投运并功能正常。确保 RIS001/002BA 的 018/019MN 已经标定且投运,并确认装备中指示正常。通过以上数据的变化趋势可以分析反应堆厂房是否有意外的疏水与地面污染的可能性。

• EVR008/009MT 通道可用且指示正常。利用 EVR 温度探头读数,以及安全壳试验温度探头读数有、无异常升高或报警,作为主泵间或安全壳内其他区域是否发生火灾的判断依据。

• SAP 压力测量 001MP 通道校验检查良好,其主控显示 KSC007ID 和应急停堆盘 KPR107ID 显示正确。作为气源的监控,有助于我们决定系统是否运行正常,有无必要进行压空用量的控制和限制。

• ETY101/102/103/104MP 四台变送器测量显示通道可用。除了进行压力跟踪外,在整个压力变化过程中还可以对它们进行互相交叉比较,以验证仪表的精度。其相关的记录和指示仪可用。

• 电源系统:220 V 电源 LNA、LNB、LNC、LND 可用于 ETY101/102/103/104MP 四台变送器的电源供应。LNE 系统必须可用并保持对 EN/ID 和其他现场仪表的供电。

• 要保证 6 kV 的 LGIA/LGIB 母线的电力供应,需要严格控制主变/厂变或辅助变以及相关切换回路上的工作不会造成系统失电。

• 压空系统:在打压试验前必须对外围正常压空机和应急压空机进行预大修检查,保证其处于良好工作状态。

• ETY 系统:三个相关贯穿件设备用于打压试验,打压试验充压回路(ETY 226 TW),EYT 打压试验测量回路(ETY 407 TW),EYT 打压试验卸压回路(ETY 342 TW+DVW)。均需要在试验前进行密封性检查和试验。

• DVW 系统:在卸压过程中,安全壳的空气需要通过 DVW 再排放向 DVN 烟囱,而且在此期间需要监视过滤器的压降和烟囱放射性的浓度,防止没有经过过滤排放和无检测排放。

• EAS 系统:在压力试验期间,必须在线 EAS 的一列,作为安全壳内万一发生中/大火灾时的消防手段。

复习思考题

1. 简述水压试验的目的、周期、边界及验收准则。

2. 水压试验期间温度、压力如何控制？
3. 水压试验过程可分哪几个主要阶段？
4. 简述水压试验的主要风险和安全措施。
5. 简述安全壳整体密封性试验的目的及验收准则。
6. 简述安全壳整体密封性试验的试验条件和主要风险。

第十章 大修安全管理

压水堆核电站必须定期地更换部分燃料组件以便维持后续的发电运行，其换料操作只能在反应堆关闭，压力容器顶盖打开后才可实施，在这种工况下，我们也开展一些只能在停堆情况下才能处理的缺陷和预防性的检修工作，该过程即为大修。大修是一个极为复杂的工程，它涉及几乎所有系统的状态改变，涉及大量的部门接口。在大修期间，三道屏障不一定全部完整，燃料可能在堆芯也可能在燃料厂房，甚至正在转运过程中，破损的可能性很大，主回路开启，安全壳也开启，一旦发生放射性泄漏，有一至两道屏障可能不可用。我们还面临着一系列设备的退出运行、维修、在役检查、品质再鉴定、功能再鉴定和恢复运行等工作，在这些过程中，可能会引发各种安全问题，因此应当引起我们对大修安全问题的足够重视。总体来讲，目前运行部门主要从大修前的文件准备和事故预想，在大修中加强对机组状态的控制能力以及发现异常时的积极响应，大修后的经验反馈等几个方面来提升大修安全水平。

10.1 技术规格书的遵守

10.1.1 有计划地偏离技术规格书

为克服系统设计缺陷，完成必需的运行操作和定期试验，大修期间，将有计划地使机组偏离技术规格书所要求的状态，但这些活动必须事先获得国家核安全局的特许。

在进行国家核安全局特许操作的过程中，技术规格书中的运行限值和条件已经被突破，电站的安全水平在有控制的前提下降级。因此在进入特许申请时，采取的针对性的安全措施总则必须为当班值所熟知，并保证得到完整遵守。

大修中涉及的通用特许申请共 6 项：

(1) 贯穿件 EPP261 和 EPP262TW 试验

1) 试验要求的机组状态：RRA 冷却的双相中间停堆(RRA 投入)和单相中间停堆(RRA 投入)。

2) 周期：一个换料周期。

3) 超出运行技术规范限制：上充管线、轴封注入水管线、浓硼箱旁通管线(RIS029VP)中不能保证至少有两条管线可运行。

4) 试验应遵守的条件：

① 一回路将维持并稳定在正常冷停堆工况，并且停堆裕度将不小于 5 000 pcm；

② RCV001PO 处于可用状态，必要时可投入运行提供主泵轴封注入；

③ 保证满足所有其他正常冷停堆工况所必须遵守的条件(PT X SHP 005 满意)；

④ 如果需要恢复一回路的补水功能，试验将立即停止；

⑤ 严格控制进行这两个贯穿件试验的时间，不超过 12 h。

- 试验前需通报国家核安全局

(2) 贯穿件 PTR213TW 试验

1) 试验要求的机组状态:换料冷停堆状态(燃料全在 KX 厂房)。

2) 周期:五个换料周期。

3) 超出运行技术规范限制:试验期间必须隔离 PTR002PO,人为造成 PTR002PO 作为 PTR001PO 备用的功能丧失,使乏燃料水池仅保留 001PO 进行冷却。

4) 试验应遵守的条件:

① 试验期间没有其他第一组不可用;

② 密切监视乏燃料水池的液位温度和 PTR001PO 的运行情况,一旦 PTR001PO 发生设备不可用或乏燃料水池的温度达到 50 ℃时,立即中止试验,重新投运 PTR002PO;

③ 停止燃料厂房的燃料装卸操作;

④ 试验时间严格限制在 8 h 内;

⑤ 确保 SED 对乏燃料水池补水功能可用。

- 试验前需通报国家核安全局

(3) 贯穿件 201TWA/B,202TWA/B,208TWA/B/C,211TW,212TW 试验

1) 试验要求的机组状态:换料冷停堆状态(燃料全在 KX 厂房)。

2) 周期:一个换料周期。

3) 超出运行技术规范限制:由于隔离边界将使 PTR 乏池的冷却无法用本机组可用的 RRI/SEC 冷源提供冷却水,只能利用相邻机组的 RRI/SEC 冷源供应,从而导致乏燃料水池失去后备冷却源。

4) 试验应遵守的条件:

① 安全壳贯穿件试验总时间≤18 h,试验时间包括恢复乏燃料水池冷却所需操作时间;试验应严格按照预定方案执行,不得有任何破坏回路完整性的工作;

② 停止燃料厂旁的任何装卸操作;

③ 密切监视乏燃料水池的水位和温度;

④ 确保 SED 对乏燃料水池补水功能可用;

⑤ 不改变乏燃料水池防稀释行政隔离状态;

⑥ 乏燃料水池失去后备冷却源的过程中没有其他第一组不可用;本机组 PTR01/02PO 可用于循环;

⑦ 相邻机组 SEC/RRI 系统设备上无 IO;两列均完全可用,本机组至少一列 RRI/SEC 维持可用中;

⑧ 燃料厂房正常通风系统运行;DVK 的碘过滤器回路维持在线可用;

⑨ 一旦水位不符合要求,立即停止试验并设法进行补水;

⑩ 一旦丧失相邻机组冷却方式或乏燃料水池温度达到 50 ℃,将立即停止试验,并在 1 小时内恢复对乏燃料水池的冷却功能。

- 试验前需通报国家核安全局

(4) 一回路升压到 158 bar 绝对值的密封性试验

1）试验要求的机组状态：蒸汽发生器冷却的热停堆和正常中间停堆（RRA 退出）。
2）周期：一个换料周期。
3）超出运行技术规范限制：允许一回路升压到 158 bar 进行密封性试验。
4）试验应遵守的条件：
① 当稳压器内和稳压器喷淋水之间的温度大于 177 ℃时，不得启动稳压器喷淋；
② 当稳压器内和热管段之间的温差不得超过 110 ℃；
③ 蒸汽发生器一回路侧和二回路侧的压差不得超过 110 bar；
④ 一回路升压和降压速率不能超过 4 bar/min。

（5）PTXRIS001（安全注入和安全壳隔离阶段 A 综合试验）

1）试验要求的机组状态：反应堆处在换料后的维修冷停堆（准备向一回路充水时）。
2）周期：一个换料周期。
3）超出运行技术规范限制：维修冷停堆下允许两台 RCV 泵电源置于试验位置不可用，另一台上充泵电源断开不可用；两台 RIS 泵电源置于试验位置不可用。
4）试验应遵守的条件：
① 所有反应堆冷却剂泵必须停运（断路器均被拉出）；
② 所有控制棒均已插入并且反应堆停堆断路器均已断开；
③ 过剩下泄已隔离；
④ 净化用的 RRA/RCV 连接管已隔离；
⑤ 受安全壳隔离阶段 A 信号控制的 RPE 泵均已停运，并且相应地坑或疏水箱的来水量在试验期间是可接受的；
⑥ S. I 指示灯均已熄灭；
⑦ KIT 系统必须完好可用，在 KIT 上已将受本试验所影响的系统置为试验方式；
⑧ RRA 已投运，SG 给水系统均已停运；
⑨ ASG 泵、APA 泵和 CEX 泵均已停运；
⑩ 供 LHA 或 LHB 运行用的柴油机应完好可用；
⑪ RIS 系统已实施行政隔离措施；
⑫ 应急停堆屏上的选择开关均在“KSC”（3 RPA/3 RPB 069 CC）。
• 试验前需通报国家核安全局

（6）PTXEIE001（安全壳喷淋和安全壳隔离阶段 B 综合试验）

1）试验要求的机组状态：维修冷停堆或换料冷停堆（RX 无燃料操作期间）。
2）周期：一个换料周期。
3）超出运行技术规范限制：允许硼表不可用，允许一列 RRA 系统部分不可用。
4）试验应遵守的条件：
① 所有控制棒组均已插入而且反应堆保护停堆断路器均已断开；
② 行政性隔离规程 B、C、D 和 G 已实施，特别是 KO，G 类；
③ KIT 系统已投运；
④ EBA 系统已投运以控制安全壳内环境温度。
• 试验前需通报国家核安全局

在大修或功率运行期间由于特殊试验、维修或设备缺陷需要临时偏离技术规范，又不影响机组核安全水平或其影响可以接受，但这种偏离又不包含在通用特许申请中，就需要临时特许申请。

10.1.2 大修中技术规范应用

为了便于学习和理解技术规范，理解大修运行规程，防止在执行规程中违背为保证核安全所必需的系统配置，造成电站核安全降级，下面对大修中的一些关键操作的目的、实现方法及技术规范的相关要求进行了描述。

10.1.2.1 大修前三天，对TEP头箱及除气器进行吹扫

在大修规程中，大修三天前要求对TEP头箱进行N_2吹扫，使H_2含量小于2%，以避免在后面的一回路氧化及吹扫过程中存在发生氢爆的风险。在吹扫过程中必须拉出TEP头箱排水泵电源并提升水位至9 m(70 m^3)，即人为造成水位大于52 m^3+除气器不可用，这是技术规范所不允许的(要求立即后撤)。那么是否需要向国家核安全局提交特许申请?

在技术规范中也谈到，为了在可能的最短时间内使反应堆过渡到冷停堆状态，每一机组的前置贮罐再贮存容积必须能收集中间停堆期间排放的反应堆冷却剂。这个再贮存容积考虑为每个机组20 m^3并加上在热停堆之后和氙高峰启动时最不利情况下的3 m^3的安全裕度，共23 m^3。也就是说只要另一前置贮罐箱有足够的空间(46 m^3)，则应付事故工况应是足够的。

TEP每一个头箱(001/008BA)的容积为75 m^3，都可容纳来自两台机组的废液。因此，在对头箱进行N_2吹扫，拉开TEP头箱排水泵电源并提升水位至9 m(即人为造成水位大于52 m^3+除气器不可用)之前，必须按要求将另一机组的头箱在线为两个机组共用。考虑到每个机组的安全裕量为20 m^3，加上一台机组氙高峰启动时3 m^3的安全裕度，在这种情况下，作为两个机组共用的头箱若液位达到32 m^3同时除气器不可用(即比技术规范要求的52 m^3更严格)时，则应按要求进入IO。如果另一列TEP除气器是可用的，则不需要进入IO。

为此，大修规程要求在TEP头箱吹扫前应确认另一台机组的TEP头箱水装量应小于20 m^3，这样便有足够的容量来满足两台机组的要求，吹扫过程不会违反技术规范的要求。

10.1.2.2 停堆前后一回路的H_2浓度控制

大修逐步临近时，D规程要求通过不定时吹扫容控箱和连续吹扫稳压器汽相来逐渐降低一回路的H_2含量，以便于缩短后面的一回路氧化时间及防止氧化过程的氢气爆炸风险。在此期间化学科对一回路H_2含量进行取样跟踪，主控则利用在线氢表进行跟踪以保证O_2含量在化学技术规定范围内。

根据化学和放射化学技术规范对参数控制指标的规定，在停堆前24 h应争取将一回路的氢含量降至15 ml(stp)/kg；在停堆前12 h争取将一回路的氢含量降至5～15 ml(stp)/kg；在停堆前1 h争取将一回路的氢含量降至5 ml(stp)/kg；停堆后，一回路的氢含量应低于5 ml(stp)/kg。并在氧化前，使氢含量达到尽可能低的水平[必须小于3 ml(stp)/kg]，以减少爆炸风险。

在一回路平均温度高于120 ℃时，如果溶解氢的浓度低于25 ml(stp)/kg，须每天进行氧浓度的测量，保证氧含量低于100 ppb。

根据上述化学规范所得出的推荐运行范围见图10-1-1。

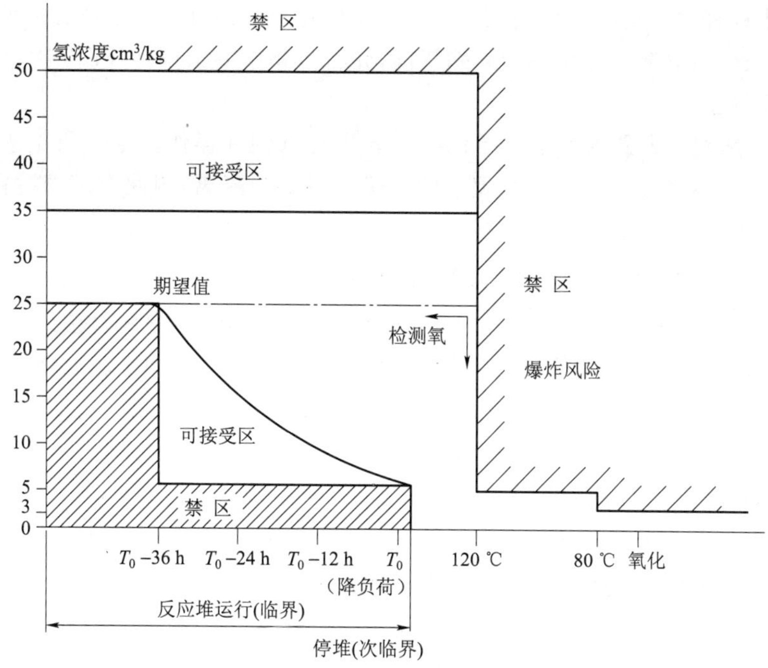

图 10-1-1　停堆前后一回路氢含量控制曲线

10.1.2.3　一回路的净化

目的：为了在大修中给主泵的停运和一回路的开口(包括稳压器人孔和反应堆大盖的开启)创造条件，并最终减少大修过程中人员所接受的总体剂量水平，在大修前期应当采取以下净化手段：

- 稳压器汽相的吹扫；
- 在热停堆工况，当一回路硼化到冷停堆无氙工况下的硼浓度后启动 TEP 除气器对一回路进行除气，直到稳压器灭汽腔前停止；
- 投运 RCV 的混床对一回路进行最大流量的水质净化。

技术规格书指出，一旦一回路完整性破坏(如打开稳压器排气孔)，或者一回路不再能充分增压以使至少一台蒸汽发生器排出余热时，机组处在维修冷停堆状态，而过渡到维修冷停堆最早要在反应堆停堆两天后才能实现，打开稳压器人孔是一回路所有其他操作的第一步(除打开稳压器排气孔外)。该节的补充规定指出，为了一回路的排水和气吹扫工作，允许在打开稳压器人孔之前打开相关管线。

根据上述规定允许在反应堆停堆前三天，通过打开稳压器顶部汽相的 REN 取样管线阀门来进行吹扫，相当于在功率运行时人为制造一个一回路破口。该破口的流量应该得到很好的控制，以避免 PT RCP 010 规程计算的一回路泄漏率超过 230 L/h。目前有两种不同目的的稳压器汽相吹扫，一种是在 RCP 系统内 ^{133}Xe 及 ^{131}I 的取样分析结果超标时，从反应堆停堆前三天开始到稳压器汽相淹没期间进行持续吹扫。另一种是为了防止停堆后稳压器灭汽腔过程中一回路氢含量重新增加，在 ADO B01 实施后才能进行吹扫，否则无法达到降低稳压器汽相内氢含量的目的。

投运 TEP 除气器时，由于头箱中存有在氮吹扫过程中充入的 REA 水，在除气初期会对一回路造成稀释，所以投运除气器之前，一回路硼化到冷停堆工况下的硼浓度以上是必需的。或者在投运 TEP 除气器给一回路除气前，先将头箱中的水排到 TEP 中间储槽后，再对一回路进行除气。

RCV 除盐床对一回路进行水质净化时需要进行硼饱和操作。当一回路达到维修冷停堆后，所有可能引入低于 2 100 ppm 硼水的连接管线必须隔离，因此在维修冷停堆下，尤其是一回路水位低于压力容器法兰面时，禁止投运备用的 RCV 除盐床。

10.1.2.4 在热停堆工况下进行 RPN 源量程通道试验

在热停工况下仪控需要进行 RPN 014/024 MA 的甄别阈和坪区特性曲线试验，以验证这两个通道的可用性。根据技术规范的规定，在热停堆工况下，要求两个源量程通道必须可用。若有一个源量程不可用，最大的风险是无法及时发现误稀释，必须立即实施 D 类行政隔离。

此试验过程中将造成一个源量程不可用，所以在试验前必须实施 D 类行政隔离，试验结束后才可以解除。此外为了防止试验期间出现其他 IO，应逐一对 RPN 014/024 MA 进行试验，试验期间停止其他在核安全相关系统上的运行或维修试验。

10.1.2.5 正常冷停堆下的 LHSI / HHSI 贯穿件试验

在正常冷停堆工况下需要对高、低压安注管线的安全壳贯穿件进行每年一次的密封性试验。试验期间由运行人员实施相应隔离，性能试验科进行打压试验。只有当一个隔离解除并在线完毕后，才能实施另外一个隔离。试验中的风险与相关要求见表 10-1-1。

表 10-1-1　HHSI/LHSI 贯穿件试验需要满足的要求

序号	试验贯穿件	风险或后果	技术规范要求 （见技术规范第 144 页 16.4 节，表 16.4－2 附注 3）
1	EPP 101/207 TW	RIS 002 PO 不可用	必须保证 A 列（RIS001PO＋增压管线＋直接注入管线＋再循环管线）可用
2	EPP 102/104 TW	RIS 001 PO 不可用	必须保证 B 列（RIS002PO＋增压管线＋直接注入管线＋再循环管线）可用
3	EPP 263/266 TW	• 主泵轴封注入管线不可用； • RCV001PO 不可用	• 必须保证上充管线和 RIS029VP 可用； • REA003PO 必须可用且用于该机组的硼酸箱液位大于 4.9 m； • RIS002PO、EAS002PO、SAP002CO、RCV002 或 003PO 应可用
4	EPP 261/262 TW	• 主泵轴封注入管线不可用（RCV 060 VP 关闭）； • RIS 029 VP 不可用； • RCV 001/002 PO 不可用（RCV 001 PO 电未拉出）	• 向国家核安全局申请特许申请，并必须保证上充管线可用； • 保持 RCV003PO 运行中； • REA003PO 必须可用且用于该机组的硼酸箱液位大于 4.9 m； • RIS002PO、EAS002PO、SAP002CO、RCV003PO 应可用

综上所述，在机组到达正常冷停堆后，只有 LHSI 贯穿件试验完成后才可以开展 A 列设备的检修，在主泵停运后才可以进行 HHSI 贯穿件试验。所有这些贯穿件试验完成后，在 A 列设备没有隔离的情况下才能安排 B 列设备的检修（RCV002PO 除外，可以在进入正

常冷停堆后即实施隔离)。

10.1.2.6　将所有控制棒插至 5 步

一回路卸压前,按大修规程要求将所有控制棒插至 5 步以满足维修冷停堆的棒位要求。

技术规范中提到,在反应堆处冷停堆时,当一回路压力低于 0.45 MPa 时,控制棒组应插入,且一回路硼浓度必须大于 2 100 ppm。而该节中又规定在正常冷停堆时,至少 S 棒和 D 棒应该提出。综合这两点,说明所有控制棒不应该太早被插入堆芯。

根据技术规范的要求,在棒组完全插入到堆芯无法提起时,必须在 45 min 内完成 D 类行政隔离。考虑到操作的灵活性,我们认为在一回路准备卸压前插入控制棒组较为合适。但在插入控制棒组前,务必注意 D 类行政隔离已实施,并且一回路硼浓度已大于 2 100 ppm。这样既保证了安全,又减少了不必要的 IO。

10.1.2.7　JPI 和 SAT 贯穿件的打开

在机组到达维修冷停堆后,需要打开 JPI 和 SAT 贯穿件,以对核岛供消防水和工作用气(特别是为了打开稳压器人孔)。

技术规范中规定,当反应堆已经加压或反应堆已经临界时,所有安全壳手动隔离阀必须关闭,所有需装设盲板法兰部位都装上盲板法兰。因此在正常冷停堆时,不应进行这两个贯穿件的软管连接操作,应继续保持 J 类行政隔离完整实施。

当反应堆处于换料或维修冷停堆时,必须确保输送直接与安全壳内空气或反应堆冷却剂系统直接相通的流体的贯穿件中,两个隔离阀必须是可操作的或其中一个必须是关闭的。但是技术规范还提到,在维修冷停堆状态下,打开消防系统 JPI 和 SAT 工作用气的安全壳贯穿件是可以接受的。因此,在进入维修冷停堆后允许临时解除 J 类行政隔离的相关阀门,由现场人员开阀供水供气,并在核岛内检查是否泄漏。

最后需要强调的是在未进入维修冷停堆之前,禁止打开这两个贯穿件。

10.1.2.8　EPP 8 m 气闸门双开

在维修冷停堆和换料冷停堆下,在确认条件具备后,运行人员解除 8 m 气闸门的行政隔离(A 类- EPP),解除其联锁,由气闸门管理人员将 8 m 气闸门双开以便于人员进出。

技术规范对 8 m 气闸门双开要求的条件是:

(1) 能够启动小型扫气系统的排气功能。即 ETY 系统的设置为两列 ETY 排风回路在线至 ETY 001 PI,至少一列风机可用,并可由厂内电源供电,即(见 ADO B10 与文件包D26 - 14):

• 关闭 ETY 020/021/032/033 VA;

• 开启 ETY 017/018 VA;

• 开启 ETY 007/008/009/010 VA;

• ETY 001/002 ZV 送电,置于备用状态;

• ETY 001 PI 的加热器可用,加热器送电;

• 闭锁 KRT 009/017 MA 二级高阀值自动关闭 ETY 007/008/009/010 VA 的保护(即 TCA KRT 01 已实施)。

(2) 反应堆厂房内轻微负压。

(3) 8 m 气闸门内门可随时关闭。

(4) 8 m 气闸门中间挂着塑料门帘。

(5) 0 m处气闸门两道门之一是关闭的。

10.1.2.9 大修期间主泵轴封注入控制

大修期间为了确保一个合适的主泵轴封注入流量，保护主泵轴封不受损坏，同时也能合理地开展各项工作，应遵守下列规定：

- 主泵靠背轮解开，被放在“落座”位置上后，应禁止主泵轴封注入以防止轴封注入水外溢。此时应当保证向反应堆补水上充管线与浓硼旁通管线(RIS029VP)可用。
- 在向一回路充水期间，当反应堆冷却剂系统水位达到主泵叶轮中平面时，为避免微粒沉积在轴封入口，必须保证轴封注入水。
- 在非充水期间，当轴封周围压力超过1 bar时，必须保证轴封注入；当为换料而移开反应堆大盖以后，可以不要求轴封水注入。

主泵轴封水注入要求如图10-1-2所示，102大修中在开启压力容器顶盖时由于继续保持轴封注入，一回路水位上升，导致大盖螺栓松开后一回路冷却剂经法兰面溢出，造成人员沾污。这一事件的发生提醒我们必须要对每一个操作的后果进行分析，才能有效防止运行事件的发生。另外关于轴封注入的一点说明是无轴封注入要求仅仅是允许没有轴封注入流量，而轴封注入管线的可用性必须保证，以满足技术规范表中关于一回路补水方式的要求。

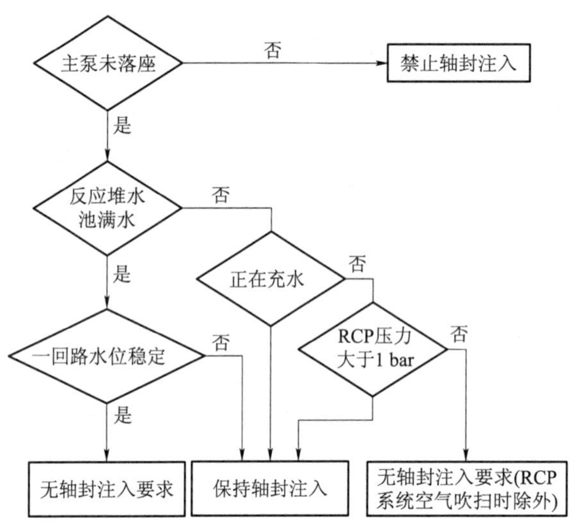

图10-1-2 RCP主泵轴封水注入要求

10.1.2.10 PTR 601/602 VB大小头法兰的安装

在维修冷停堆期间，在换料小车的干态试验之前，安装PTR 601/602 VB的大小头连接法兰，对堆水池及内部构件池进行充水，以便换料小车的干态和湿态试验。但是在这种工况下技术规范要求LHSI泵(A列)+增压+从PTR直接注入冷段+再循环必须可用；EAS A列+直接喷淋+再循环+H4管线必须可用。显然安装了这两个法兰后将导致LHSI和EAS地坑再循环不可用。

考虑到大修工作顺利进展的要求，技术规范的补充规定要求：当需要LHSI和EAS泵再循环运行时，反应堆堆腔的2个PTR盲板法兰必须拆除，但在下列条件下，可保持原位：

- 在反应堆堆腔壁面去污期间，这些操作在装上临时压力容器“假顶盖”时进行，应限制其在确实需要的时间内完成；

- 在对堆腔水闸板、燃料输送管或水下装卸料机进行功能鉴定期间；
- 当上部堆内构件贮存在反应堆堆腔时。

因此在维修冷停堆下安装 PTR 601/602 VB 的大小头连接法兰并不违反技术规范。

10.1.2.11　打开 PTR 728 VB 和 EPP 404 TW

在维修冷停堆期间，在进行换料小车的干式和湿式试验之前，需要打开 EPP 404 TW 和 PTR 728 VB，以便进行装卸料机的干式和湿式试验。

技术规范 16.4.9.2 节中规定，当反应堆已经加压或反应堆已经临界时，所有安全壳手动隔离阀必须关闭，所有需装设盲板法兰的部位都装上盲板法兰。按照这一规定，该工作将无法进行。因此技术规范指出，在反应堆水池排空的条件下，燃料传输管(PTR 728 VB 和 EPP 404 TW)打开的限制条件是：

- 燃料厂房内无燃料操作；
- 反应堆水池与堆内构件池之间的闸门就位并充气；
- PTR 001 BA 至少能向乏燃料水池提供 500 m^3 的补水；
- PTR 601/602 VB 的大小头连接法兰已经安装就位，RPN 井盖已经封闭。

上述条件如图 10-1-3 所示。为了保证技术规范中相应的规定得到遵守，机组在换料结束后，将实施 K 类行政隔离，采取与上述限制条件完全相反的隔离措施。在维修换料前的维修冷停堆下解除该隔离，保证换料工序的顺利进行。此外作为补充规定，在卸料结束后装料之前要求实施运行隔离 ADO B12，以关闭 PTR 728 VB。

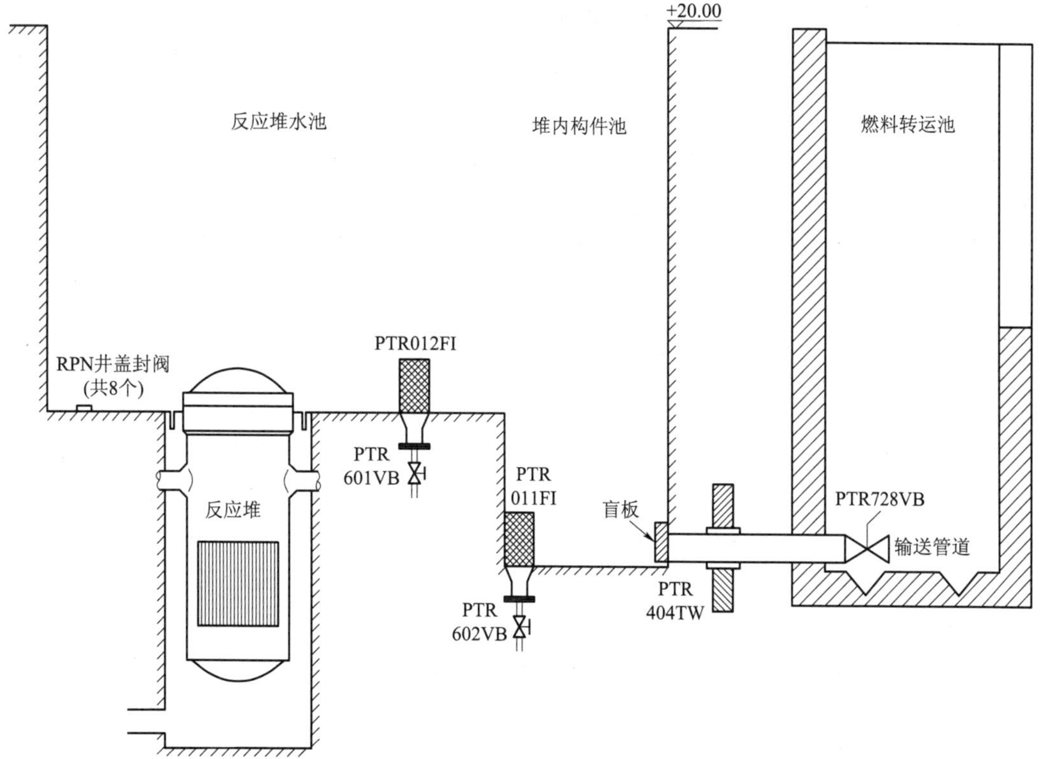

图 10-1-3　打开 PTR 728 VB 及 EPP 404 TW 的条件

10.2 大修中预防事故或降低事故后果的手段

大修期间机组状态变化多，工作项目多，协调接口多，而运行人员对所接触的操作熟练程度相对较差，因而大修是各种运行事件的高发期。同时由于工作负荷大，操作内容多，高风险的核安全事件和设备损坏事件发生的可能性剧增。根据国内其他电厂对大修人因事件的研究表明，大修期间发生人因失误的概率高出平时30%。因此在这一阶段运行人员应当小心地对待所从事的每一项操作，做好充分的风险分析，对可能出现的风险制定出可靠、合理的预防措施。

10.2.1 增加运行工作文件的正确性与实用性

正确实用的运行文件是有效开展大修运行工作的前提。为了增强运行文件的实用性，要求运行文件的编写、校核人具有相当的技能水平和主动工作的心态。文件使用人在使用过程中要对文件中错误或不恰当的内容进行有效反馈，正确的信息反馈应包括两种形式：一是通过文件修改单或口头通知的形式反馈给文件编写人；二是使用文件过程中记录要完整，从而可以保证相关人员在后续的升版过程中可以获得正确的信息。

加强对大修文件包的审查，看文件包的准备内容是否完整，建议的检修窗口是否合适，提出的检修隔离要求是否能够满足，有没有违反技术规范的要求等。对于不合格的文件包退回并给出合理的理由。

10.2.2 加强执行运行计划的严肃性

大修要以计划为龙头，维修计划的严肃性。运行计划的制订是几经平衡的结果，具有较强的可操作性，在大修期间进度节点的变动，都将导致与之相适应的相关模块的窗口变动，这种变动如果有遗漏势必造成违反技术规范、延误工期等一系列事件的发生。此外运行大修组要随之参与新计划的制订，进行运行计划的调整等，从而影响他们在安全和工作质量上的注意力。也就是说如果运行值无故拖延大修计划，就会给计划人员带来额外的风险，随之有一些无法消除的隐性内容再被转嫁到身处一线的运行值头上。因此必须强调运行计划执行的严肃性，要求运行值在执行计划时首先要统览，有问题及时反馈，在无运工批准的情况下，禁止无故跳项或无故不执行计划。当前大修工作已经基本上达到标准化、程序化，我们深信只要每一个环节都不抢、不推，都能够保质保量完成，运行事件的发生概率将大大降低。

当一项工作没有完成需要在交接班后继续进行的，不可避免地存在信息丢失现象，即使是双方的沟通非常正常。此外的一个现象是在接班值接到3～4项未完成的工作时，对于需要紧急处理的往往做得匆匆忙忙，没有完成的则是反复消化，无形中会对安全与进度造成影响。因此在大修中应当极力避免跨班作业：运行大修组制订计划时应当充分考虑工作量，减少跨班工作量，实在需要跨班进行的则尽量安排小分队进行；运行值在接班后应当尽快分解工作任务，合理分配人力，保证工作量大的工作优先进行，在交班前至少要将手头的工作完成一个阶段后再交班。在500 kV的涉网工作中，运行值一直秉承了这种传统，多次操作的安全完成就是加强工作独立性优点的一个明证。

10.2.3 推行关键点检查方法

运行值属于流动作业，一个班没有结束的工作，下一个班将接着进行。对于一个系统的启动，可能一两个班进行在线，另一个班进水或启动能动设备。在这种情况下，不相信前一个班的操作结果，全盘否定后进行二次检查，势必造成工作量增大，工作无法继续开展。但是如果全盘接受上值的工作成果，从防止运行事件发生的角度讲往往使人难以接受。在调试与商运初期，这两种情况都曾经出现过。避免这两种极端的有效方法是引入关键点检查法。这种方法的基本出发点是防止运行事件的出现，或在运行事件发生后将其后果限制到最低水平。具体讲就是在工作前审查已执行的工作文件，消除其中的遗留项，然后针对下一步运行操作内容找出其中的关键点并进行检查。比如说由于误操作导致泵的损坏无非以下三点：泵过流、泵入口无水或出口阀关闭。在我们启动泵前检查泵的保护投入，进出口阀开启，小流量阀开启，入口压力正常，指示仪表正常，再加上启泵时现场留人，则泵的损坏概率将大大降低。再比如在 500 kV 线路复役前检查辅助系统无报警，线路保护已经投入等，就可以保证线路运行后不会产生严重后果。

关键点检查法是 STAR 原则在具体实施运行活动时的一个体现，是在大修期间保证安全与进度，减少运行人员不必要工作量的有效手段，我们在工作中应当逐渐培养这种工作习惯。

10.2.4 充分认知大修中的高风险操作

大修期间有一些高风险的活动要给予足够的重视，要进行仔细的审查，对可能出现的风险要有处理预案。如水传输、电源切换等。水传输直接风险就是跑水，放射性水大量外漏会带来严重后果。因此执行传水之前要稳妥准备，在准备期间应针对不同的阶段制订水传输计划；同时，实施传水时要进行检查和验证；电源切换是大修过程中的另一项高风险活动，会造成大量设备属于不可用，机能状态难以控制，并且涉及部门众多，沟通不充分可能会带来比较严重的后果（如设备损坏、消防误动、吊车停运等）。因此在实施电源切换或配电盘停电前，周密的文件准备、充分的风险分析及采取的措施（临时再供电）就显得非常重要。

大修过程中众多的设备及回路因检查或检修而要打开，这本身就是一项高风险的工作，设备打开后，可能会有异物残留在设备内，大修后启动该设备时就可能造成设备损坏。如 GGR 系统、主回路有异物会对重要设备造成损坏，带来严重的后果，因此，必须要有细致有效的防异物措施，并确认能得到严格的执行。

实践证明事件发生后应对不及时的一个主要原因为事先没有应对意外情况的准备。为此运行人员应当具备在大修中识别高风险操作的能力。在操作前熟悉操作所带来的风险和大概的应急措施，可以在紧急情况下起到稳定人心的作用，可以有效地减轻事故后果和损失。因此，重大风险事件的风险应急措施必须为值内所有成员所熟悉并得到演练。表 10-2-1中罗列了大修中部分重大风险操作以提醒运行人员注意。

表10-2-1 大修中的部分重大风险操作

序号	操作	风险
1	SEC放闸板	— 误放入运行系列或机组的闸板 — 潜水员人身风险
2	CRF放闸板	— 误放入运行系列或机组的闸板 — 潜水员人身风险
3	5413/5414线恢复	— 保护未投入 — 操作过程中漏项
4	主变冲击	— 带地刀合闸 — 冲击时保护未投入 — 冲击时绝缘差 — 主变完整性未完全恢复
5	卸料后一回路排水	— 在线不完整导致跑水 — 排水至水平面以下 — 就地液位计指示不正确
6	机组解列	— 蒸汽发生器水位异常 — 轴封压力异常 — 盘车无法投入
7	RIS 021 BA水注入一回路	— 一回路超压或压力变化速度超限 — 下泄隔离
8	CRF泵启动	— 系统完整性未完全恢复导致厂房淹没 — 出口阀门未关或闸板未提起 — 油压蝶阀无法开启
9	柴油机并网试验	— 并网装置故障 — 升功率速度过快,柴油机未充分暖机导致机械部件损坏 — 升至满功率时调节超限导致过流
10	5号柴油机试验	— 系统状态尤其是电气在线不正确 — 试验前状态未检查导致试验失败或设备损坏 — 试验后系统状态未及时恢复导致LHP/Q不可用
11	ASG汽动泵超速试验	— 超速没有动作 — 泵入口阀开启过快造成汽蚀
12	发电机气体置换	— 置换边界不完整 — 发电机充/卸压过快,发电机进油
13	装卸料时进入安全壳	— 在燃料传输管附近接受短时大剂量照射
14	6 kV母线停复役	— 带电合地刀 — 带地刀合闸 — 再供电措施不完整 — 直流母线检查不充分,蓄电池放电
15	一回路排气	— 主泵轴封损坏 — 系统跑水或容器淹没

10.2.5 不断完善事故预想体系

在第二章已经提及，进行事故预想以及在异常或事件发生初期进行适当干预是降低事故后果的一个有效手段。进行充分的事故预想可以在事故发生后按照既定的处理预案进行处理，从而使事故的处理由于思路清晰、使用手段合理有效而显得从容不迫，达到对事故的快速干预和降低事故后果的目的。下面是目前的几个事故处理预案。

10.2.5.1 排水至低水位时的处理策略

在某电厂的首次大修中曾发生装料后排水过低的事件，针对这一事件，运行大修组对相应的排水规程进行了修改，从一定程度上能够预防这类事件的重复发生。但是由于卸料前和装料后以及装、卸反应堆压力容器顶盖，一回排水至较低水平仍有较大的可能性，且后果非常严重，有必要对其处理策略进行描述，见图 10-2-1。

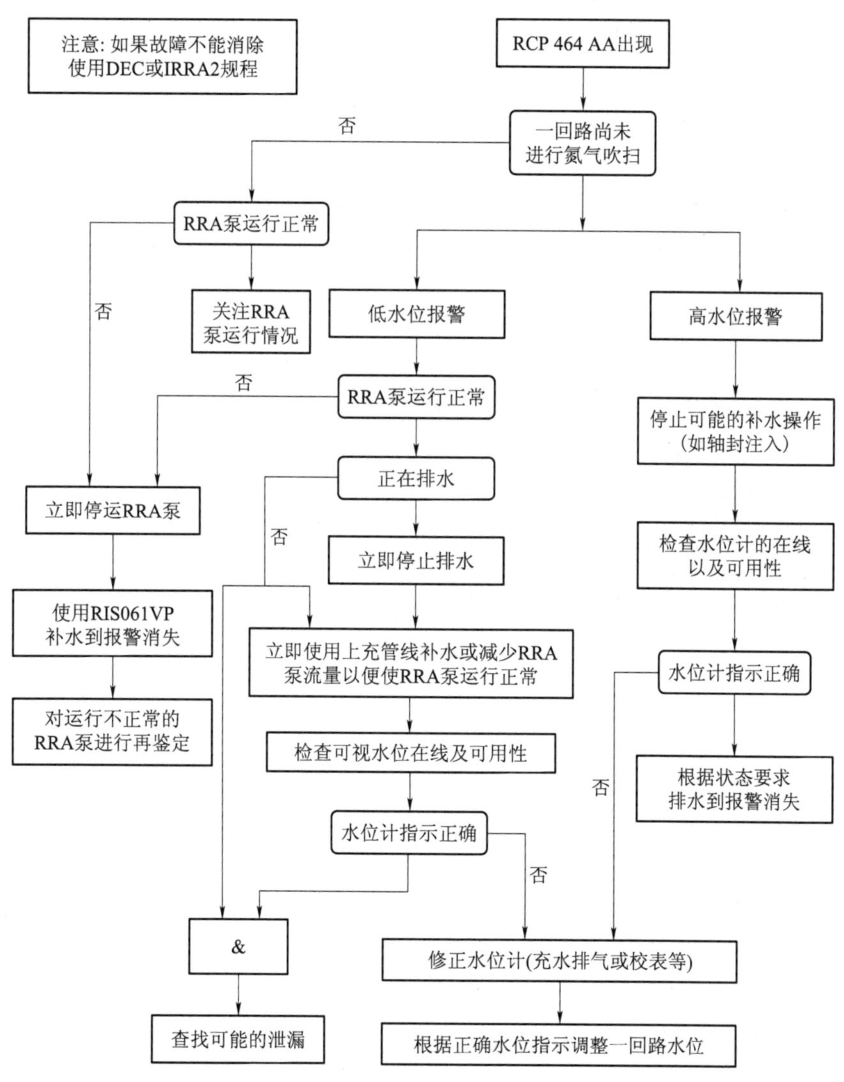

图 10-2-1 在排水至 LOI 水位过程中一回路水位异常时的处理策略

10.2.5.2 装卸料期间装卸料机故障时的处理策略

多个核电厂已经不只一次地发生在卸料期间装卸料机故障的运行事件，事件发生后由于无法在水下进行修复，每次处理过程都需要进行排水，整个过程不仅增加了运行操作量，延误了大修进度，而且由于涉及水传输与水装量问题，会带来废水增加、跑水以及水装量不足等一系列问题，因此要引起我们足够的重视。目前针对这个问题的处理策略见图10-2-2。

10.2.5.3 汽轮机启动中的异常处理

在大修结束后，可能会由于系统内在线不完整、回路中有杂质、系统存在泄漏以及自动控制性能失效等各种原因，导致汽轮机启动中发生异常，因此在首次启机过程中应当注意。当发生下列情况之一时，应紧急停机并破坏真空：

(1) 汽轮机转速上升到3 330 r/min，超速保护装置在整定转速值不动作。

(2) 汽轮机突然发生强烈振动，保护不动作。

(3) 汽轮机内部发生明显的金属摩擦声。

(4) 汽轮机发生水冲击。

(5) 轴封摩擦冒火花。

(6) 汽轮发电机组任何一轴承瓦块金属温度大于112 ℃，或轴承回油温度大于82 ℃。

(7) 轴承润滑油压降低到0.06 MPa，保护联锁未动作。

(8) 轴向位移超限，保护未动作。

(9) 任何一块推力瓦块温度大于107 ℃。

(10) 汽轮机油系统着火，并且不能迅速扑灭，危及机组安全运行时。

(11) 发电机冒烟着火或氢气爆炸。

在汽轮机启动过程中，当发生下列异常之一时，应紧急停机(不破坏真空)：

(1) 主蒸汽压力或温度参数异常，超过制造厂的规定要求时。

(2) 凝汽器真空下降，达到极限值，并且不能迅速恢复。

(3) 油系统严重漏油，无法维持运行时。

(4) 汽轮机高、中、低压汽缸相对膨胀超过限值时。

(5) 发电机冷却水中断，断水时间超过制造厂的规定。

(6) 发电机漏水或氢系统故障。

(7) 调节控制系统故障，无法维持运行。

(8) 主蒸汽管道、再热汽管道、给水管道破裂，无法维持机组运行时。

(9) 堆跳机或电跳机联锁保护拒动。

10.2.6 减少人因失误

根据统计，大修中人因运行事件比例比非大修时期的人因比例高出30个百分点，因此大修中人因运行事件的预防是防范运行事件发生的重中之重。此外根据以往的大修经验，在接连进行的两次大修中，后一次大修的人因运行事件数一般会少于前一次，这主要是因为与前一次大修相比较，参加人员无论是从精神状态还是熟练程度上都有所增强。这一规律性的现象也说明减少大修中的人因运行事件是有规律可循的。

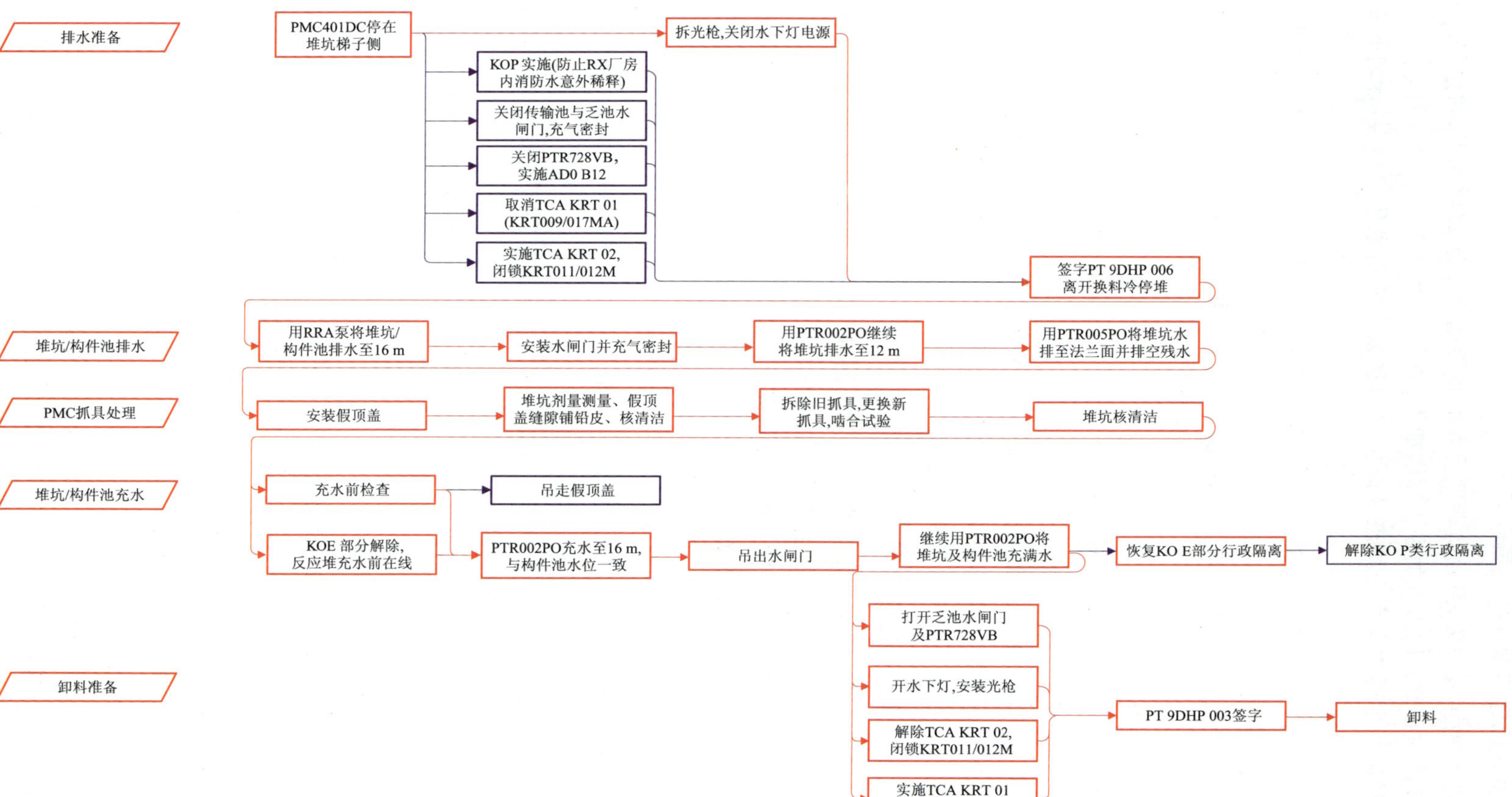

图10-2-2 装卸料期间装卸料机故障时的处理策略

10.2.6.1 诱发人因运行事件的主要原因

分析人因事件的主要原因，是预防事件重发的重要前提。通过对人因运行事件进行分析，发现运行事件中导致人因事件的主要原因如下：

(1) 沟通缺陷。主要表现为交接班及岗位间信息丢失或信息传递错误，计划的变化未能通知到执行人员等。

(2) 质疑的态度不够。主要表现为对现场操作或规程与文件中的异常视而不见，不能及时发现存在的问题。

(3) 不严格遵守规程。主要表现为有意或无意地不严格按照规程文件的要求去做。

(4) 未进行STAR自检。主要表现为走错间隔。

(5) 工作文件准备有误。

(6) 风险分析不充分。主要表现为与机组状态有关的潜在风险不能被认识到，从而使三道屏障完整性遭到破坏。

(7) 知识/技能不足。主要表现为所具备的知识或技能不足以完全解决面临的问题。

(8) 引发人因运行事件的其他较为典型的原因还包括：中止票的管理、核安全工作与其他工作的相关性没有在三天计划中得到体现等。

10.2.6.2 人因运行事件的重要诱因

失误诱因的存在，增加了事件发生的风险，对诱因进行控制，可以有效减少事件的发生。分析表明，导致人因运行事件发生的主要诱因主要有如下几个方面：

(1) 计划调整。大修中根据实际进度对计划进行调整是不可避免的。如果对调整所做的风险分析不充分，其他受影响的部分不能得到全面评价，或者这一调整没有及时通知到相关人员，则容易发生事件。

(2) 存在干扰因素。由于大修期间存在众多的报警信号和操作活动，如果主控操纵员未能及时注意到主控室出现的异常报警信号，没能及时阻止状态的恶化，就会引起运行事件。

(3) 规程/文件缺陷。规程文件中存在的错误或内容疏漏容易诱发事件。质疑的工作态度和良好的沟通习惯是防止此类事件的最有效的方法。

(4) 传统的做法改变。改变约定的或通常的工作方法，由于此种改变未经充分的风险分析，可能导致严重后果。

10.2.6.3 防止人因运行事件的手段

(1) 增加工作的主动性。大修期间工作很忙，但在组织实施各项工作时，采取积极主动的心态将比消极完成计划任务得到事半功倍的效果：操纵员在工作闲暇时熟悉下一步的工作内容和运行文件；现场人员在接到工作文件后先分析工作量与风险点；工作完成后核实工作质量；闲暇时主动巡检都将有效地防止运行事件的发生。

(2) 正视放射性伤害问题。很多电厂所发生的许多运行事件都与运行人员害怕吃剂量有关，部分工作人员害怕进入高放区；在高放区内操作时紧张，操作完毕后不检查或验证就离开现场，这往往为后续操作埋下隐患。因此我们必须正视这个问题，并应当树立这样一个理念，即操作中由于操作精细到位而多吃一点剂量，实际上可以少吃许多不必要的剂量。

(3) 正视进度与安全的关系。大修工作已经基本上达到标准化、程序化，只要每一个环节都不抢、不推，都能够保质足量完成的话，运行事件的发生概率将大大降低，大修进度也可以得到保证。

(4) 增加工作的独立性。在大修中应当极力避免跨班作业，运行值在接班后应当尽快分解工作任务，合理分配人力，保证工作量大的工作优先进行，在交班前至少要将手头的工作完成一个阶段后再交班。

(5) 养成相互交流的工作习惯。相互交流的工作习惯不仅仅是口头通知或电子邮件，还包括良好的日志记录、完整的规程执行记录以及良好的各种相关文件(如化学取样单)等。相互交流的工作习惯不仅仅是工作前的风险分析和工作后的汇报，而且包括工作过程中的异常点分析、工作文件的缺陷记录以及异常问题的处理记录等。这种工作习惯要在工作中不断地自觉培养，同时辅之以运行处内的一些引导性的奖惩措施，相信会对运行工作带来好的反馈结果。

10.3 大修 PX 票管理

在大修整个过程中，由于核安全要求和系统限制使某些检修操作无法在完全隔离状态下进行，根据工业安全准则这类检修操作属于特殊作业。

10.3.1 大修 PX 票的管理流程

在大修准备期间，由运行处及维修处和计划处大修准备人员根据大修项目，确定出大修特殊作业项目，共同分析每项特殊作业存在的潜在风险及其响应措施，分别写出特殊作业许可证申请，注明特殊作业工作描述、原因、潜在的风险，要采取的安全措施，必要设置的安全运行状态，要进行的运行隔离和运行监视及有关的特殊作业维修规程等，在大修开始前由工作负责人(单位)将填好的特殊作业许可证申请分别送与运行处处长、维修处处长、安防处处长和生产厂长签字批准。

在大修期间 PX 票的管理不能集中取票，其管理流程与正常运行期间相同。

10.3.2 大修特殊作业类型

大修期间的特殊作业通常有以下 4 类：

(1) 反应堆由正常冷停堆向维修冷停堆及换料冷停堆过渡过程中，需要进行打开主回路及换料前的准备等工作，如打开稳压器人孔、反应堆大盖及换料机构试验等。这一类工作的风险主要来自主回路水，由于这时燃料仍在堆芯内，主回路的堆芯冷却不能停止，专设安全系统仍然要求可用，专设安全系统的误启动及人为的误操作都可能造成主回路水溢出造成人员的内、外污染。

(2) 在与主回路(或堆本体上)相关设备上的检修，如拆和回装主泵靠背轮、主泵第一道密封及抽出堆芯套管等。这一类工作的主要风险主要是由于反应堆本体、堆内构件池仍处于满水状态，无设备可以防止水从主回路系统流出。

(3) 在封闭的容器内部进行工作，如冷凝器、除氧器内部的检修等。这一类工作的风险主要是来自密闭容器的窒息风险。

(4) 在某些特殊设备上的检修，如装设海水入口闸板等。这一类工作的风险主要来自检修工作本身要求：如在汽轮机和发电机上工作时仍需要手动盘车，因此必须保持相应系统运行，必须申请 PX 票等。

根据上述原则，我们将大修期间的特殊作业分为 15 条，见表 10-3-1。

表 10-3-1 大修 PX 票清单

PX 编号	作业内容及风险	PX 编号	作业内容及风险
PX001	燃料在堆芯内，打开和关闭稳压器人孔	PX009	抽出堆芯指套管
PX002	拆除和回装反应堆热电偶密封装置	PX010	9SEC001BU 或 SEC001BU 的插入和吊出
PX003	打开和关闭反应堆大盖	PX011	SEC002BU 或 SEC002BU 的插入和吊出
PX004	燃料在堆芯内，在蒸汽发生器一次侧打开/关闭人孔和加装/拆卸挡板	PX012	CRF001/003BU 的插入和吊出
PX005	在 RX 换料水池底工作或主回路上的相关工作	PX013	CRF002/004BU 的插入和吊出
PX006	燃料传输管道找中心，打开传输管道堵板或 PMC 试验	PX014	进入凝结器内部的工作为"特殊作业"
PX007	拆除和回装主泵靠背轮	PX015	考虑进入除氧器的工作的工业安全风险，所以进入除氧器内部的工作为"特殊作业"
PX008	拆除和回装主泵第一道密封		

复习思考题

1. 什么是特许申请，大修通用特许申请有哪些？
2. 停堆前后一回路的氢浓度如何控制？
3. R 厂房 8 m 气闸门双开的条件有哪些？
4. 大修中如何尽量减少人因失误？
5. 大修的 PX 票是如何管理的，大修通常的特殊作业有哪些？
6. 大修结束后，汽轮机启动过程中出现哪些异常需要紧急停机并破坏真空？
7. 装卸时装卸料机出现故障，运行人员要做哪些工作？
8. 大修期间，一回路在排水至 LOI 水位过程中，水位异常时如何处理？

第十一章　大修期间“三废”管理导则

大修是三废产生量最集中的阶段。因此大修必须要做到以下两点：尽量减少废物的产生，以减轻三废运行的压力；正确地疏排在线及适时地处理，防止放射性废物管理失控。针对以上要素，大修期间应关注以下几个方面。

11.1　大修前的准备

大修期间的三废管理不仅仅局限于在实施大修的工期内进行“三废”管理，它的具体工作需至少应在大修前 10 d 开始，甚至是年度内整体考虑。譬如合理安排主动排氚，避免大修期间氚排放量超标等，以下几个方面需关注：

(1) 大修是液态氚和除氚外核素排放最集中的阶段，在大修实施的前一个季度，应合理安排 TEP 系统氚的排放，避免大修期间氚排放量超标；

(2) 大修实施的前 70 d 左右需考虑 TEG 衰变箱的容量情况。如果有必要，隔离处于接收状态的衰变箱进行衰变，这样大修前可以排放，为大修产生的含氢废气预留尽量多的贮存空间；

(3) 大修前需保证至少 2 个 TEP 中间贮槽和 3 个 TEG 衰变箱是空的；

(4) 大修实施前 4～5 d，由于 TEP 头箱、RCP 稳压器环路、RCP 002 BA 以及 RPE 001 BA 等的氮气吹扫，含氢废气开始大量产生，直至大修开始后 2 d，这期间需密切关注 TEG 系统的运行状态；

(5) 大修前一个月需确保 TES 浓缩液贮槽和废树脂贮罐有足够的贮存容积，否则应安排固化工作。大修期间应尽可能避免 TES 树脂固化工作，因为固化疏水可能放射性极高，会导致工艺疏水系统严重污染，增加三废系统运行压力甚至影响大修关键路径；

(6) SRE 也是大修前需关注的，如果需要，在大修前将 SRE 机械、化学疏水箱 0SRE 201/202 BA 排至低液位并合理进行处理；

(7) 大修前一个月左右，合理安排系统消缺，确保系统的良好状态。

11.2　大修期间的特殊操作

(1) 正常运行期间由于 TEP 头箱放射性水平很低，D21 规程中要求的 TEP 除盐床效率试验基本无法判断，一般在停堆氧化运行之后，TEP 除盐床的效率试验才能有效进行；

(2) TEP 除气塔气相取样时，需先开启(强制)冷凝器的冷却水阀门 TEP 211/212 VN，否则取样管线将严重积水而无法取到气样；

(3) EAS 001 BA 相关设备的检修疏水(NaOH 溶液)必须单独收集，否则会导致地面疏水 pH 不合格。

(4) 主泵热屏疏水。正常情况下,主泵热屏疏水无放射性,如果按照设计疏水管线将疏水排入工艺疏水系统,会严重影响到 TEU 除盐床的使用寿命,因此,在确认主泵热屏疏水放射性正常的情况下,疏水时关闭 RPE 208/209 GT 下游隔离阀 RPE 225/226 VP,通过让 RPE 208/209 GT 溢流的方式将疏水导入 RPE 011 PS,并在疏水前通知安防、核清洁相关人员。

11.3 正确地进行停堆扫气操作

在氢氧分离第二步实施后,含氢废气管线的排气将通过 DVW 直接排放到 DVN 系统的烟囱中,这一状态将持续到启动过程中各容器利用氮气吹扫合格后为止。因此我们应当将大修期间减少含氢废气产生量的重点放在停堆前各容器的吹扫上。为减少废气量,大修期间应当遵守以下规定:

(1) 在大修前两周应当准备至少三个空的 TEG 衰变箱以迎接大修。

(2) 在进行吹扫操作时,主控室操纵员应通知核辅助厂房现场操纵员,监控在线 TEG 衰变箱的压力变化情况。

(3) TEP 头箱的吹扫是产生废气量最大的一个过程。因此应尽量一次吹扫成功,并且在吹扫过程中需要注意:

• 吹扫路线为:RAZ 050 VA-TEP 121 VZ-TEP 821 VZ-TEP 247 VY-TEP 443 VY-TEG 001 BA(以 1 号机为例,见图 11-3-1)。

• 吹扫前主控室通知三废控制室密切关注 TEP 头箱以及 TEG 衰变罐的压力变化,要求开启 247VY 时现场必须有人关注 TEG001BA 的压力变化情况,必要时节流 443VY(对于 2 号机为 444VY)以防止 TEG 头箱安全阀动作。

• 利用 REA 水泵将 TEP 头箱充水到 70 m^3(对应液位大约为 9.5 m),充水过程中在前贮槽压力上升到 0.32 MPa 发出压力高报警时,主控室打开废气排放阀 1TEP 247 VY(对于 2 号机为 248 VY)将气体排往含氢废气处理系统。

• 在充水结束后的吹扫应当间断进行:打开废气排放阀 1TEP 247 VY(对于 2 号机为 248 VY),当头箱压力下降到 0.15 MPa 后关闭,在压力恢复到 0.3 MPa 后等待 10 min。以上过程重复三次后进行取样。分析氢含量小于 2%后吹扫结束。

• TEP 头箱吹扫排气结束后,应注意排放阀(TEP 247/248 VY)的状态,防止其一直处于开启状态而不关闭,误充 N_2 进入 TEG。

• 吹扫结束后将 TEP 头箱处理至低液位时停止。

(4) RCV 002 BA 的吹扫是停堆前持续时间最长的一个过程,该操作需要反复进行。在吹扫过程中除了要遵守 10.1.2.2 节的规定外,还应当注意:

• 吹扫开始前要检查氢表的零点,每次吹扫结束后进行氢表的再生,防止氢表指示不准导致吹扫次数过多或过少。

• 吹扫过程中注意控制好容控箱的水位,防止其满水。

• 为了避免 TEG 001 BA 压力过高安全阀动作,RCV 002 BA 的吹扫尽量不要与 TEP 头箱的吹扫同时进行。

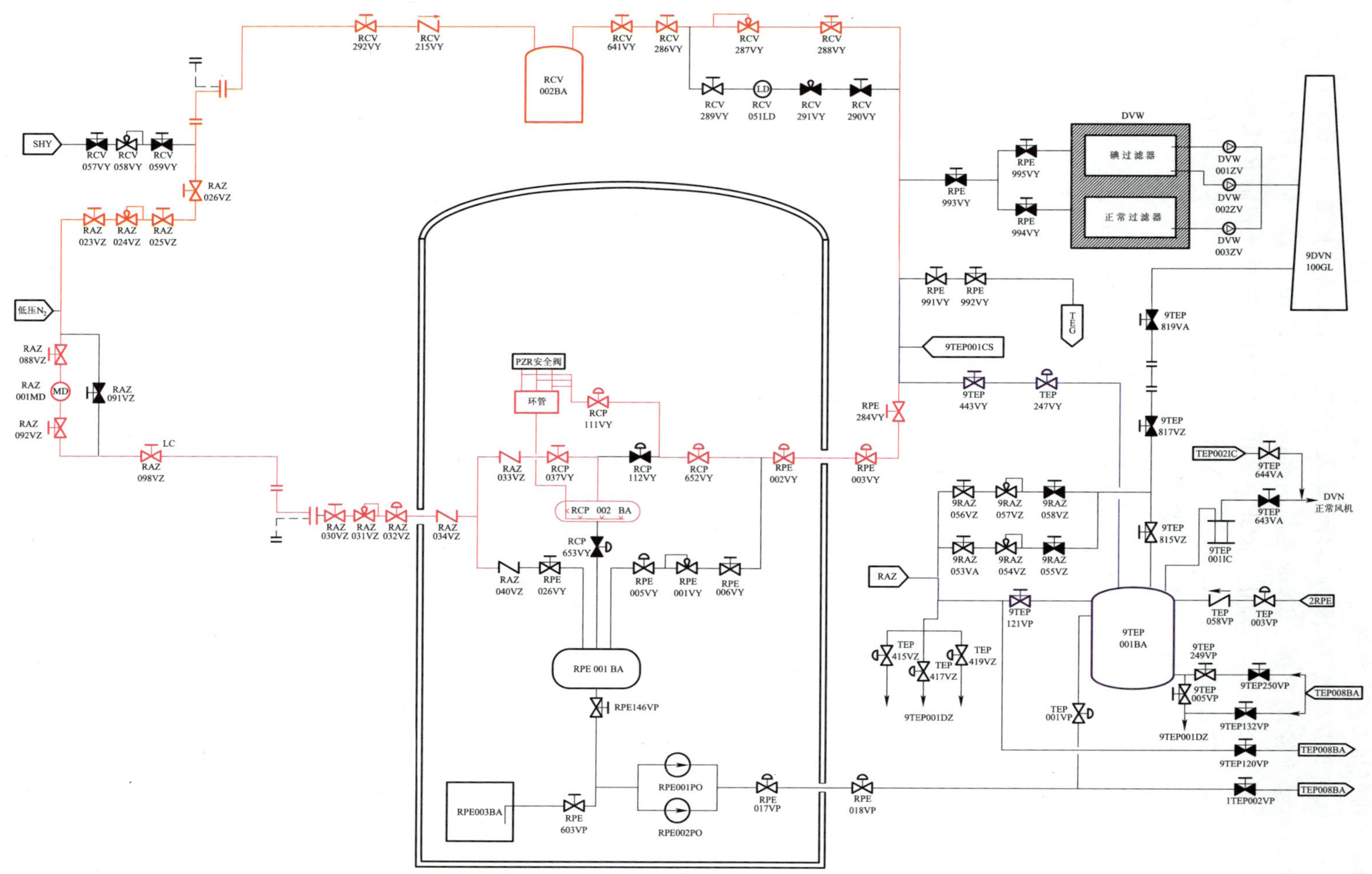

图 11-3-1 停堆大修前各容器的吹扫路线

• 在利用TEP除气器对一回路除气时，吹扫过程中应当注意排气速率，防止TEP的除气器由于排气压力高而跳闸。

(5) 大修前RCP 002 BA、稳压器环管以及RPE 001 BA的吹扫是一个连贯的过程：首先用REA除盐水将RCP 002 BA充至高高水位，然后开启RCP 111 VY进行卸压箱的吹扫：在压力降到0.025 MPa后停止。RCP 002 BA排水过程中，手动控制RPE 001 BA的水位到1.1 m左右，然后手动开启RPE 005 VY吹扫5 min。在卸压箱水位降低到2 m左右后进行环管的吹扫。以上过程重复进行直到氢含量合格。

11.4 废水来源及产生量控制

在大修期间废水的来源控制显得尤为重要，大修期间废液的产生有以下几个明显的阶段：

(1) 在停堆前对各容器的吹扫，这一阶段产生的主要是可复用的废水，对整个大修的废水处理压力影响较小。

(2) 检修过程中系统内排出的残水。这部分水直接到TEU系统，但量不是太大。某些情况下，由于边界阀门隔离不严或边界设置不当，则容易造成跑水，因此在主隔离实施完毕后，应当关注排水是否按照预期完成，并在排水时关注相关罐子的水位。

(3) 换料冷停向低低水位过渡过程以及换料冷停向维修冷停过渡过程中传水时水池或容器内无法传走而不得不排空的水，这两部分排水是大修过程废水产生量最集中的阶段，在排水的最后阶段可以适当节流PTR 005 PO的出口阀并密切关注泵的入口压力，尽可能排走残水，以减少疏水量。只要按照规程控制得当，废水的产生量是可以接受的。

(4) 机组启动过程中在线或充水不当产生的废水，这是大修期间风险最大的一类废水产生源，这类跑水往往难以及时消除，跑水量大，而且还可能会造成水装量的不足，因此应当引起我们足够的重视。造成这类跑水的原因一般为操作中漏项或操作错误、边界阀门故障或遗留项没有及时消除以及系统进水的时机不当等。要预防这类跑水事件的发生，我们应当从严格执行规程和运行计划、严格执行操作监护等方面来着手。

(5) 机组升温升压过程中由于热膨胀产生的可复用废水。这部分废水是关键路径上的一个必然产物，往往由于TEP的除气器故障等原因而显得机组状态窘迫。因此在启动过程中一方面要保证TEP除气器的可用性，及时处理TEP头箱中的废水，另一方面在对容控箱和TEP头箱等容器吹扫时，充分利用运行隔离ADO B02仍旧实施的有利条件，不进行水位变化而直接利用氮气进行吹扫，减少废水的产生量。此外在机组启动时废水无法及时处理时，可以利用除气器旁路管线直接将头箱内不含氢的废水传到TEP的中间贮存罐。

(6) 由于RPE或TEU系统的各种水源的相互污染而产生的难以处理的废水。废水的互相污染是导致大修期间放射性废水处理压力大的一个主要原因，例如在202大修中，地面疏水被工艺疏水污染，不仅造成废水的传输与处理工作量增加，而且地面疏水放射性水平高问题一直持续到大修结束后才基本解决。废水间相互污染尤其是地面废水被污染的主要原因，一般为核清洁人员将清洁废水倒错地方、工艺废水或化学废水地坑溢流、含酸或碱的废水没有处理直接排到地坑中以及高放废水经过排水漏斗反流到地面废水管线中等。

(7) 大修如果是在夏季进行，由于室外气温较高，R厂房的通风凝结水产生量较大，会给化学蒸发单元带来一定的运行压力。

根据废水的产生来源，在大修中应当遵守以下规定：

(1) 根据经验总结，在没有隔离疏水情况下，工艺废水产生量≤2 m^3/d；地面废水产生量≤3 m^3/d；如果超过以上产生量，应及时查找来源。

(2) 在进行隔离疏、排水或对系统进行充水排气后，应在运行值班日志上进行记录，其目的是防止由于阀门误开(或未关)而造成泄漏时，可以迅速查出泄漏源。

(3) 运行日志上应记录每班废液的产量，包括工艺废水、化学废水、地板废水产量，以便于各值接班后核对废水产生情况。

(4) 所有疏水漏斗下游的隔离阀，疏水后应一律关闭，防止废水经漏斗反窜漏出，值班人员要增加这方面的巡视检查，只使用漏斗疏水的隔离应在工作票中注明。

(5) 低低水位排水前需要确认工艺疏水罐有足够的贮存容积，一般需在排水前一天将两个工艺水罐处理至低液位，尽可能预留更多的贮存容积。

11.5　废水处理系统效率跟踪

大修期间废水的产生量比较大，时间段相对集中，另外产生废水的不确定因素也比较多，因此在大修期间废水处理系统必须保证有一定的处理能力和贮存余量，这样才不至于出现由于废水问题影响大修进度或发生超标排放事件。具体来讲，要遵守以下规定：

(1) 对用 TER 003 BA 贮存高放废水，必须审慎行事，非不得已，不得使用 TER 003 BA 贮存高放废水；情况急迫需用 TER 003 BA 贮存高放废液时，应由运行处长批准后方可进行；对 TER 003 BA 进行在线时，需指派有经验运行人员进行，在线完成后，应进行验证，确认无误，方可开始传输，传输高放废水时，应有运行人员现场跟踪检查；高放废水传输完毕，应使用合乎排放标准的水进行清洗，清洗水仍排往 TER 003 BA。

(2) TEU 工艺废水不应直接往 TER，除非小循环取样放射性合格。一般情况下，都应该首先经除盐床送至 TEU 009/010 BA 分析合格后排 TER。

(3) 只有在容量极为紧张的情况下，才能用 TEU 001 EV 蒸发处理工艺废水，因为工艺废水在大修时，硼浓度均较高，蒸发处理会大大增加固废产量。

(4) 一般而言，化学废水在大修期间放射性较高不能直接排 TER，应经蒸发处理，所以化学分析人员如发现废水放射性比活度很低，应进行验证分析。

(5) 对 TEP 除气器旁路管线的使用必须经值长同意，非大修机组的这条管线要实施行政隔离。

(6) TEU 系统出现的缺陷应当及时处理，涉及废水处理能力的缺陷应要求维修人员 24 h 处理，譬如发现除盐床失效应及时更换树脂，避免工艺废水不得不排往化学贮槽进行蒸发处理。

(7) 对 TEU 和 RPE 系统的预防性检修活动，除非系统状态无法满足(如 RX 内的检修活动等)，尽量不要安排在大修期间进行。

(8) TEP 蒸发器运行期间，交接班时应将 TEP 蒸发器的 V_0,V 的设定值交接清楚。

11.6 三废运行经验反馈

11.6.1 TEP 蒸发过程中浓缩液硼浓度达到 10 000 ppm

2004 年 9 月 21 日上午 10 点左右 9TEP 001 EV 正在运行，对蒸发环路取样分析硼浓度近 10 000 ppm，远大于运行要求(7 000～7 700 ppm)。检查当时 V_0 值和 V 值设定为 0.00 和 2.535(L)。经查 9 月 20 日除气器启动时，V_0 值和 V 值分别设定为 0.00 和 1.635，但运行一段时间后，V_0 值没有改变，而 V 值修改为 2.535(相当于 10 730 ppm)，一直运行到 9 月 21 日 10:30，被修改为 1.630(相当于 7 300 ppm)。所以蒸发环路硼浓度达到 10 000 ppm，针对这一事件反馈，运行处要求：

(1) 每批料开始蒸发前必须点击 523/524 TO 按钮，以复位“第一次浓缩液排放”，使蒸馏液累计从 V_0 值开始，直到该批料处理完毕前，且蒸发环路硼浓度维持 7 300 ppm 左右，均不得点击上述按钮；

(2) 在蒸发单元转入生产状态前必须正确设定或核对 V_0 值、V 值和 W 值；

(3) 每个早班接班值应取样分析蒸发环路硼浓度，并核对 V_0 值、V 值和 W 值。中班和夜班值允许不取样，但必须核对 V_0 值、V 值和 W 值。

11.6.2 TEP 001 EV 蒸发过程中硼酸结晶

在 102 大修期间由于与上一事件相同的原因，导致蒸发器内部硼浓度误蒸到 25 000 ppm。由于发现不及时，当蒸发单元自然冷却以后到室温时产生晶体，从而堵塞了下循环管，致使浓缩液放料管和一回路冷却剂进口管堵塞。根据大亚湾和一期的运行经验，这种晶体很难用热水加热法溶解，一般用蒸汽疏通。考虑到现场接蒸汽管的难度和管道设备切割所带来的不利因素，当时提取了蒸发环路中未结晶的硼酸溶液，自然冷却成晶体后对其可溶性进行试验，发现该晶体加热到 90 ℃以上时溶解速率加快。因此在后续处理时先进行了第一个 24 h 的循环蒸发，使浓缩液放料管疏通；再经过 24 h 循环蒸发，经机械人员拆除保温敲击进口管后得以彻底疏通。

11.6.3 TEU 001 EV 取样管线堵塞

因 TEU 碱泵故障，在蒸发环路硼浓度达到 20 000 ppm 时加不了 NaOH 溶液，这时蒸发器仍在运行，硼浓度最终达到 40 898 ppm。这种情况下，要求温度大于 90 ℃才不致结晶，虽然蒸发环路保持在 100 ℃左右，但取样管线的保温只有 60 ℃，所以取样管线产生结晶，导致无法取样，且取样箱疏水阀上游结晶堵塞。对取样管线用 SED 水反冲且等待晶间冲刷 1 h 后疏通，疏水管线用机械方法疏通。

11.6.4 TEU 工艺废水误排放导致 TER 罐被污染

202 大修期间，运行值在处理 TEU 001 BA 的高放废液时，在核实除盐床下游的取样数据合格后，没有按规定通过除盐床先将这些废水传到 009BA/010BA 暂存，而是利用床前管道直接排到 TER。导致 TER 系统内产生近 400 m^3 的高放废液，经请示领导后要求蒸发处理。

11.6.5 TEU 020 PO 内硼结晶

2006 年 7 月 8 日，9TEU 020 PO 因泵腔溶液结晶无法出水。解体检查发现泵出入口管道及泵腔内溶液结晶现象严重，机械密封卡死，静环部件断裂为 3 段。检修后启泵运行时状态正常，机械密封无泄漏现象。7 月 19 日，维修人员巡检发现 9TEU 020 PO 机械密封再次出现滴漏现象，泄漏部位残留有硼结晶，随后对机械密封进行了处理。2006 年 7 月 28 日中班，运行人员准备对 TEU 020 PO 泵冲洗时，发现管道一直憋压，怀疑泵周围以及冲洗所用管道有硼结晶。7 月 31 日再次对泵进行了解体处理，对泵体内的硼结晶进行清除后正常。

11.6.6 地面疏水被 TES 来的工艺废水污染

2006 年 5 月 9 日，RP 人员发现 NC 243 地面有散落的铜色粉末(废树脂)，擦拭样品测量达 220 CPS(测量仪表为 RAD2＋SB29)。后发现 NC 243 附近走廊及中央通道也存在地面污染。5 月 11 日，运行人员发现 9RPE 001 PS 放射性水平高，而且内有废树脂。此后的 3 个月内，RPE 001 PS 的来水一直放射性高，且间断有树脂。6 月 11 日，RP 人员发现 NC243、245 地面有颗粒状晶体，擦拭测得最高 396 CPS。对该区域其他几个房间测量结果为：NC232 通道擦拭 9.0 CPS，NC233 擦拭 7.0 CPS，NC241 擦拭 7.0 CPS，NC255 擦拭 10 CPS。7 月 6 日，RP 人员巡检时发现 NC231 地面和 NC258 房间地面污染，用 RAD＋SB－29 擦拭测量，NC231 污染水平为 71 CPS，NC258 污染水平为 48 CPS，且两个房间地面均有少量废树脂。

经过现场的检查，可以确定 5 月 9 日和 6 月 11 日的 NC243 房间污染，都是由于 9RPE 089 GT 翻出树脂造成的。7 月 6 日，NC231 房间污染是由于从 RPE 080 GT 和 081 GT 翻出树脂造成的。进一步的原因是 9TES 002/003 BA 的溢流管线滤网破损(见图 11-6-1)，在贮罐满水溢流(包括更换树脂或树脂松动操作)时水夹带树脂进入工艺疏水管道，如果工艺疏水管线疏水不畅而且排水漏斗下游隔离阀开启的话，树脂和水就会从漏斗冒出，造成房间地面污染。另外，贮罐下部滤网和计量罐滤网也有破损跑树脂的可能。

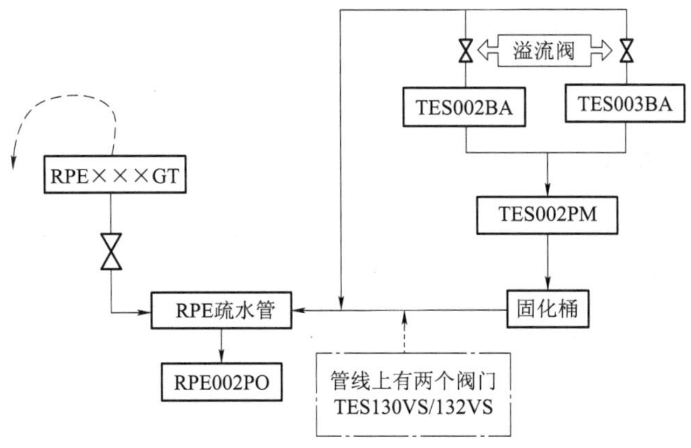

图 11-6-1 树脂固化与地面疏水污染关系

11.6.7 TES 树脂固化疏水导致 RPE 002 PS /TEU 工艺疏水贮罐被严重污染

2009 年 11 月 18 日 17:00，怀疑 9RPE 002 PS 来水放射性高，联系化学取样发现总放高达 78 795 MBq/m^3，^{110}Ag 核素放射性 13 796 MBq/m^3，这些数值比正常高出上千倍，地坑被严重污染。如果这部分水通过正常途径进行除盐处理，必然导致除盐床失效，放射性固体废物产量增加。

18 日下午，根据服务队要求，在和运行进行充分沟通后，服务队人员对 9TES 003 BA 进行树脂松动，松动溢流水最终进入 9RPE 002 PS，^{110}Ag 大量释放出来，导致地坑污染，且溢流水中夹带高放树脂。

2009 年 11 月 24 日 21:00，对 9TEU 002 BA 取样发现总放高达 10 113 MBq/m^3，其中 ^{110m}Ag 放射性比活度 2 699 MBq/m^3，对总放的贡献超过 80%，贮罐被严重污染。

被污染的高放工艺废水无法通过除盐过滤的方式处理，否则树脂会很快失效，而大修期间产生的高含硼水通过蒸发分离的方式又会增加浓缩液的产量，最终导致固体废物量增加。

从该事件可以看出，大修期间由于工艺废水产生量较大且硼浓度较高，应尽量避免大修期间进行树脂固化工作。

11.6.8 三废相关泵检修后机座集油

2010 年 3 月 5 日，巡检时发现刚解体检修后的 9TEP 006 PO 机座积水盘有较多油污，积水盘中的油污最终通过疏水管道进行工艺疏水系统，导致工艺废水除盐床树脂、过滤器失效频率增加，固体废物产量增大。另外，1PTR 001 PO 积水盘也有油污痕迹。

这个事件说明，巡检时需关注各泵机座集油的情况，特别是工艺废水相关的泵，避免油污进入下游处理系统。

复习思考题

1. 大修开始前，三废管理需要关注哪几个方面的内容，为什么？

2. 大修期间三废系统运行有哪些特殊操作，为什么要进行这样的操作？

3. 如何减少大修期间含氢废气的产生量？

4. 容控箱 RCV 002 BA 的吹扫需要注意什么？

5. 大修期间废水产生最集中的阶段有哪些，如何减少废水的产生？

6. 确保大修期间废水处理系统的效率需要遵循哪些规定？

7. TEU 工艺废水误排放导致 TER 贮罐被污染的原因是什么，如何避免？

8. 地面疏水被 TES 来的工艺废水污染的原因是什么，在进行 TES 树脂冲排时需要注意什么？

9. TES 树脂固化疏水导致 RPE 002 PS/TEU 工艺疏水贮罐严重污染的原因是什么，大修期间进行 TES 树脂固化有什么风险？

附录：换料大修关键词汇与常用数据

附录一　大修关键词汇

在某电厂换料大修的计划准备和执行过程中，高频度地使用了一些专业或本电站特有的词汇，为了统一大家对这部分词汇词义的理解及运用时词义范围的一致，同时也为促使大修计划进一步标准化，现将这部分词汇的标准定义表述如下：

(1) U××

机组年度换料大修的三字码简称。

其中：U——机组号，指1号机组，2号机组等。

××——换料大修周期。

例：104——1号机组第4次换料大修。

(2) 十年预防性维修大纲

以设备预防性维修大纲为基础，根据现场设备的实际运转情况和历次大修的经验反馈而编制，规定设备在十年循环周期中将执行预防性检查的类型及检查工作在十年循环周期中的分布。

(3) 年度预防性维修大纲

根据十年预防性维修大纲而产生的机组每年度执行的设备预防性维修程序。

(4) 十年大修计划

根据十年预防性维修大纲、在役检查大纲、定期试验大纲以及工程改进计划而编制的机组中长期检修计划。它规定了机组在十年循环周期中每年将执行检修的类型。

(5) 大修参考计划

忽略实际执行中对计划产生影响的所有因素，理论上可以实现的大修计划。它是制订年度实际执行计划的基础，也为预计大修工期提供一个统一的参考标准。

(6) 主隔离窗口

根据技术规格书的要求，结合本次换料大修的具体情况，制定的与核安全相关的主要系统和设备的停运及隔离窗口。

(7) 关键路径

指优化的大修网络计划中工期最长的线路，并且线路上的大修活动严格满足以下两点：

- 相邻的大修活动首尾按F(finish)—S(start)逻辑关系连接；
- 相邻的大修活动首尾间没有任何的机动时间。

(8) 水位图

换料大修中，对应不同机组状态的一回路水位变化图。它直观和形象地反映了各运行或检修状态所必须满足的水位条件。

水位图中的水位状态说明见附表1-1。

附表1-1　水位状态说明

水位状态	说　　明
一回路满水（水位标高25 m）	一回路封闭，稳压器处于水单项状态
反应堆水池满水（水位标高19.5 m）	在此水位主要进行装、卸料的操作
正常运行水位（水位区间21 m）	一回路封闭、稳压器处于两相状态
压力容器在役检查水位（水位标高为压力容器法兰面+50 cm或更高）	该水位是压力容器在役检查所要求的
RRA低水位运行间隔或RRA—LOI水位（9.12 m<水位<9.22 m）	此时一回路的水位应维持在两个限值之间，下限（9.12）<水位<上限（9.22 m），下限用于保证RRA泵的可靠运行，防止出现涡旋断流和汽蚀；上限允许SG管嘴堵板的安装与拆除，SG U形管疏水，以及RCP扫气
低低水位（水位标高8.55 m）	一回路RCP和RRA的水全部排空，这时可进行低低水位阀门的检修和RRA系统的检修

（9）里程碑

换料大修中，机组运行和维修状态发生变化的标志点。它有以下三个作用：

- 可作为换料大修阶段性的目标。
- 机组状态转换时安全和质量的控制点。
- 提供同类机组检修工期的可比手段。

标准大修里程碑见附表1-2。

附表1-2　标准大修里程碑

代号	说　　明	代号	说　　明
M0	机组解列	M12	安全壳密封性试验开始
M1	正常冷停堆	M13	安全壳密封性试验结束
M2	稳压器人孔门打开	M14	装料开始
M3	反应堆水池满水	M15	装料后反应堆水池开始排水
M4	卸料操作结束	M16	装料后开始排水至RRA-LOI水位
M5	低低水位开始	M18	稳压器人孔门关闭
M6	低低水位结束	M18a	到达正常冷停堆
M7	一回路水压试验结束	M18b	离开正常冷停堆
M8	压力容器在役检查开始	M19	进入热停堆
M9	倒列	M20	临界
M10	压力容器在役检查结束	M21	机组并网
M11	第二次低低水位开始		

（10）预大修活动

为了保证换料大修期间必须可用的系统和设备的可靠性，在大修开始之前安排对它们的预防性维修及维护活动。

（11）QC见证点

QC见证点由停工待检点（H点）、见证点（W点）和记录审查点（R点）三类组成：

• 停工待检点是特定的 QC 检查点。当实施一项活动过程或操作时,必须由指定的 QC 工程师到场给予放行,才允许继续进行该停工待检点以后的工作。放行基于 QC 工程师在现场的观察或进行独立检查、检验或审核。没有书面通知和相关负责人的批准不得越过或取消停工待检点。

• 见证点是工作过程中特定的某个步骤。在此要求 QC 工程师对该步骤的作业过程进行见证或检查,目的是验证该步骤的工作是否已按批准的控制程序完成。如果在约定之时 QC 工程师未能到场,该步骤可以进行,则该 W 点变成 R 点。

• 记录审查点规定实施单位应向 QC 工程师提供该审查点的检验记录,QC 工程师将按设计文件、有关标准及验收准则对检验记录进行审查,如无误则签字认可。

(12) QDR 与 NCR

QDR 是质量缺陷报告(Quality Deficiency Report)的英文简写,在设备和零部件的检修、检查和试验等活动中,发现设备或零部件的异常缺陷都应提出质量缺陷报告,以使缺陷得到有效的跟踪处理。

NCR 是不符合项报告(No-Conformance Report)的英文简写。在设备或零部件通过维修活动后不能完全解决或影响原设计功能的质量缺陷,应提出不符合项报告。

在大修或日常维修活动中发现设备或零部件缺陷应填写 QDR,在努力处理后无法仍然无法达到原技术要求时,应转为 NCR。具体的流程见附图 1-1。

(13) SWO: Stop Work Order 停工令

当出现某种状况,如果这种状况不立即加以控制,将导致电厂和人员的安全或质量的重大损害,且正常工作过程没有或不能控制这种状况时,应按照停工准则采取停工手段。停工的目的是采取措施尽量保证有害的状况不进一步产生严重的后果。

(14) 大修主隔离

大修主隔离都冠以“ADT”三字符,以别于其他主隔离。“ADT”为法语“机组停运”(Arret De Tranche)的缩写。

(15) 品质再鉴定

品质再鉴定是指设备维修后通过试运设备来检查设备已达到维修规程的要求,其准则是设备运行维修手册(EOMM)中所列的准则。

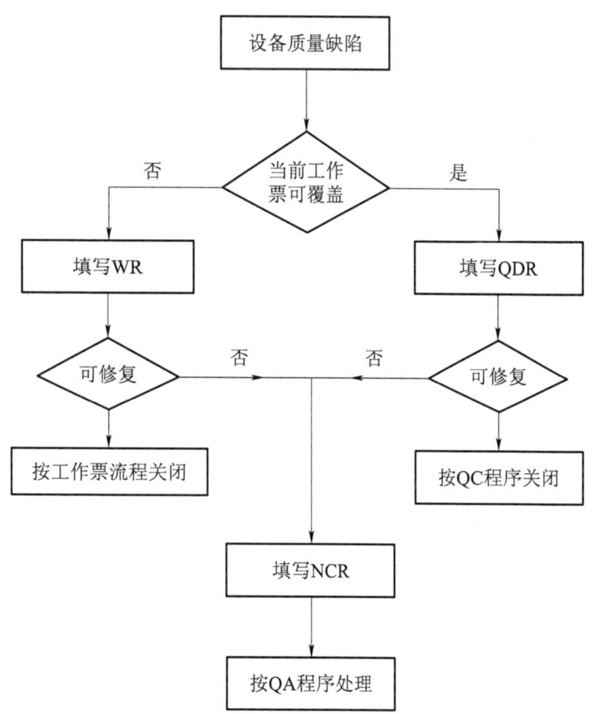

附图 1-1 设备或零部件质量缺陷处理流程

(16) 功能再鉴定

为了验证设备的性能符合运行准则或系统设计要求的检查,对于 QSR 相关设备,应由安全工程师独立监察。

附录二　大修常用数据

附表 2-1　某电厂水箱与水位的对应关系表

代码	容积(总/有效)/m^3	高度/m	1 m液位的折算体积/m^3	备注
ASG 001 BA	913/790	13.1	73.898	
PTR 001 BA	1 756/	19.5	109.36	
RCP 001 BA	36	11.1	3.464	
RCP 001 GV		21.069	15.834	
RCP 002 BA	37	6.016(长)		卧式
RCV 002 BA	8.9	2.97	3.464	
REA 001/2 BA	/300	13.2	28.274	
REA 003 BA	82.5/81	9.78	10.179	
REA 004 BA	82.5/81	9.78	10.179	
REA 005 BA	4.2/3	3.05	2.011	
RIS 001/2 BA	47.7/33.2(液)	6.64	10.111	
RIS 004 BA	/3.4	4.274	1.15	
RIS 021 BA	0.55/0.45	1.708	0.385	
RPE 001 BA	5/2.5	1.82		卧式
SEL 004 BA	550/500	13.41	50.27	
SEL 005 BA	550/500	13.41	50.27	
SEL 006 BA	550/500	13.41	50.27	
TEP 001 BA	/75	11.584	8.042	
TEP 002 BA	/350	12.355	33.183	
TEP 003 BA	/350	12.355	33.183	
TEP 004/5/6 BA	/350	12.355	33.183	
TEP 007 BA	/5	2.02	3.142	
TEP 008 BA	/75	11.584	8.042	
TER 001/2/3 BA	/500	11.5	50.265	
TEU 001/2 BA	/35	3.4	12.566	
TEU 003/4 BA	/20	3.4	7.069	
TEU 005/6/7 BA	/50	5.41	12.566	
TEU 009/10 BA	/35	5.288	8.042	
TEU 012/13 BA	/40	4.6	12.556	

附表 2-2　某电厂安全壳设计参数

安全壳设计压力	0.35 MPa(相对)
安全壳设计温度	136 ℃
安全壳内净容积	50 637 m^3
安全壳型式	带密封钢衬里的预应力砼结构,外形为带圆穹顶的圆柱体
泄漏率的安全准则	在所在点工况下,每 24 小时泄漏量不大于安全壳内气体总质量的 0.3%

附表 2-3　某电厂 PTR 系统各水池基本信息

序号	水池名称	容积/m^3	面积/(m^3/m)	池底标高/m	水位定值(离池底)
1	反应堆换料水池	600	70	+10.862	/
2	堆内构件贮存池	870	74	+7.50	043SN=0.07 m(L)
3	燃料转运舱(传输池)	241	20	+7.50	041SN=1.15 m(L)
4	乏燃料水池	1 260	107	+7.49	033SN=11.81 m(L) 035SN=12.06 m(H)
5	乏燃料容器装载井	230	19	+7.26	039SN=0.14 m(L)
6	换料水箱(PTR 001BA)	1 660	108.62	+1.02	003SN=15.6 m(H) L1/L2/L3=15.3/5.9/2.1 m

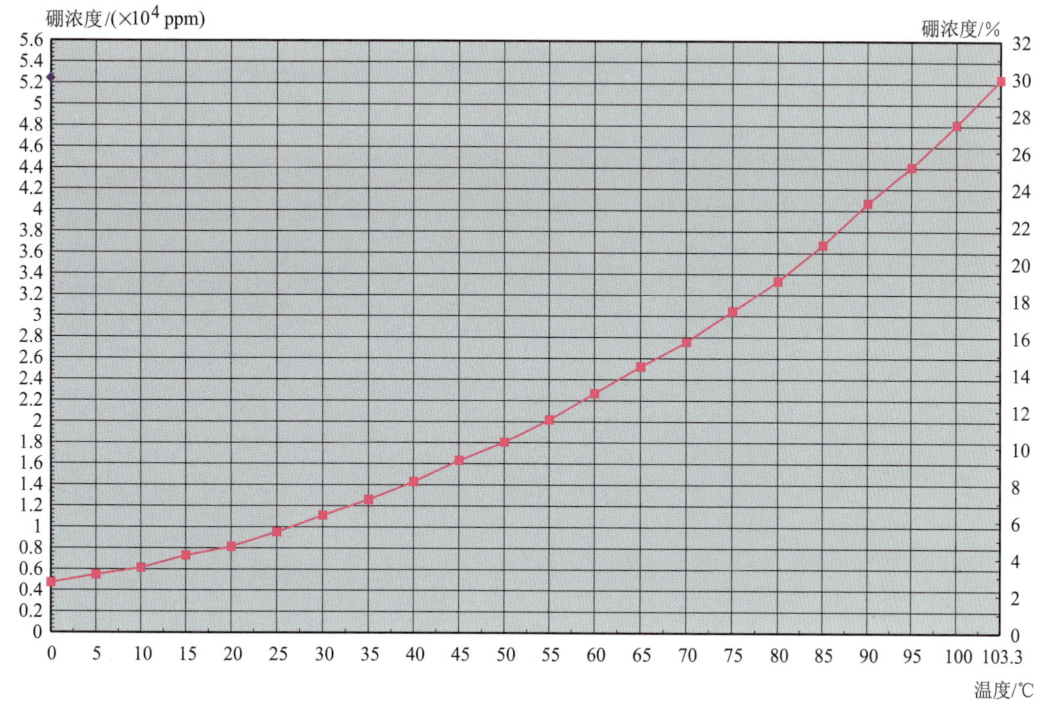

附图 2-1　硼酸的溶解度

附表 2-4　某电厂 PTR 各泵的现场控制及低压力保护定值

序号	泵		低压力跳泵定值		就地控制柜及房间位置		选择开关	控制按钮（启/停）	额定流量/(m^3/h)	总扬程/mH_2O
	代码	位置	SP	定值	柜号	位置				
1	PTR 001PO	K216/256	027SP	0.09 MPa	001AR	K216/256	001CC	001/003 TO	360	50
					003AR	K716/756	(001CC)	005/007 TO		
					005AR	R711/751	(001CC)	009/011 TO		
2	PTR 002PO	K216/256	028SP	0.01 MPa	002AR	K216/256	002CC	002/004 TO	360	50
					004AR	K716/756	(002CC)	006/008 TO		
					008AR	R744/784	(002CC)	010/012 TO		
3	PTR 003PO	K316/356	009SP	0.05 MPa	001AR	K216/256	/	021/023 TO	5	32
4	PTR 004PO	R623/663	007SP（泵出口）	0.1 MPa	001AR	K216/256	/	031/033 TO	6	20
					009AR	R623/663	/	081/083 TO		
5	PTR 005PO	W213/253	013SP	0.04 MPa	001AR	K216/256	041CC	041/043 TO	100	42
					007AR	R711/751	(041CC)	045/047 TO		